江南古陆西南缘层滑作用与铅锌成矿机制

余 何 著

中南大学出版社
www.csupress.com.cn
·长 沙·

图书在版编目(CIP)数据

江南古陆西南缘层滑作用与铅锌成矿机制 / 余何著.
—长沙：中南大学出版社，2021.6
ISBN 978-7-5487-4486-3

Ⅰ. ①江… Ⅱ. ①余… Ⅲ. ①江南古陆—层滑构造—研究②江南古陆—铅锌矿床—成矿作用 Ⅳ. ①P618.400.1

中国版本图书馆 CIP 数据核字(2021)第 113500 号

江南古陆西南缘层滑作用与铅锌成矿机制

余何　著

□**责任编辑**　史海燕
□**责任印制**　唐　曦
□**出版发行**　中南大学出版社
社址：长沙市麓山南路　邮编：410083
发行科电话：0731-88876770　传真：0731-88710482
□**印　　装**　湖南省汇昌印务有限公司

□**开　　本**　710 mm×1000 mm　1/16　□**印张** 12.75　□**字数** 257 千字
□**版　　次**　2021 年 6 月第 1 版　□2021 年 6 月第 1 次印刷
□**书　　号**　ISBN 978-7-5487-4486-3
□**定　　价**　56.00 元

出版资助说明

本著作出版得到贺州学院博士科研启动基金“桂北北山铅锌矿床矿体形貌特征与成矿时代研究”(编号 HZUBS201807)资助。

前　言

岩石的物质分层、能量分层及构造分层在构造动力作用下就会发生层间滑动——层滑，也即具有层次结构的地质体受构造动力作用便会发生层滑作用。层滑现象大到全球的圈层构造、基底盖层构造，小到晶面滑动、晶内位错滑移。地质和地球物理的研究业已证明，大陆地壳结构是由不同级别的圈层构成，这些圈层因内部结构和物质组成差异而表现为垂向上的不均一性，当它们受到构造应力作用时，毗邻的圈层之间便会发生滑动、滑脱甚至脱离的现象，从而形成各式各样的层滑构造。可见，层滑作用在岩石和地层中是极为发育的。

层滑构造与非金属油气藏之间的作用受到关注，如沈修志等(1988)在苏南浙北地区进行煤炭和石油地质队研究中，发现地层之间的滑动现象普遍发育，并根据地层性质差异性划分了6个滑动层位，构成层间滑动–切层滑动–逆掩断层–推覆构造的滑动构造系列，认为滑动构造是良好的油气圈闭条件；李本亮等(1998)进一步提出川东地区沉积盖层中的滑脱层系大多是极具潜力的烃源层和良好的区域盖层。崔加圣(2004)认为层滑构造柱煤田构造中十分发育，对煤层结构、煤层变形、煤矿生产等具有重要的影响。解国爱等(2013)发现在煤系沉积组合中，煤层属于软弱层，一旦受到构造动力或重力作用，往往产生滑动变形，形成褶皱型层滑构造、断裂型层滑构造，这些层滑构造控制着煤层的展布、厚度变化。在金属成矿与层滑作用方面，张启厚等(1989)认为贵州晴隆锑矿区茅口组灰岩顶面发育古喀斯特面，受褶皱作用最易于沿古喀斯特面形成层间滑动，矿液的运移受到层滑应力的驱动。王步清等(2000)指出产于广西泗顶层状、似层状铅锌矿体受泥盆系与寒武系不整合面之上的中上泥盆统碳酸盐岩层间滑动带约束。钱建平(2013)认为碳酸盐岩系中存在软硬相间的沉积组合，区域上层滑断裂广泛发育，层滑断裂是一种重要的控矿构造类型。汪劲草等(2016)则通过广西大厂五圩箭猪坡锑铅锌多金属的层滑构造研究，提出脉状矿体受层间顺层层滑剪切带控制的认识。由此可见，无论是在油气、煤矿还是在金属矿床中，层滑与成矿之间均表现出密切的成因联系。

以碎屑岩为容矿围岩的矿床(Clastic-Dominated deposit，简称 CD 型)及其亚类喷流-沉积矿床(Sedimentary Exhalative deposit，简称 SEDEX 型)，和以碳酸盐岩为容矿围岩的密西西比河谷型铅锌矿床(Mississippi Valley-type deposit，简称 MVT 型)是全球铅锌矿床中最重要的类型(Leach et al. 2005, 2010)，深受国内外地质学者们的重点关注。它们主要集中分布在美国西部、加拿大中南部、南美东部、北欧及澳大利亚北部等地区(Leach et al., 2005, 2010)。在我国，它们主要丛聚于扬子地块及其周边缘区域，如北缘——秦岭大别南部、东缘——湘鄂交界、西缘——川滇黔接壤及扬子南缘边部江南古陆西南等地区。其中，江南古陆西南缘地区自泥盆纪沉积以来，发育一套厚愈万米的碳酸盐岩、砂岩与泥质岩、页岩夹层或互层的沉积建造，不同层位岩性软硬相间、刚柔并存，不同尺度的层滑作用广泛发生，相应的层滑断裂十分发育。区域性多层次的层滑(滑脱)界面控制了不少重要的大型铅锌多金属矿床的产出和定位，因此该地区是研究层滑作用与铅锌成矿机制的理想场所。系统开展江南古陆西南缘层滑作用和铅锌成矿机制研究，探索该区内层滑作用与铅锌成矿作用的耦合关系，厘定该区内层滑构造组合样式，定量研究矿床的地球化学特征，综合建立该区区域层滑成矿模式，不仅可以丰富区域成矿理论，而且对于指导同类型矿床找矿勘查也具有重要的现实意义。

基于上述背景，“江南古陆西南缘层滑作用与铅锌成矿机制”项目的实施得到国家自然科学基金面上项目(编号 41172089)的经费支持。当研究成果取得新进展时，再次得到 2019 年度广西高校中青年教师科研能力提升项目“桂北泗顶铅锌矿床矿体形貌特征及构造控矿机制”(编号 2019KY0729)、贺州学院博士科研启动基金“桂北北山铅锌矿床矿体形貌特征与成矿时代研究”(编号 HZUBS201807)和广西自然科学基金面上项目“广西环江北山铅锌矿床成矿机制研究”(编号 2020GXNSFAA297088)的经费支持。在此期间，先后分不同批次前往研究区的西部(桂西北)、中部(桂北)、东部(湘南)等不同铅锌矿床集聚区进行野外实地调研，重点考察了桂西北的大厂矿田和五圩箐猪坡矿床、桂北的北山和泗顶矿床、湘南的江永、黄沙坪和康家湾矿床及其邻区的重要铅锌矿床。研究成果厘定了与层滑作用有关的典型矿床的成矿构造、矿体形貌特征；探讨了构造成矿机制并提出了层滑-剪切带型、层滑-拉张型、层滑-溶洞型、层滑-角砾岩型等4种层滑构造组合样式；刻画了典型矿床的微量、硫铅、碳氧、氢氧等元素地球化学特征与成矿流体的特征，讨论了铅锌成矿机制；发现了印支期层滑作用对铅锌成矿的重要贡献；基于“构造地质-地球化学-同位素年代学”研究，综合建立了区域海西-印支-燕山期层滑成矿模式——三期层滑成矿模式。研究成果对建立华南研究相对滞后的印支期成矿系统具有重要的指示意义，补充了区域成矿学内容，为区域找矿提供了新的思路。

在项目开展过程中，程雄卫、叶琳、李秀珍、江楠、康皓钰、董海雨、张子贺、周勋、冉梦兰、黄冠文、陈磊、李帅、马鹏给予了积极配合与帮助！在项目研究过程中，得到了桂林理工大学汪劲草教授、陈远荣教授、汤静如教授、文美兰教授，东华理工大学许德如教授，成都理工大学宋昊副教授以及加拿大里贾纳大学池国祥教授的指导和帮助。野外工作得到了湖南水口山有色金属有限责任公司康家矿、湖南有色金属股份有限公司黄沙坪矿业分公司、湖南江永县铅锌矿、广西泗顶融锌矿、广西环江县北山铅锌矿、广西高峰矿业有限责任公司和铜坑矿业有限公司等单位的领导与技术人员的大力支持，在此一并表示衷心的感谢！

由于水平有限，文中不妥或错误之处在所难免，一些提法和观点可能还需要进一步推敲和完善。敬请读者、专家批评指正！

2021年5月

目　录

第一章 概 述

第一节 铅锌矿资源概况

全球铅锌矿资源丰富、分布广泛，目前已知铅锌矿产遍布世界50多个国家或地区(Leach et al，2005)。据美国地调局(USGS，Mineral Commodity Summaries) 2020年度报告数据统计显示(表1-1)，截至2019年全球已查明的铅锌资源储量合计约34073万吨，其中铅资源储量约为9060万吨，锌资源储量约为25010万吨。

表1-1 全球铅锌储量统计表

单位：万吨

国家	Pb储量	比例/%	国家	Zn储量	比例/%
美国	500	5.52	美国	1100	4.40
澳大利亚	3600	39.72	澳大利亚	6800	27.19
玻利维亚	160	1.77	玻利维亚	480	1.92
中国	1800	19.86	中国	4400	17.59
印度	250	2.76	印度	750	3.00
哈萨克斯坦	200	2.21	哈萨克斯坦	1200	4.80
墨西哥	560	6.18	墨西哥	2200	8.80
秘鲁	630	6.95	秘鲁	1900	7.60
俄罗斯	640	7.06	俄罗斯	2200	8.80
瑞士	110	1.21	瑞士	360	1.44
土耳其	86	0.95	加拿大	220	0.88
其他	500	5.52	其他	3400	13.59
总计	9063	100.00	总计	25010	100.00

注：表中数据来源于Mineral Commodity Summaries，2020。

全球铅锌矿主要分布在北美洲、欧洲、亚洲和澳洲，其主要铅锌资源国家的统计情况如图 1-1 所示，美国、澳大利亚、玻利维亚、中国、印度、爱尔兰、哈萨克斯坦、墨西哥、秘鲁、俄罗斯、加拿大和瑞士等国家拥有较多的铅锌资源量，合计占 2019 年全球铅锌储量的 90%左右。其中，澳大利亚是世界上铅锌矿资源最丰富的国家，铅储量达 3600 万吨，占世界铅总储量的 39. 72%，锌储量达 6800 万吨，占世界锌总储量的 27. 19%，铅锌合计占世界总储量的 30. 52%。

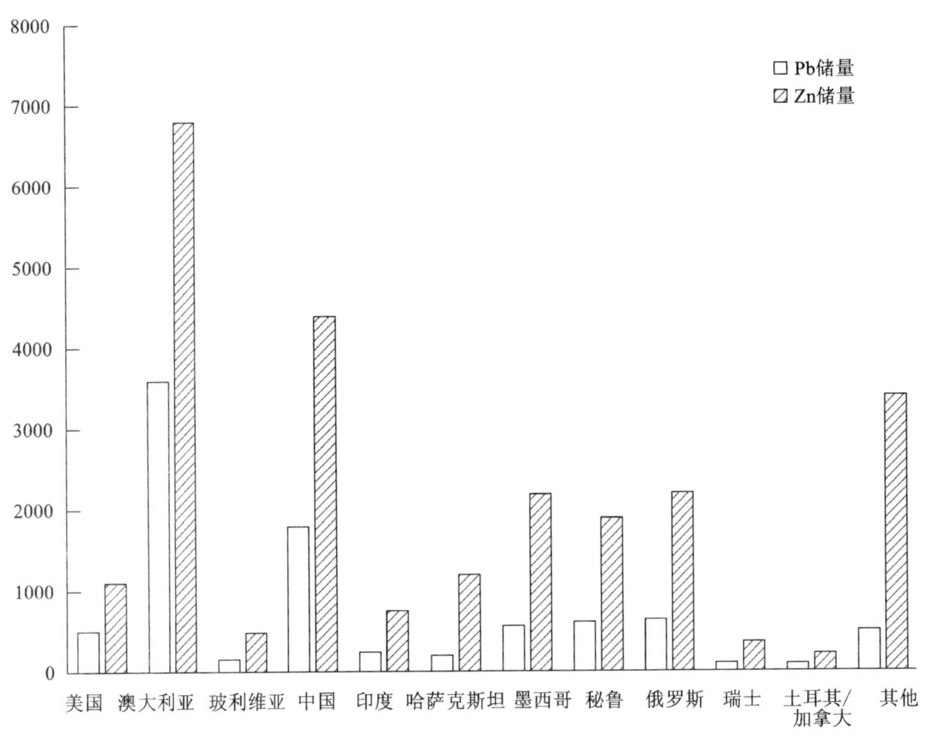

图 1-1　全球铅锌矿储量统计柱状图

据统计，全球铅锌矿的成矿时代主要为太古代、中元古代、晚古生代、中生代和新生代，其中以中元古代及古生代为主，总体约占全球铅锌储量的 70%以上（吕志成，2004）。统计显示，全球 58 个超巨型铅锌矿床（储量≥500 万吨）的成矿年代是以中元古代和古生代为主的，分别有 16 个和 26 个，二者合计约占总数的 72%。大体上澳大利亚、加拿大及南非的许多超大型铅锌矿床多形成于太古代和中元古代，欧洲及美国的一些矿床多形成于晚古生代，而中生代和新生代的铅锌矿床则相对较少（戴自希等，2005）。中国铅锌矿床的时空分布基本与世界范围的规律相适应，从太古宙、元古宙、古生代、中生代一直到新生代等各时期均有发育，但不同地质时期形成的矿床类型和规模各不相同，且有别于前述地区。

铅锌矿是我国的优势矿种，储量排名全球第二，截至2019年我国铅锌储量合计6200万吨(表1-1)，其中铅储量1800万吨，占世界铅总储量的19.86%，锌储量4400万吨，占世界锌总储量的17.59%，铅锌合计占世界总储量的18.56%。我国铅锌矿产各省区均有分布，但主要分布在滇、黔、桂、粤、湘、川、陕、甘、新、内蒙古等省自治区(朱裕生，2007)。代表性的矿床主要有云南金顶、广西大厂、广西泗顶、广东凡口、湖南黄沙坪、湖南水口山、湖南康家湾、四川大梁子、甘肃厂坝、青海锡铁山、新疆可可塔勒、内蒙古东升庙等。其中矿床分布数量多、密度大的矿集区为三江、南岭、秦岭-祁连山和内蒙古-大兴安岭等地区，分别对应于三江成矿省、华南成矿省、秦岭-祁连成矿省和内蒙古-大兴安岭成矿省(朱裕生，2007)。

江南古陆西南缘地区位于华南成矿省南岭成矿带西矿带，地理位置横跨桂北和湘南地区，自西向东依次发育有大厂、北山、泗顶、江永、铜山岭、黄沙坪、宝山、水口山、康家湾等大型铅锌矿床。这些铅锌及其他金属矿床的时空分布特点突出，明显不同于全球其他地区(如澳大利亚、加拿大及南非主要产于太古代和中元古代)，呈爆发式地集中产于中生代，尤其是在燕山期80~170 Ma达到高潮(毛景文等，2008)。

第二节 铅锌矿床的主要类型

成矿作用的多样性、长期性和复杂性导致铅锌矿床类型多种多样。基于成矿温度和深度、成矿围岩、矿体形状、成因、成矿作用、成矿系列等不同的依据，可将铅锌矿床划分成不同的类型。涂光炽(1979)基于多成因观点首次对我国的铅锌矿床进行了较为全面系统的成因分类，将铅锌矿床分为五大类，分别是①与侵入岩浆活动有关的矿床；②与海、陆相火山活动有关的矿床；③与沉积、沉积改造作用及后成作用有关的矿床；④与区域变质、混合岩化作用有关的矿床和⑤砂铅矿床。之后，涂光炽等在《中国矿床》(1989)中进一步细化和发展铅锌矿床分类，划分出了八种类型，即花岗岩型、矽卡岩型、斑岩型、海相火山岩型、陆相火山岩型、碳酸盐岩型、泥岩-细碎屑岩型、砂砾岩型。该分类的优点在于含矿岩系集中地反映了地质背景、成矿环境和形成方式，有利于找矿。

在众多的分类中，铅锌矿床的主要类型主要是以碎屑岩为容矿围岩的矿床(Clastic-Dominated deposit，简称CD型)及其亚类喷流-沉积矿床(Sedimentary Exhalative deposit，简称SEDEX型)，和以碳酸盐岩为容矿围岩的密西西比河谷型铅锌矿床(Mississippi Valley-type deposit，简称MVT型)(Leach etal，2005，2010)，这两大类铅锌矿床的储量大，约占到世界铅锌总量的80%以上，深受全球地质学者们的重点关注。在国外这两类铅锌矿床主要集中分布在美国西部、加拿大中南部、南美东部、北欧及澳大利亚北部等地区(Leach etal, 2005, 2010);在我国它们主要丛聚于扬子地块及其周边缘区域, 如北缘——秦岭大别南部、东缘——湘鄂交界、西缘——川滇黔接壤及扬子南缘边部江南古陆西南等地区。此外, 西昆仑-三江造山带、华北地块北缘以及新疆板内也发育有同类型矿床。其中, 江南古陆西南缘地区成矿条件优越、密集发育上述类型铅锌矿床, 并以晚古生代碳酸盐岩为容矿围岩、构造控(成)矿、中低温热液成矿、与层滑作用有关为特色。

第三节　铅锌矿床的成矿机制

铅锌矿床研究涉及矿床学、构造地质学、岩石学、矿物学、地球化学等多个学科的知识, 是一个综合性的研究领域, 研究内容主要包括构造背景、矿物、矿石、矿体、矿床、围岩、成矿构造、地球化学、成矿流体、成矿物质、成矿时代、成矿规律、成矿机制等。

铅锌矿床的成矿机制主要是指铅锌矿床中各要素之间的关系及其作用方式。因此, 需要从宏观和微观层面去认识矿床的成矿机制。宏观层面, 构造成矿机制是一种非常重要的成矿机制。在成矿过程中, 构造对流体和成矿的制约作用是主要的, 起控制作用的(翟裕生, 1996; 韩润生, 2003), 主要表现在: ①构造是驱动流体运移的主要动力。构造应力场转换是驱动大规模流体远距离运移的主要原因。构造-流体的时-空演化过程实质上就是矿质活化、迁移、聚集定位的过程, 即矿床形成的过程(邓军等, 2000); ②各种各样的构造形迹如断层、节理、裂隙、角砾岩带等为地球内部流体的运移提供通道和聚集场所, 流体在不同尺度断裂构造中迁移、汇集和沉淀, 这些都显示了在成矿作用过程中, 构造对流体的作用和影响; ③构造应力还对岩石的力学、物理性质发生影响, 从而影响流体在岩石中的流动状态、速率和水岩交换作用过程; ④构造活动中释放的能量为成矿作用提供能源; ⑤构造活动的多期、多阶段是热液矿床形成的多期、多阶段的重要原因。

微观层面, 铅锌成矿的机制包括成矿流体、矿质来源、金属硫化物迁移与沉淀机制、成矿时代等要素。随着地学研究的深入和测试水平的提高, 特别是进入20世纪中期以后, 流体地质、放射性同位素地球化学、成矿年代学等方面迅猛发展, 使得定量研究矿床的成矿机制变得愈加可行, 取得相应的重要进展如下:

一、成矿流体

流体地质学是矿床学研究的重要组成部分, 并日益受到研究者的重视, 已然成为当今国际地球科学中最活跃、最重要的前沿领域之一。研究表明, 流体广泛参与了地壳和地幔构造活动、变质作用、成岩和成矿作用, 并在金属矿床、地球环境变化和沉积盆地演化中扮演重要角色。

沉积盆地中大型、超大型多金属矿床的发现，引发了盆地演化与盆地流体成矿的深入研究(李思田，2000)，特别是在MVT型矿床中，盆地流体与金属成矿的研究成果斐然，如Cathles and Smith(1983)首次提出了盆地压实流模式，认为沉积盆地快速沉淀压实、脉动排泄流体，即可形成沉积型矿体；Bethke(1986)、Bethke and Marshak(1990)建立了重力驱动模式，认为大气降水沿着造山带边缘下渗，受到重力驱动，在盆地深部流动，并同时获得热能和成矿组分，最后在盆地边缘的台地相碳酸盐岩地层中沉淀成矿；Garven(1995)、Bradley and Leach(2003)构建了构造力与重力的联合驱动模式，认为在前陆盆地边缘的造山带或逆冲褶皱带一侧，构造力驱动流体运移进入盆地系统中，并联合重力驱动，进一步促使盆地流体作大规模、长距离迁移到碳酸盐岩地层中卸载形成矿体；刘建明(2000)指出盆地流体演化早期以压实驱动流的自生流体占优势，而到了晚期则以重力驱动流的外来流占优势。可见，盆地流体的运移或大规模循环不仅控制了盆地的演化，还影响着造山带边缘沉积型金属矿床的形成与分布，典型的代表有美国密西西比河流域发育于盆地中的低温卡林型金矿床、我国扬子地块西南缘发育于右江盆地和湘中盆地中的低温热液矿床。

近20年来，中国学者锐意探索，在盆地流体与金属成矿理论上的贡献可圈可点，新发现了一些与盆地热流体循环有关的重要金属矿床类型，如滇黔桂边区的微细浸染型金矿(刘建明和刘家军，1997)、湘西沃溪钨锑金多金属矿(刘建明，2000)、广西大厂泥盆系锡铅锌多金属矿(梁婷等，2008)、右江盆地金锑砷汞多金属矿(胡瑞忠等，2016)、华南泥盆系MVT铅锌矿(祝新友等，2017)等，这些成果表明，盆地流体对许多性质不同的金属都具有很强的成矿能力。

二、矿质来源

矿质来源包含硫源和金属源。理论上，含硫酸盐的蒸发岩层、原生卤水、沉积地层或者含硫有机质等含硫地质体均有可能提供矿床所需的硫源(Sangster，1990；Leach etal，2005)，而金属源亦较复杂，其溶解度受到温压条件、pH、元素活性、流体组分、络合物含量等多种因素的影响(Barrett and Anderson，1982；Anderson，1983；Sverjensky，1984，1986；Hanor，1996；Basuki and Spooner，2002)。

同位素地球化学研究揭示矿床硫化物中硫的最终来源，大部分为海水硫酸盐。硫酸盐的还原作用主要有热化学还原作用(thermochemical sulfate reduction，简称TSR)和生物还原作用(bacterial sulfate reduction，简称BSR)(Ohmoto，1986)，前者是提供金属硫化物中还原硫最主要的方式，如大部分MVT铅锌矿床中硫化物$\delta^{34}S$值比围岩地层中海水硫酸盐偏小15‰左右，属于TSR作用的产物(Leach etal，2005)；而BSR作用因反应条件和还原硫速率限制，曾被认为难以提供大型沉积型铅锌矿床所需要的硫源，但爱尔兰纳文超大型 MVT 铅锌矿床中金属硫化物平均 $\delta^{34}S$ 值为-13.6‰，超九成的硫源被证实来自 BSR 作用（Fallick etal，2001）。可见 BSR 作用不容忽视，只要条件合适，它也能为成矿贡献足够的还原硫。另外，一个新的观点认为，全球大氧化事件（GOE）是促使海水中 $\sum SO_4^{2-}$ 含量的增加与 MVT 铅锌矿床大量形成的幕后推手（Leach etal，2010），二者具有良好的对应关系，再次证明了海水硫酸盐在沉积型铅锌成矿中的重要作用。此外，在油气储层中的有机硫，也可能提供沉积型铅锌矿床的部分还原硫（Kesler etal，1994）。

硫化物金属来源方面，Sangster（1990）指出金属成矿物质来源可能是多样的，基底、容矿围岩及盖层地层均可能提供成矿物质。Leach et al（2005）发现全球一些超大型 MVT 铅锌矿床硫化物的铅同位素组成具有共同的特征，指示这些矿床的金属源均来自地壳。尽管如此，特定岩性，围岩高金属含量，各种来源的比例与矿质来源之间的关系等问题尚待进一步研究。因此，加强成矿物质的性质及来源研究仍具有重要意义。

三、金属硫化物迁移与沉淀机制

金属硫化物迁移与沉淀机制研究是铅锌矿床成矿机制研究的重要内容。Anderson（1973）、Sverjensky（1981）提出金属和还原硫共存于同一成矿流体中相伴运移的成矿模式。Anderson（1975）早期认为含金属的流体和含还原硫的流体为两种不同流体，运移方式各自为政，但是 Anderson（1983）后期又指出金属和硫酸盐可能共存于同一成矿流体中共同运移，只是物理-化学条件的改变而诱发硫化物沉淀。Corbella et al（2004）则在 Anderson（1983）研究的基础上，提出了两种化学性质不一样的热液流体在溶洞构造中混合成矿的新模式。但是，在中低温条件下，富 H_2S 的流体中金属离子溶解能力是有限的，同时物化条件变化也影响上述流体的稳定性，因而还原硫与金属组分是否能在同一流体中迁移成矿还值得商榷（Leach etal，2005）。现阶段普遍接受的金属硫化物迁移与沉淀机制主要为：①富金属的流体与富还原硫的两类流体在矿区内混合成矿；②单一氧化性成矿流体（富含金属组分）中的 $\sum SO_4^{2-}$ 在矿区内被有机质等还原为 H_2S 等组分，导致金属硫化物沉淀成矿（Anderson and Garven，1987）。

与此同时，国内学者也进行了有益的探索，如刘文均等（1999）发现湘西花垣铅锌矿床是由于成矿流体迁移至古油气藏中而沉淀成矿；匡文龙等（2002）指出深层流体与油田卤水的混合作用是导致西昆仑卡兰古铅锌矿床的金属物质卸载的主要原因；刘英超等（2013）提出富含还原硫的本地流体与富含金属物质的外来流体的混合是西藏昌都拉拢拉类铅锌矿床的主要成矿机制。祝新友等（2017）指出华南地区泥盆系 MVT 铅锌矿床的成矿机制是氧化性卤水和还原性流体二者混合的结果。此外，李发源等(2002)发现MVT铅锌矿床的成矿过程与有机质密切相关。因此，对于铅锌矿床的成矿机制的研究仍是一个重要的科研方向。

四、成矿时代

成矿时代对于探讨矿质来源与建立矿床成矿模式起到关键作用（Leach etal, 2001a）。铅锌矿床的定年可以利用放射性同位素进行，但是对测年样品要求极为严格，必须同时满足①成因相同；②同位素组成均一；③形成后保持化学封闭状态等基本条件，实际操作中又面临待测矿物中放射性同位素含量极低的问题，这些因素导致铅锌矿床的精细定年成为国内外矿床研究中的一大难题（Paradis etal, 2007）。

20世纪80年代以前，限于科技水平与测试手段，绝大多数铅锌矿床都是间接来源于地质证据，同位素定量数据甚少。20世纪90年代以后，科学的快速进步使得放射性同位素测试技术快速发展，铅锌矿床成岩及成矿的同位素定年随之得以实现并被大量报道(图1-2)，涌现了闪锌矿Rb-Sr同位素测年(Christensen

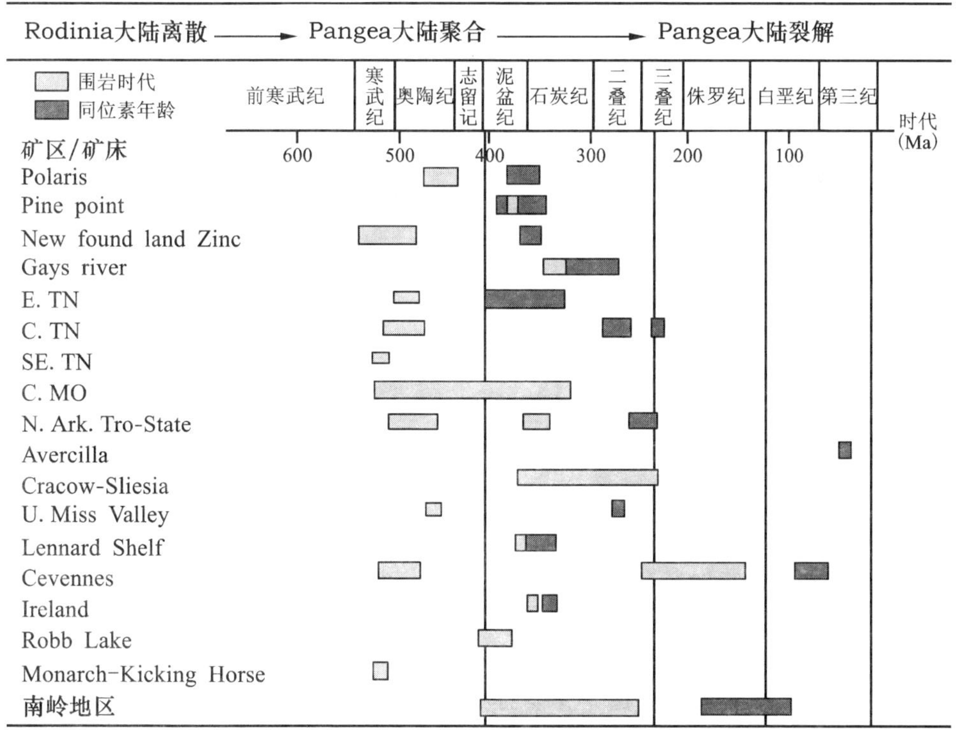

图1-2 全球主要铅锌矿区/矿床围岩及同位素年龄分布图

（据Leach etal, 2001a；毛景文等，2008）

etal, 1995)、萤石 Sm-Nd 同位素测年(Chesley etal, 1994)、脉石方解石 U-Pb 同位素(Brannon etal, 1996)及方解石 Th-Pb 同位素测年(Grandia etal, 2000)、与矿石共生的萤石 U-Pb 同位素(Leach etal, 2001b)及萤石 Th-Pb 同位素测年(Leach etal, 2001b)、有机质沥青 Re-Os 同位素测年(Selby etal, 2005)、成矿期伊利石 K-Ar 同位素测年(张长青等, 2005)、硅锌矿 Rb-Sr 同位素测年(Schneider etal, 2008)、与闪锌矿共生的绢云母 Ar-Ar 测年(梁维等, 2015)等等。以上测年方法中, 闪锌矿 Rb-Sr 同位素测年方法成果显著, 获得了大量年龄数据, 如我国近年相继出现了成功利用闪锌矿 Rb-Sr 同位素测年方法的报道(杜国民等, 2012; 郑伟等, 2013; 黄华等, 2014; 李铁刚等, 2014; 廖震文等, 2015; 2015 杨红梅等, 2015; 沈战武等, 2016; Yang, etal, 2017; Guo, etal, 2018; Tang, etal, 2019; Yu, etal, 2020), 这些成果标志着铅锌矿床精确定年的研究工作进入了新时代。

尽管沉积岩型铅锌矿床是一类成因类型复杂的矿床, 但是 30 多年来, 国内外学者在矿质来源、硫酸盐还原机制、成矿物质迁移形式与沉淀机制、成矿时代等方面的不懈努力和探索, 取得了大量成果和重大进展, 这无疑为本项目的研究工作提供了良好的理论依据。

第四节　江南古陆周缘铅锌矿的研究现状

在我国华南大地地貌上, 江南古陆的形貌十分醒目, 长近两千公里、宽达两百公里, 横跨黔、桂、湘、赣等六省区, 呈北东向展布的长条弧形腰带状, 处于扬子地块与华夏地块的接洽部位, 因特殊的大地构造位置及其周边缘密布的铅、锌、铜、锑、汞、金、银等有色、贵金属中低温矿床(胡瑞忠等, 2016), 成为研究热点, 备受瞩目。

一、江南古陆北缘铅锌矿的研究现状

江南古陆北缘长江中下游地区地质找矿与科学研究历史悠久, 该区最早的研究工作可追溯到 20 世纪 20 年代, 但主要的研究工作始于新中国成立、改革开放之后。80 年代末至 90 年代初宁芜铁矿项目的实施打开了“玢岩铁矿”研究前奏(陈毓川等, 1982; 程裕淇等, 1983), 随着该区研究的不断深入, 又新发现了鄂东铁铜矿、久瑞铜金矿、安庆-贵池铜矿、庐枞铁铜矿、铜陵铜金矿、宁镇铜铁铅锌矿等 6 个矿集区, 掀起了闻名全国的、有着中东部“工业走廊”之称的“长江中下游成矿带”的研究热潮(吕庆田等, 2007)。

带内矿床类型为玢岩-矽卡岩-斑岩型, 属于岩浆热液成因, 是燕山期构造-岩浆成矿作用的产物(程裕淇等, 1983; 陈毓川, 1998; 陈毓川等, 2006, 2016)。其中宁镇铜铁铅锌矿集区中典型矿床非南京栖霞山大型铅锌多金属矿床莫属, 该

矿自发现以来，有关其成矿地质条件、矿物组合、地球化学、矿质来源、矿床成因等方面的研究工作不胜枚举。与矿带内与斑岩铜矿的中高温不同，该矿床的成矿温度主要集中在 180～300℃（桂长杰和景山，2011；张明超等，2015；于海华，2016），属于低温热液矿床。由于矿区地表并未发现岩浆作用，故争论的焦点集中在成矿热液的来源方面：一种认为深部隐伏岩浆岩提供成矿物源（真允庆和陈金欣，1986；杨元昭，1989；蒋慎君和刘沈衡，1990；张建和莫吉勋，1997；桂长杰和景山，2011；桂长杰等，2015）；另一种认为原生水、循环地下水、大气降水等非岩浆热液提供成矿物源（郭晓山等，1985；刘孝善和陈诸麒，1985；钟庆禄，1998；叶水泉和曾正海，2000；徐忠发和曾正海，2006）。在成矿时代方面，栖霞山矿床目前尚缺乏精确的年代学数据，推断为与宁镇区域燕山晚期中酸性侵入岩同期形成，成矿于早白垩世晚期（张明超等，2015）。

二、江南古陆东南缘铅锌矿的研究现状

江南古陆东南缘绍兴-江山-萍乡一带（钦杭成矿带北段）发育的金属矿床以铜为主、次为钨、铅锌、银等。其中代表性的铅锌矿床有江西的银山和冷水坑铅锌矿床，前者流体包裹体及同位素研究揭示金属及硫物质主要来自上地幔，流体主要是岩浆水，矿床成因与次火山侵入活动有关，形成于燕山早期（李传明，1986；乐小横和张志辉，2001；王国光等，2011）；后者是我国独具特色的超大型斑岩型铅锌矿床，以银路岭花岗斑岩体为中心，蚀变和矿化均围绕其呈环带状展布，成矿流体及成矿金属元素均来源于花岗斑岩（王安城，1991；左力艳，2008；左力艳等，2009），矿区含矿斑岩 SHRIMP 锆石 U-Pb 测年数据与含矿斑岩绢云母 Ar-Ar 测年数据均为 162 Ma±，表明成岩成矿关系密切，二者皆为燕山中期的产物（左力艳，2008；孟祥金等，2009）。虽然上述二类矿床成因类型迥异，但它们存在共同点，均为浅成低温热液成矿（毛景文等，2011）。

三、江南古陆西南缘铅锌矿的研究现状

江南古陆西南缘（研究区范围不含古陆）在地理位置上涉及桂西北、桂北、湘南等地区，区内密集分布铅、锌、金、锑、汞等中低温矿床，是我国华南地区大面积低温成矿域和南岭成矿带的重要组成部分。其中铅锌矿床的典型代表有大厂长坡-铜坑、五圩箭猪坡、环江北山、融安泗顶、永州江永、湘南铜山岭、桂阳黄沙坪、湖南宝山、常宁水口山、松柏康家湾等超大型、大型矿床。在各矿床容矿地层、控矿构造、岩浆岩、矿石类型、矿物组合、围岩蚀变、矿石组构、矿质来源、成矿流体特征及来源等方面，前人已做出了大量卓有成效的地质工作，但是部分代表性矿床的成因认识至今却一直存在分歧，见表 1-2。矿床成因争论的焦点主要集中在矿质来源、控矿与成矿构造等方面。

研究区内铅锌矿床的成岩-成矿时代也是地质学者们长期以来关注的科学问题。以陈毓川为首的科研团队最早对右江盆地北东部大厂矿田的年代学进行了探索，利用 K-Ar 法分别获得大厂细粒花岗岩同位素年龄为 138.6 Ma、长坡-铜坑矿区成矿早期钾长石蚀变岩的年龄为 117.89 Ma 及矿石晶洞中成矿晚期伊利石的成矿年龄为 90.92 Ma（陈毓川等，1993）。王登红等(2004) 通过大厂 91 号矿体条带状锡石中的透长石激光 Ar/Ar 法获得 91.4 Ma 的数据和块状锡石硫化物中的石英 Ar/Ar 快中子活化法获得 94.52 Ma 的数据及大厂 100 号矿体块状锡石硫化物中的石英 Ar/Ar 快中子活化法获得 94.56 Ma 的数据，从而认为大厂矿田是燕山期的产物。

表 1-2　研究区代表性铅锌矿床成因统计

代表性铅锌矿床	矿床成因
大厂矿田	①与燕山期花岗岩有关的后生交代-充填矿床（陈毓川等，1993）；②认为层状矿床属于泥盆纪同生沉积-喷流矿床（韩发等，1997）；③层控-热液叠加改造矿床（涂光炽，1984）。
北山矿床	①沉积-改造层控矿床（陈好寿等，1987）；②与岩溶有关的矿床（汪金榜等，1988）；③MVT 铅锌矿床（甄世民等，2011）
泗顶矿床	①层控矿床（杨楚雄等，1985）；②与岩溶有关的矿床（汪金榜等，1995）；③MVT 铅锌矿床（戴自希，2005）
江永矿床	①接触交代型矿床（魏道芳等，2007；卢友月等，2015）；②岩溶型矿床（汪劲草等，2000a，2000b）
康家湾矿床	①热液充填交代型矿床（杨传益，1985；公凡影等，2011；左昌虎等，2014）；②与岩溶有关的矿床（林清茶和陈建军，2014）

陈好寿等(1987)深入北山矿区，采集了北山矿床及外围矿床(点)大量的金属硫化物及碳酸盐岩围岩样品，进行了 C-O-S-Pb 同位素的测定和综合研究，获得了 190~230 Ma、300~400 Ma 和 400~650 Ma 等三个时间段的铅同位素模式年龄，虽然测试精度不高，但仍指示了海西期和(或)印支期成矿的重要信息。

魏道芳等(2007)开展了江永县铜山岭花岗岩体的地球化学特征及锆石 SHRIMP 定年测试工作，获得 SHRIMP 锆石 U-Pb 年龄为 149±4 Ma，属于燕山中期晚阶段构造岩浆活动的产物，认为岩体的形成受控于该区中生代岩石圈伸展-减薄作用。全铁军等(2013) 对铜山岭Ⅰ、Ⅲ号岩体进行了 La-ICPMS 锆石 U-Pb 年代学测试，结果显示Ⅰ号成岩年龄为 166.64 Ma±0.40 Ma，Ⅲ号成岩年龄为

148. 30 Ma±0. 35 Ma，表明铜山岭Ⅰ、Ⅲ号岩体活动与燕山中期岩浆活动同期。卢友月等(2015)对铜山岭铜多金属矿田内的岩体和矿床分别进行了测定，获得铜山岭Ⅰ号岩体的花岗闪长斑岩 SHRIMP 锆石 U-Pb 年龄为 157±2 Ma，铜山岭矿床石英脉型矿体中的辉钼矿 Re-Os 模式年龄为 161±1 Ma，成岩与成矿年龄基本一致，说明铜山岭矿田成岩与成矿具有同时性，它们之间具有密切的成因联系，且辉钼矿中 Re 含量($32.95\times10^{-6}\sim59.45\times10^{-6}$)指示成矿作用可能与壳幔混合作用有关。

Huang and Lu(2014)报道了铜山岭铜铅锌矿床辉钼矿 Re-Os 同位素等时线年龄(161. 8±1. 7 Ma)。Zhao et al(2016)报道了铜山岭铜铅锌矿床的花岗闪长岩锆石 U-Pb 年龄(160 Ma±)和铜山岭岩体南面的玉龙钼矿床辉钼矿的 Re-Os 测年数据(162 Ma±)，推断铜山岭花岗闪长斑岩的侵位和相关的铜铅锌成矿作用发生在 162~160 Ma。马丽艳等(2007)和 Li et al(2017)等通过辉钼矿 Re-Os 定年方法，分别获得 153. 8 Ma 和 154. 8 Ma 的成矿年龄。

Huang et al(2015)测得湘中盆地中水口山矿田老鸦巢矿区花岗闪长岩岩体锆石 SIMS U-Pb 谐和年龄为 158. 8±1. 8 Ma，辉钼矿 Re-Os 等时线年龄和模式年龄分别为 157. 8±1. 4 Ma、(157. 5±2. 5)~(161. 0±2. 4) Ma，表明水口山岩体成岩与铅锌成矿的时代相似，认为水口山矿田的主要成矿期发生在 160~156 Ma，并进一步推断湘南的 Pb-Zn 与 W-Sn 矿床可能是同一地质事件的产物。

根据已经报道的年代学数据作统计柱状图(图 1-3)显示，与岩浆活动有关的矿床，如大厂长坡-铜坑、江永、铜山岭、黄沙坪及水口山等矿区的岩体成岩时间基本连续，为 90~170 Ma，而金属成矿时间不连续，集中在 80~100 Ma、150~170 Ma 的成矿峰期。这些成岩与成矿的年代学数据均指示研究区的铅锌矿床形成于燕山期。此外，在矿区未见岩浆活动的北山和泗顶矿床至今仍缺乏可靠的、精确的定年数据。

纵观区内矿床的研究历史，不难发现，前人对研究区的区域地质条件、铅锌矿床地质特征、矿床成因、同位素地球化学等方面做了大量的研究工作，并取得了丰硕的研究成果。然而事实上，区内铅锌矿床的构造控矿与成矿特征明显，但它们的控矿与成矿机制是什么？采用什么样的测定方法才能有效解决碳酸盐岩容矿的、与岩浆活动无直接联系的铅锌矿床的成矿时代？区域上自泥盆纪以来发育一套厚度≥10000 m 的碳酸盐岩、砂岩与泥质岩、页岩夹层或互层的沉积建造，不同层位岩性软硬相间、刚柔并存，区域上层滑作用广泛发育，这些层滑作用与铅锌成矿作用之间有怎样的联系？诸多问题还有待进一步的探索与研究。

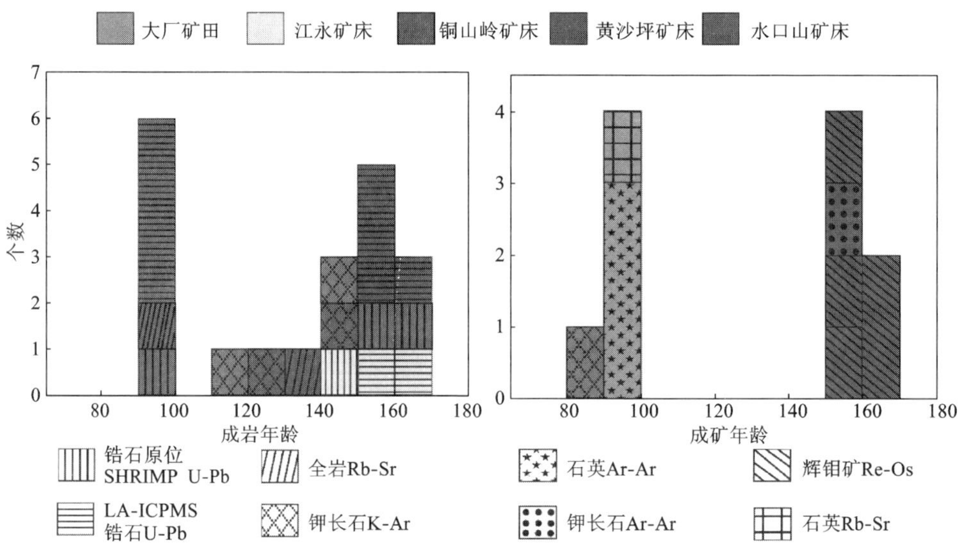

图 1-3　研究区年代学数据统计柱状图

图中大厂矿田年代学数据引自陈毓川等，1993；王登红等，2004；李华芹等，2008；梁婷等，2012；江永矿床代学数据引自魏道芳等，2007；全铁军等，2013；卢友月等，2015；铜山岭矿床代学数据引自马丽艳等，2007；Huang and Lu，2014；Zhao et al，2016；Li et al，2017；黄沙坪矿床代学数据引自童潜明等，1986，1987；杨世义等，1986；姚军明等，2005；Yao etal，2007；马丽艳等，2007；艾昊，2013；Li etal，2017；水口山矿田代学数据引自 Huang etal，2015

参考文献

[1] Mineral Commodity Summaries, 2020 [EB/OL]. https://pubs.usgs.gov/periodicals/mcs2020/mcs2020.

[2] 吕志成．国内外铅锌矿床成矿理论与找矿方法[R]．北京：中国地质调查局发展研究中心，2004.

[3] 戴自希，盛继福，白冶．世界铅锌资源的分布和潜力[M]．北京：地震出版社，2005.

[4] 朱裕生．中国主要成矿区(带)成矿地质特征及矿床成矿谱系[M]．北京：地质出版社，2007.

[5] 毛景文，谢桂青，郭春丽，等．华南地区中生代主要金属矿床时空分布规律和成矿环境[J]．高校地质学报，2008，14(004)：510-526.

[6] 涂光炽．铅锌矿床的成因分类[J]．中国科学院地球化学研究所年报，1979.

[7]《中国矿床》编委会．中国矿床．上册[M]．北京：地质出版社，1989.

[8] Leach D L, Sangster D F, Kelley K D, et al. Sediment-hosted lead-zinc deposits: A global perspective[J]. Economic Geology, 2005, 100: 561-607.

[9] Leach D L, Bradley D C, Huston D, et al. Sediment-hosted lead-zinc deposits in earth history [J]. Economic Geology, 2010, 105(3): 593-625.

[10] Cathles L M, Smith A T. Thermal constraints on the formation of Mississippi Valley-type lead-zinc deposits and their implications for episodic basin dewatering and deposit genesis[J]. Economic Geology, 1983, 78(5): 983-1002.

[11] Bethke C M. Hydrologic constraints on the genesis of the Upper Mississippi Valley mineral district from Illinois basin brines[J]. Economic Geology, 1986, 81(2): 233-249.

[12] Bethke C M, Marshak S. Brine migrations across North America - The plate tectonics of groundwater[J]. Annual Review of Earth and Planetary Sciences, 1990, 18(1): 287-315.

[13] Garven G. Continental-scale groundwater flow and geologic processes[J]. Annual Review of Earth and Planetary Sciences, 1995, 23(1): 89-117.

[14] Bradley D C, Leach D L. Tectonic controls of Mississippi Valley-type lead-zinc mineralization in orogenic forelands[J]. Mineralium Deposita, 2003, 38(6): 652-667.

[15] 刘建明. 沉积盆地动力学与盆地流体成矿[J]. 矿物岩石地球化学通报, 2000, 19(2): 76-84.

[16] 刘建明, 刘家军. 滇黔桂金三角区微细浸染型金矿床的盆地流体成因模式[J]. 矿物学报, 1997, 17(4): 448-456.

[17] 梁婷, 陈毓川, 王登红, 等. 广西大厂锡多金属矿床地质与地球化学[M]. 北京: 地质出版社, 2008.

[18] 胡瑞忠, 付山岭, 肖加飞. 华南大规模低温成矿的主要科学问题[J]. 岩石学报, 2016, 32(11): 3239-3251.

[19] 祝新友, 甄世民, 程细音, 等. 华南地区泥盆系 MVT 铅锌矿床 S、Pb 同位素特征[J]. 地质学报, 2017, 91(1): 213-231.

[20] Sangster D F. Mississippi Valley-type and sedex lead-zinc deposits: A comparative examination [J]. Trans. Inst. Mining and Metall., 1990, 99: 21-42.

[21] Barrett T J, Anderson G M. The solubility of sphalerite and galena in NaCl brines[J]. Economic Geology, 1982, 77(8): 1923-1933.

[22] Anderson G M. Some geochemical aspects of sulfide precipitation in carbonate rocks[M]. James Cook University of North Queensland, Geology Department, 1983.

[23] Sverjensky D A. Oil field brines as ore-forming solutions[J]. Economic Geology, 1984, 79(1): 23-37.

[24] Hanor J S. Controls on the solubilization of lead and zinc in basinal brines[J]. DF Sangster. Society of Economic Geologists Special Publication, 1996, 4: 483-500.

[25] Basuki N I, Spooner E T C. A review of fluid inclusion temperatures and salinities in Mississippi Valley-type Zn-Pb deposits: Identifying thresholds for metal transport[J]. Exploration and Mining Geology, 2002, 11(1-4): 1-17.

[26] Ohmoto H. Stable isotope geochemistry of ore deposits[J]. Reviews in Mineralogy and Geochemistry, 1986, 16(1): 491-559.

[27] Fallick A E, Ashton J H, Boyce A J, et al. Bacteria were responsible for the magnitude of the world-class hydrothermal base metal sulfide orebody at Navan, Ireland[J]. Economic Geology, 2001, 96(4): 885-890.

[28] Kesler S E, Jones H D, Furman F C, et al. Role of crude oil in the genesis of Mississippi Valley-type deposits: Evidence from the Cincinnati arch [J]. Geology, 1994, 22 (7): 609-612.

[29] Anderson G M. Precipitation of Mississippi Valley-type ores[J]. Economic Geology, 1975, 70 (5): 937-942.

[30] Anderson G M, Garven G. Sulfate-sulfide-carbonate associations in Mississippi Valley-type lead-zinc deposits[J]. Economic Geology, 1987, 82(2): 482-488.

[31] 刘文均, 郑荣才, 李元林, 等. 花垣铅锌矿床中沥青的初步研究——MVT 铅锌矿床有机地化研究(Ⅰ)[J]. 沉积学报, 1999, 17(1): 19-23.

[32] 匡文龙, 刘继顺, 朱自强, 等. 西昆仑地区卡兰古 MVT 型铅锌矿床成矿作用和成矿物质来源探讨[J]. 大地构造与成矿学, 2002, 26(4): 423-428.

[33] 刘英超, 侯增谦, 于玉帅, 等. 西藏昌都地区拉拢拉类 MVT 铅锌矿床矿化特征与成因研究[J]. 岩石学报, 2013, 29(4): 1407-1426.

[34] 李发源, 顾雪祥, 付绍洪, 等. 有机质在 MVT 铅锌矿床形成中的作用[J]. 矿物岩石地球化学通报, 2002, 21(4): 272-276.

[35] Leach D L, Bradley D, Lewchuk M T, et al. Mississippi Valley-type lead-zinc deposits through geological time: Implications from recent age-dating research [J]. Mineralium Deposita, 2001, 36(8): 711-740.

[36] Paradis S, Hannigan P, Dewing K. Mineral deposits of Canada Mississippi Valley-type lead-zinc deposits (MVT)[R]. Geological Survey of Canada, 2007.

[37] Christensen J N, Halliday A N, Leigh K E, et al. Direct dating of sulfides by Rb-Sr: A critical test using the Polaris Mississippi Valley-type Zn-Pb deposit[J]. Geochimica Et Cosmochimica Acta, 1995, 59(24): 5191-5197.

[38] Chesley J T, Halliday A N, Kyser T K, et al. Direct dating of Mississippi Valley-type mineralization-use of Sm-Nd in Fluorite[J]. Economic Geology, 1994, 89(5): 1192-1199.

[39] Brannon J C, Cole S C, Podosek F A, et al. Th-Pb and U-Pb dating of ore-stage calcite and Paleozoic fluid flow[J]. Science-AAAS-Weekly Paper Edition, 1996, 271(5248): 491-492.

[40] Grandia F, Asmerom Y, Getty S, et al. U-Pb dating of MVT ore-stage calcite: Implications for fluid flow in a Mesozoic extensional basin from Iberian Peninsula[J]. Journal of Geochemical Exploration, 2000, 69: 377-380.

[41] Leach D L, Premo W, Lewchuk M, et al. Evidence for Mississippi Valley-type lead-zinc mineralization in the Cévenne region, southern France, during Pyrénées orogeny[J]. Mineral Deposits at the Beginning of the 21st Century: Balkema, Rotterdam, 2001: 157-160.

[42] Selby D, Creaser R A, Dewing K, et al. Evaluation of bitumen as a 187Re-187Os geochronometer for hydrocarbon maturation and migration: A test case from the Polaris MVT

deposit, Canada[J]. Earth and Planetary Science Letters, 2005, 235(1): 1-15.

[43] 张长青, 毛景文, 刘峰, 等. 云南会泽铅锌矿床黏土矿物 K-Ar 测年及其地质意义[J]. 矿床地质, 2005, 24(3): 317-324.

[44] Schneider J, Boni M, Laukamp C, et al. Willemite (ZnSiO) as a possible Rb-Sr geochronometer for dating nonsulfide Zn-Pb mineralization: Examples from the Otavi Mountainland (Namibia)[J]. Ore Geology Reviews, 2008, 33(2): 152-167.

[45] 梁维, 杨竹森, 郑远川. 藏南扎西康铅锌多金属矿绢云母 Ar-Ar 年龄及其成矿意义[J]. 地质学报, 2015, 89(3): 560-568.

[46] 杜国民, 蔡红, 梅玉萍. 硫化物矿床中闪锌矿 Rb-Sr 等时线定年方法研究——以湘西新晃打狗洞铅锌矿床为例[J]. 华南地质与矿产, 2012, 28(2): 175-180.

[47] 郑伟, 陈懋弘, 徐林刚, 等. 广东天堂铜铅锌多金属矿床 Rb-Sr 等时线年龄及其地质意义[J]. 矿床地质, 2013, 32(2): 259-272.

[48] 黄华, 张长青, 周云满, 等. 云南保山金厂河铁铜铅锌多金属矿床 Rb-Sr 等时线测年及其地质意义[J]. 矿床地质, 2014, 33(1): 123-136.

[49] 李铁刚, 武广, 刘军, 等. 大兴安岭北部甲乌拉铅锌银矿床 Rb-Sr 同位素测年及其地质意义[J]. 岩石学报, 2014, 30(1): 257-270.

[50] 廖震文, 王生伟, 孙晓明, 等. 黔东北地区 MVT 铅锌矿床闪锌矿 Rb-Sr 定年及其地质意义[J]. 矿床地质, 2015, 34(4): 769-785.

[51] 杨红梅, 刘重芃, 段瑞春, 等. 贵州铜仁卜口场铅锌矿床 Rb-Sr 与 Sm-Nd 同位素年龄及其地质意义[J]. 大地构造与成矿学, 2015, 39(5): 855-865.

[52] 沈战武, 金灿海, 代堰锫, 等. 滇东北毛坪铅锌矿床的成矿时代: 闪锌矿 Rb-Sr 定年[J]. 高校地质学报, 2016, 22(2): 213-218.

[53] Yang F. Timing of formation of the Hongdonggou Pb-Zn polymetallic ore deposit, Henan Province, China: Evidence from Rb-Sr isotopic dating of sphalerites[J]. Geoscience Frontiers, 2017, 8(3): 605-616.

[54] Guo W K, Zeng Q D, Guo Y P, et al. Rb-Sr dating of sphalerite and S-Pb isotopic studies of the Xinxing crypto-explosive breccia Pb-Zn-(Ag) deposit in the southeastern segment of the Lesser Xing'an-Zhangguangcai metallogenic belt, NE China[J]. Ore Geology Reviews, 2018 (99): 75-85.

[55] Tang Y Y, Bi X W, Zhou J X, et al. Rb-Sr isotopic age, S-Pb-Sr isotopic compositions and genesis of the ca. 200 Ma Yunluheba Pb-Zn deposit in NW Guizhou Province, SW China[J]. Journal of Asian Earth Sciences, 2019, 185: 104054.

[56] Yu H, Tang J, Li H, et al. Metallogenesis of the Siding Pb-Zn deposit in Guangxi, South China: Rb-Sr dating and C-O-S-Pb isotopic constraints[J]. Ore Geology Reviews, 2020: 103499.

[57] 胡瑞忠, 付山岭, 肖加飞. 华南大规模低温成矿的主要科学问题[J]. 岩石学报, 2016, 32(11).

[58] 陈毓川, 张荣华, 盛继福, 等. 玢岩铁矿矿化蚀变作用及成矿机理中国地质科学院矿床

地质研究所文集[C]. 中国地质科学院矿床地质研究所文集(3), 1982.
[59] 程裕淇, 陈毓川, 赵一鸣, 等. 再论矿床的成矿系列问题—兼论中生代某些矿床的成矿系列[J]. 地质论评, 1983, 29(2): 127-139.
[60] 吕庆田, 杨竹森, 严加永, 等. 长江中下游成矿带深部成矿潜力、找矿思路与初步尝试——以铜陵矿集区为实例[J]. 地质学报, 2007, 81(7): 865-881.
[61] 陈毓川, 裴荣富, 王登红, 等. 三论矿床的成矿系列问题[J]. 地质学报, 2006, 80(10) 1501-1508.
[62] 陈毓川, 裴荣富, 王登红, 等. 矿床成矿系列——五论矿床的成矿系列问题[J]. 地球学报, 2016, 37(5): 519-527.
[63] 桂长杰, 景山. 南京栖霞山铅锌多金属矿成矿特征及找矿方向[J]. 地质学刊, 2011, 35(4): 395-400.
[64] 张明超, 李景朝, 左群超, 等. 江苏栖霞山铅锌银多金属矿床成矿时代探讨[J]. 中国矿业, 2015, 24(s2): 128-134.
[65] 于海华. 南京栖霞山铅锌矿床成矿作用研究[D]. 合肥工业大学, 2016.
[66] 真允庆, 陈金欣. 南京栖霞山铅锌矿床硫铅同位素组成及其成因[J]. 桂林冶金地质学院学报, 1986(4): 9-18.
[67] 杨元昭. 南京栖霞山多金属矿区弱缓磁异常的性质及地质找矿意义[J]. 桂林理工大学学报, 1989(2): 202-208.
[68] 蒋慎君, 刘沈衡. 栖霞山铅锌银矿床深部地质构造特征及成因过程模型初探[J]. 地质学刊, 1990(3): 9-14.
[69] 张建, 莫吉勋. 论宁镇地区层断热液型铅锌矿床[J]. 江苏地质, 1997, 21(3): 145-152.
[70] 桂长杰, 景山, 孙国昌. 南京栖霞山铅锌矿区深部找矿重大突破及启示[J]. 地质学刊, 2015, 39(1): 91-98.
[71] 郭晓山, 肖振明, 欧亦君, 等. 南京栖霞山铅锌矿床成因探讨[J]. 矿床地质, 1985, 4(1): 11-20.
[72] 刘孝善, 陈诸麒. 南京栖霞山层控多金属黄铁矿矿床的研究[J]. 矿床地质, 1985, 5(2): 121-130.
[73] 钟庆禄. 南京栖霞山大型铅锌银多金属矿床的发现及其找矿远景[J]. 地质学刊, 1998, (1): 56-61.
[74] 叶水泉, 曾正海. 南京栖霞山铅锌矿床流体包裹体研究[J]. 火山地质与矿产, 2000, 21(4): 266-274.
[75] 徐忠发, 曾正海. 南京栖霞山铅锌银矿床成矿作用与岩浆活动关系探讨[J]. 江苏地质, 2006, 30(3): 177-182.
[76] 李传明. 江西银山铜铅锌矿床成矿特征[J]. 地质与勘探, 1986(6): 5-10.
[77] 乐小横, 张志辉. 江西银山铅锌矿床成矿流体特征[J]. 地质找矿论丛, 2001, 16(1): 28-31.
[78] 王国光, 倪培, 赵葵东, 等. 江西银山铅锌矿床闪锌矿与石英流体包裹体的对比研究[J]. 岩石学报, 2011, 27(5): 1387-1396.

[79] 王安城．冷水坑斑岩银铅锌矿银的赋存状态及富集规律[J]．江西地质，1991(3)：227-237.

[80] 左力艳．江西冷水坑斑岩型银铅锌矿床成矿作用研究[D]．中国地质科学院，2008.

[81] 左力艳，侯增谦，宋玉财，等．冷水坑斑岩型银铅锌矿床成矿流体特征研究[J]．地球学报，2009，30(5)：616-626.

[82] 孟祥金，侯增谦，董光裕，等．江西冷水坑斑岩型铅锌银矿床地质特征、热液蚀变与成矿时限[J]．地质学报，2009，83(12)：1951-1967.

[83] 毛景文，陈懋弘，袁顺达，等．华南地区钦杭成矿带地质特征和矿床时空分布规律[J]．地质学报，2011，85(5)：636-658.

[84] 陈毓川，黄民智，徐珏，等．大厂锡矿地质[M]．北京：地质出版社，1993.

[85] 王登红，陈毓川，陈文，等．广西南丹大厂超大型锡多金属矿床的成矿时代[J]．地质学报，2004，78(1)：132-139.

[86] 陈好寿，吕红，石焕琪，等．广西北山层控闪锌矿-黄铁矿矿床的稳定同位素地球化学研究[J]．地质学报，1987(1)：48-59.

[87] 魏道芳，鲍征宇，付建明．湖南铜山岭花岗岩体的地球化学特征及锆石 SHRIMP 定年[J]．大地构造与成矿学，2007，31(4)：482-489.

[88] Huang X, Jianjun Lu. Geological characteristics and Re-Os geochronology of Tongshanling polymetallic ore field, south hunan, China[J]. Acta Geologica Sinica, 2014, 88(s2): 1626-1629.

[89] Zhao P, Yuan S, Mao J, et al. Geochronological and petrogeochemical constraints on the skarn deposits in Tongshanling ore district, southern Hunan Province: Implications for jurassic Cu and W metallogenic events in South China[J]. Ore Geology Reviews, 2016, 78: 120-137.

[90] 马丽艳，路远发，屈文俊，等．湖南黄沙坪铅锌多金属矿床的 Re-Os 同位素等时线年龄及地质意义[J]．矿床地质，2007，26(4)：425-431.

[91] Li H, Yonezu K, Watanabe K, et al. Fluid origin and migration of the Huangshaping W-Mo polymetallic deposit, South China: Geochemistry and 40 Ar/39 Ar geochronology of hydrothermal K-feldspars[J]. Ore Geology Reviews, 2017, 86: 117-129.

[92] Huang J C, Peng J T, Yang J H, et al. Precise zircon U-Pb and molybdenite Re-Os dating of the Shuikoushan granodiorite-related Pb-Zn mineralization, southern Hunan, South China[J]. Ore Geology Reviews, 2015, 71: 305-317.

第二章 成矿背景与成矿总体特征

项目研究的地理范围涉及桂西北、桂北、湘南的部分地区，大地构造位置处于扬子地块与华夏地块的接洽部位、江南古陆的西南缘(图 2-1)。研究区出露新元古代至新生代地层，经历了漫长的地质演化，区内地理地貌、地层构造、岩浆岩和矿产等地质景观丰富多彩。

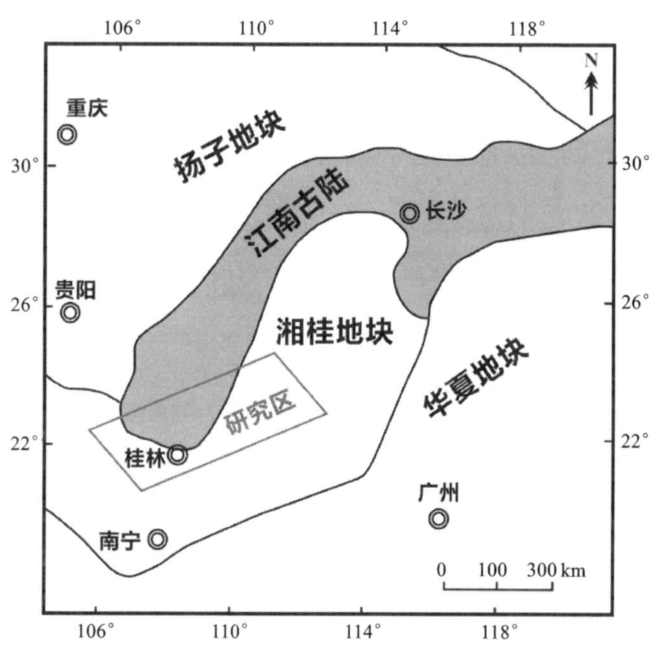

图 2-1 研究区大地构造及地理位置图(据胡瑞忠等，2010 修编)

第一节 区域构造演化

新元古代晚期以来，区域上(包括研究区及邻区)经历了频繁多期的构造运动。从扬子地块与华夏地块的结合到江南古陆的形成，从洋陆转换到陆内大规模构造-岩浆活动，无不受构造运动影响和支配，尤以加里东期、海西期、印支期和燕山期等构造运动的作用最为显著。

一、晋宁期构造运动

晋宁期构造运动表现为扬子和华夏地块的拼合及古陆的形成。江南古陆元古代基底单元的湖南冷家溪群中发现了亏损型的 N-MORB 洋中脊玄武岩（周金城等，2003，2005），广西北部四堡群和贵州梵净山群地层中存在枕状构造的基性熔岩（Wang etal，2004，2008），赣东北弋阳-德兴-婺源断裂沿线新元古代地层中发现了洋壳深俯冲的产物蛇绿混杂岩和大洋斜长花岗岩特高压变质蓝片岩(866±14 Ma)等（舒良树等，1993），这些证据说明江南古陆的东段在 866 Ma 之前发生过洋壳的俯冲，即扬子地块与华夏地块在 866 Ma 左右发生了碰撞（丁炳华等，2008；薛怀民等，2010；Wang etal，2014）。此外，在贵州与广西接壤地区的中元古界四堡群绿片岩相变质岩中发现了高压变质矿物多硅白云母，说明该地区在中元古代末期也发生过板块碰撞拼合（曾昭光等，2005）。近年来随着测试手段的精进，利用 SHRIMP 和 La-ICP-MS 锆石 U-Pb 法及其他新的定年方法获得的定年结果表明，扬子与华夏板块的拼合发生在 870~820 Ma 或 850 Ma 之后，即新元古代期间扬子与华夏板块的碰撞拼合过程可能是 Rodinia 超古陆(1100~830 Ma)形成过程的一部分（丁炳华等，2008；薛怀民等，2010；Wang etal，2008，2014）。由此推断，江南古陆是扬子与华夏两地块在新元古代碰撞拼合、不断隆升的产物。

二、加里东期构造运动

加里东期构造运动表现为早期裂陷沉降，晚期隆升剥蚀。青白口纪晚期(Qb_2)至中奥陶世(O_2)，江南古陆西南缘地区长期处于稳定沉降的构造环境，古陆中心沉积浅海相厚层含浊积岩细碎屑岩，构成江南古陆的基底；古陆边缘沉积浅海台地相至局限台地相碳酸盐岩（王鸿祯和刘本培，1981）。中-晚志留世(S_{2-3})之后，该区因强烈的加里东造山运动发生褶皱变形与构造隆升，但其东西部的构造响应各异，表现在东部以褶皱变形为主，在寒武-奥陶纪(Є-O)地层中形成近东西向的褶皱，并被后期的泥盆纪地层角度不整合覆盖；在西部则以构造隆升为主，导致晚奥陶世(O_3)地层被大量剥蚀、早中志留世(S_{1-2})局部沉积、晚志留世(S_3)基本无沉积（冯增昭等，2001）。随后发生的晚志留世(S_4)末期的广西运动又被构造叠加，使得该区隆升进一步加强，区域构造变形范围也明显扩大，在华南陆内前泥盆纪地层中形成强烈的褶皱，并成为后续发育的湘桂泥盆纪沉积盆地的基底（陈旭等，2014）。

三、海西期构造运动

海西期表现为局部裂陷沉降，整体为水下隆起。从早泥盆世(D_1)开始，湘黔桂地区开始遭受自南向北扩张的大面积海侵作用（陈代钊和陈其英，1994）。但在紫云-河池一带发育丹池(南丹-河池)裂陷槽，该裂陷槽在泥盆-石炭纪(D-C)大幅急剧沉降，沉积了含浊积岩的巨厚层状碎屑岩，并在其边部(如大厂、北山地区)形成了大量的生物礁灰岩（吴义布等，2010）。丹池裂陷槽的南部一带区域则沉积了中泥盆统罗富组(D_2l)黑色泥页岩、含放射虫硅质岩，纳标组(D_2n)生物礁灰岩，是该区锡、铅、锌成矿的有利沉积建造（陈洪德等，1989），并成就了世界级的锡铅锌多金属矿床。此时的江南古陆西南部地区基本为近海低山与丘陵地貌，其边缘地区则发育了由地堑地垒构成基底的“盆包台式”张裂沉积盆地体系——湘桂海相沉积盆地（杨怀宇，2010）。泥盆纪末期桂北地区还发生了柳江运动，造成了泥盆系与石炭系之间的平行不整合接触。

到石炭纪(C)，华南整体构造与沉积格局较为稳定，普遍发育海相碳酸盐岩，仅局部沉积少量的台盆相或斜坡相深水碳酸盐岩与泥质岩。紫云-河池裂陷槽仍有活动，不过先前泥盆纪的沉积充填缩小了其与周缘地区的水深差异，而湘桂盆地则连续沉积了厚层台地相碳酸盐岩。此时的江南古陆西南缘部地区呈线形海岸带包绕的水下隆起带，且随着沉积作用的持续进行和基底张裂作用的减弱，逐渐形成了石炭纪“台包盆式”沉积盆地格局（杨怀宇，2010）。

四、印支期构造运动

印支期构造运动表现为洋陆转换、褶皱隆起。早二叠世(P_1)时，华南海侵达到高潮，整个中国南方几乎全沦为海相碳酸盐岩沉积区。岩性、岩相和生物均较单一，沉积厚度也较稳定（周小进，2009）。江南古陆西南缘部地区仍为水下隆起。晚二叠世(P_3)，扬子台地内部及南北边缘呈现类型不一的礁滩相沉积。而湘桂沉积盆地在整个二叠纪(P)期间表现为“广海陆棚”与“缓坡”沉积（杨怀宇，2010）。

到了早中三叠世(T_{1-2})，上扬子及湘桂地区由碳酸盐缓坡发展成镶边碳酸盐台地。晚三叠世(T_3)，在古特提斯洋关闭的背景下，华南地层受到印支运动强烈的构造改造，许多地区的中三叠统及其以下地层普遍被褶皱，造成上覆侏罗纪、白垩纪地层与下伏地层之间的角度不整合接触。值得注意的是，印支期挤压主应力的方向在各地并不一致，在南盘江及周缘地区主要为近南北向的挤压作用，形成近东西向的褶皱、隆起；在桂西北丹池及桂北一带表现为北东-南西向挤压作用，形成北西-南东向褶皱、隆起；在湘中、湘南地区挤压主应力方向转变为近东西向，形成近南北向褶皱、隆起（杨怀宇，2010），同时伴随岩浆侵入活动，形成如苗儿山(211~228 Ma)、越城岭(220~224 Ma)、都庞岭(231 Ma±)等著名的印支期花岗岩体（郭春丽等，2012）。目前仅发现钨、锡、铀与少数印支期花岗岩岩体有关。

三叠纪(T)印支运动使华南广大地区构造与沉积史发生重大转折，由海相沉积转入陆相沉积——洋陆转换，不仅结束了湘桂沉积盆地的海相沉积历史而褶皱回返，还迫使江南古隆起，古陆以南的广大地区的古生界褶皱、冲断及形成上三叠统(T_3)与中三叠统(T_2)之间的角度不整合（赵宗举等，2002）。另外，印支运动还促使华北与华南板块沿着秦岭-大别山带在 240~220 Ma 拼合，形成统一的中国大陆（吴汉宁等，1990；刘育燕等，1993），因此，印支期无疑是我国地质历史中重要的变革时期（任纪舜，1984）。

五、燕山期构造运动

燕山期表现为陆内构造变形与大规模构造岩浆活动。中国南方陆内变形更加复杂，东有太平洋板块-库拉于 J_3-K_1 往欧亚板块之下低角度斜向俯冲，造成先挤压后左旋剪切的动力学背景（车自成等，2002）；西有怒江洋盆于 J_2-K_1 发生消减闭合，造成扬子地块北东向挤压。中国南方在“东西对挤”的背景下，遭受到了强烈的挤压、走滑并引发大规模岩浆活动，表现为前侏罗纪地层普遍被褶皱成陆内变形带、岩浆侵入、火山喷发及形成大量的走滑拉分盆地。江南古陆在此动力背景下，进一步强烈褶皱与冲断抬升，导致上白垩统茅口群角度不整合在下伏板溪群浅变质岩之上，以及形成北东和北北东向逆冲推覆构造。

晚白垩纪(K_2)，华南受到新特提斯与太平洋构造域的联合作用，构造性质转变为“西压东张”——西部地区强烈挤压，而东部地区转换为走滑与伸展，导致巨量花岗岩浆高位上侵，相应伴生了大规模的钨锡钼铋铜铅锌金银矿床，如广西大厂锡多金属矿床（90~95 Ma，王登红等，2004）、湖南铜山岭铜多金属矿床（161 Ma±，卢友月等，2015）、湖南黄沙坪铅锌钨钼多金属矿床（154 Ma±，马丽艳等，2007；Yao etal，2007；Li etal，2017）等。江南古陆西南缘地区处于“西压东张”作用的过渡部位，尽管岩石圈伸展作用没有华南东部那样强烈，但广西南丹大厂燕山晚期龙箱盖花岗岩的动力学研究(陈毓川等，1996；蔡明海等，2005)，暗示燕山晚期岩石圈伸展作用对该区仍有较大的影响和改造。

六、喜山期构造运动

喜山期构造运动表现为强烈的陆内变形阶段与整体抬升剥蚀。晚白垩世(K_2)至古近纪(E)，印度板块与欧亚板块发生陆陆碰撞，太平洋板块与菲律宾板块发生斜向碰撞，中国南方因而遭受强烈的挤压作用，导致区域内的伸展盆地褶皱回返、新近纪地层与古近纪地层之间的角度不整合（刘景彦等，2009）、西藏与云贵高原强烈隆升、扬子断陷盆地变为拗陷盆地以及江南古陆整体抬升并遭受剥蚀等复杂的构造面貌（车自成等，2002）。与此同时，华南的地形也发生重大改变，由“东高西低”变为“西高东低”。

总之，一方面，江南古陆自加里东期以来长期隆起剥蚀，从而成为后加里东期的沉积物质的重要来源区，对其南面的南华准地台及其周边缘拗陷区，提供了丰富的沉积物质和大量的成矿物质，是重要的以沉积岩为容矿围岩的铅锌矿床发源地；另一方面，区域多期构造运动给层滑作用提供了源源不断的构造动力。

第二节　区域地质概况

研究区区域地质条件十分优越，不仅地层发育齐全，构造复杂多样，岩浆异常活跃，而且还是华南锡、铅、锌、铜等有色金属资源的重要产出地。

一、地层

自中元古代以来，区域地层沉积连续。总体上，地层沉积类型以泥盆纪为界划分为两类：第一类为元古宙及早古生代地层构成的活动型沉积（赵金科和张文佑，1958）；第二类为泥盆纪及其以后地层构成的浅海相和(或)陆相稳定型沉积（肖建刚，2012），是层滑作用广泛发育的物质基础。

区域上铅锌矿的主要容矿层位是泥盆系至二叠系。各层位地质概况及容矿类型见表 2-1。

表 2-1　区域地层与容矿层位

地层层位	地质描述	沉积厚度	容矿类型
中元古界（Pt_2）	区内最古老地层，巨厚的泥质浅变质碎屑岩。四堡群中含有基性-超基性岩组合（Rb-Sr 同位素年龄 1667 Ma±，董宝林和朱乃娟，1993）	>5700 m	金矿
新元古界（Pt_3）	浅变质的中、深海相沉积。桂东北丹州群属青白口系，岩性为一套浅变质岩系，要由变质的砂泥质岩石夹少量碳酸盐岩组成。丹州群中超基性岩锆石 U-Pb 同位素年龄为 837 Ma±（肖建刚，2012）	2193～5657 m	金、铅、锌矿
寒武系（€）	浅海相炭质页岩、灰岩组成的过渡型沉积，底部为碳质层	983～6877 m	银、金，底部为铀、金、钒含矿层

续表

地层层位	地质描述	沉积厚度	容矿类型
奥陶系(O)	浅变质的泥砂质、碳(泥)硅质建造；中上部出现砂岩、砾岩，局部夹火山岩、碳酸盐岩层	1146~2879 m	银、铅矿
志留系(S)	在桂东北有零星分布，为一套巨厚的以粗碎屑为主的灰色磨拉石堆积，富含笔石化石	1457~8335 m	铁矿
泥盆系(D)	出露广泛，岩相复杂，厚度变化大，海进与海退序列交替有序，与下伏地层呈角度不整合接触关系。下统沉积浅海相碳酸盐岩夹碎屑岩建造；中统为浅海相碳酸盐岩建造、碳酸盐岩夹碎屑岩及滨-浅海相碎屑岩建造；上统分布广泛，岩相复杂，但主要为浅相碳酸盐岩、赤铁矿碎屑岩建造及滨海相-陆相碎屑岩建造	数百米至两千米	锡、铅、锌、金、银矿
石炭系(C)	岩性稳定，主要为一套浅相碳酸盐岩建造，岩性以灰岩、白云质灰岩夹泥岩、页岩为主，与下伏泥盆系主要呈整合接触关系，局部见假整合	152~2220 m	锡、铅、锌矿
二叠系(P)	主要为碳酸盐岩建造，江南古陆及陆缘区为浅海碳酸盐岩及含煤碎屑岩建造	数百米至数千米	铝、锰、铁、铅、锌矿
三叠系(T)	滨浅海碳酸盐岩和碎屑岩建造，岩性为灰岩、白云岩、泥质灰岩夹粉砂岩、砂页岩及泥岩等，间夹煤层	100~7000 m	金、锑、锰矿
侏罗系(J)	中下统主要为陆相盆地堆积，整合或假整合于上三叠统之上，上统为陆相含煤碎屑岩建造。岩性为砾岩、砾石、长石石英砂岩、炭质页岩	200~5000 m	锰矿
白垩系(K)	零星分布，为山麓相至河流湖泊相碎屑岩沉积，与下伏地层为角度不整合接触	903~4938 m	石膏、膨润土等非金属矿
新生界(Cz)	零星分布，为陆相盆地、陆相碎屑岩沉积	数米至数百米	铝土矿

二、构造

研究区所在区域位于欧亚板块东南端，中生代以来长期受到印度板块、菲律宾海板块及滨西太平洋板块的多板块构造联动的碰撞、挤压、俯冲作用的影响和改造，形成了由隆起、凹陷地块、褶皱、断裂带等组成的复杂多样的地质构造格局。

按照构造层划分，褶皱构造由晋宁-加里东基底褶皱和海西-印支盖层褶皱两大类型组成，以加里东期和印支期褶皱最为发育。紧闭、同斜、倒转、叠加褶皱广泛发育，属基底褶皱的特色，而开阔往往是盖层褶皱的标志。北东和北西向是加里东期褶皱的主要轴向，南北向是印支期褶皱的主要轴向，后者常发育叠加褶皱。区内重要的控矿褶皱多为盖层褶皱，如广西的北西向丹池复式背斜、北西向大厂背斜、北东向上川复式背斜，湖南的东西向大源岭复式背斜、南北西向宝岭-观音打坐复式倒转背斜、南北向烟竹湖-石坳岭复式倒转背斜等。

按照构造带方向划分，区域上见有北东向构造带、东西向构造带和南北向构造带。其中北东向构造带主要包括湘桂坳陷带，由复式褶皱、断裂、花岗岩组成；东西向构造带由复式褶皱和冲断带、花岗岩带组成，即文献中所称的“南岭纬向构造带”，其间包含向南突出的弧形构造；南北向构造带由复式褶皱和冲断裂组成，但规模不及前两者。区内典型的控矿断裂有北东向衡东-新田深断裂、东西向的河池永-福断裂，南北向泗顶-古丹断裂、南北向郴州-临武深大断裂等。

三、岩浆岩

区域上岩浆活动较为活跃，从四堡期至燕山期均有岩体侵位，以花岗岩类最为发育。花岗岩类空间上以北东向为主、叠加北西向成带产布，时间上自西向南东由老变新。

与金属成矿关系密切的有印支期花岗岩和燕山期花岗岩。前者一般为复式岩体，面状展布，大多数属于碱性系列，少部分属钙碱性，铝饱和指数高，具有过铝质花岗岩的特征（肖庆辉，2002）。以前印支期花岗岩被认为大多数不成矿，但现已被证实具备成矿的能力，可以形成钨、锡、铀矿化，如湖南与印支期王仙岭花岗岩有关的荷花坪锡多金属矿（224 Ma±，蔡明海等，2006）、赣南崇义与柯树岭花岗岩有关的仙鹅塘锡矿床(231.4 Ma±，刘善宝等，2008）、广西与栗木花岗岩有关栗木钨锡铌钽矿（214 Ma±，杨峰等，2009）、桂北与苗儿山-越城岭花岗岩有关的云头界钨钼矿床（210.3 Ma±，梁华英等，2011）等。

燕山期岩浆活动更加剧烈，周期性明显，活动时间也更长。燕山早期花岗岩又分成早、晚侏罗世两个活动峰期，一般为多阶段侵入的复式岩体，呈或大或小的岩基状产出，岩性为粗粒至中-细粒似斑状黑云母二长花岗岩、粗粒至中-细粒黑云母花岗岩、二长花岗岩等，如岩体有花山、姑婆山大型复式岩体等；燕山晚期花岗岩主要呈小岩体、岩株、岩墙等产出，常侵入于燕山早期岩体内部及其边缘，如骑田岭复式岩体。已有资料表明，燕山期花岗岩体成矿元素十分丰富、成矿能力特别强，是钨、锡、铅、锌、银、锑、铀、稀有、稀土等矿产的主要成矿岩体（张宏良，1987），已证实的与燕山期岩体密切关系的金属矿床数量众多，如与龙箱盖岩体有关的大厂 100 号锡矿体（王登红等，2004）、与铜山岭岩体有关的铜山岭铜铅锌银矿床（161.8 Ma±，Huang and Lu，2014）、与铜山岭岩体有关的玉龙钼矿床（162 Ma±，Zhao et al，2016）、与老鸦巢侵入岩体有关的水口山铅锌矿床（157.8 Ma±，Huang et al，2015）等。

第三节　区域地球化学背景

一、地层元素背景

研究区所在的南岭地区地层元素含量分布不均，存在明显的差异（表 2-2），As、Sb 元素在四堡群至三叠系中均为富集态；Pb、Zn 元素在古生界富集，在元古界部分富集，且分布不均匀，以 $D_1 \sim D_2$ 地层中最为富集，对应于区域上的铅锌矿床容矿层位。可见，Pb、Zn 元素在南岭地区地层中属于富集的成矿元素阵营。此外，基性特征元素丰度研究表明，南岭地区地层基本上属硅铝质陆壳（於崇文，1987），暗示来自地层的成矿元素一般具有壳源特征。

表 2-2　南岭地区各地层富集元素（富集系数 $K \geq 1.0$）

地层	富集元素
三叠系	As、Sb、Ag、Pb、Bi、Li、Th
二叠系	As、Sb、Bi、Pb、Zn
石炭系	As、Sb、Pb、Zn、Ca
泥盆系	Sb、As、Bi、Sn、Pb、Zn、Ca
奥陶系	Sb、As、Bi、La、Mo、Th
寒武系	U、Sb、As、Bi、Th、La、Ba、Pb、Li
震旦系	Bi、Sb、As、Ba、La、Pb、W、Li、U
板溪群	As、Sb、Ba、Li
四堡群	W、Sn、Sb、As、Zn、Li

二、岩浆岩元素背景

研究区所属的南岭地区岩浆岩从四堡期至燕山期均有发育，因岩浆源差异导致演化系列不同，但总体上是从偏基性向偏酸性演化（地质矿产部南岭花岗岩专题报告，1989）。

研究表明，壳源重熔型花岗岩类主要是花岗岩、花岗斑岩，$n(^{87}Sr)/n(^{86}Sr)>0.711$，$\delta^{18}O=(+9.5\sim-13.5)\times10^{-3}$，形成稀土→铌钽→钨锡→铜铅锌→铀的矿床系列；壳幔混源同熔型花岗岩类主要为花岗闪长岩，$n(^{87}Sr)/n(^{86}Sr)$为0.711～0.705，$\delta^{18}O=(+7.5\sim+10)\times10^{-3}$，形成铜、钼、金、银、铁等矿床；幔源分异型花岗岩类主要为钠质花岗岩，$n(^{87}Sr)/n(^{86}Sr)<0.705$，$\delta^{18}O=(+3.5\sim+8)\times10^{-3}$，仅见弱铌钽矿化(地质矿产部南岭花岗岩专题报告，1989)。

壳源重熔型花岗岩在南岭地区大面积分布，对区内铅锌成矿十分有利(莫柱孙，1980)，而壳幔混源同熔型花岗闪长岩组合见于湘南地区，幔源分异型岩石仅见于桂北四堡期本洞岩体。

第四节 成矿总体特征

江南古陆西南缘(研究区)斜跨桂湘两省区，位于扬子和华夏两板块的接洽部位(图 2-2)、南岭成矿带的西部，拥有良好的区域地层、构造、岩浆岩及区域地球化学背景和成矿条件，自西向东分布着大厂、北山、泗顶、江永、黄沙坪、康家湾等与层滑作用有关的铅锌多金属矿床(图 2-2)，这些矿床均发育在晚古生代地层中，矿体形貌类型多种多样，矿石组成与组构各不相同。

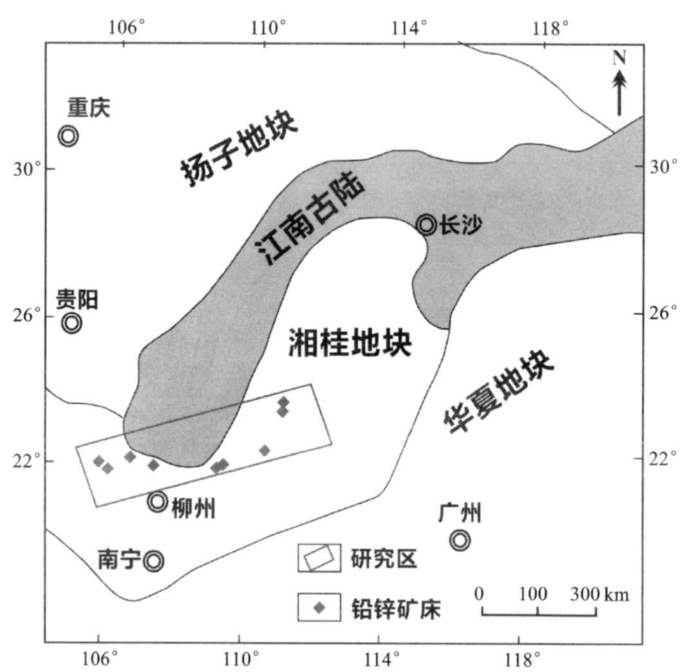

图 2-2 研究区典型矿床分布图(据胡瑞忠等，2010 修编)

一、容矿地层特征

研究区内与层滑作用有关的大型-超大型铅锌矿床的主要容矿层位有泥盆系、下石炭统和下二叠统(表2-3)，具有“三层分布，集中产出、西低东高”的特点(图2-3)。矿床主要发育在以碳酸盐岩为容矿围岩的地层中，岩性组合主要为泥灰岩-生物灰岩-白云岩，容矿层位特征明显，自西向东由下泥盆统到下二叠统逐渐抬高，产出的铅锌矿床数量相对减少(图2-3)。容矿地层岩性存在强弱差异，为层滑提供了良好的物质基础。

表2-3　研究区与层滑作用有关的铅锌矿床容矿层位统计

容矿层位	岩性组合	规模	矿床	参考文献
下泥盆统(D_1)	碳质泥岩-泥灰岩	大型	五圩箭猪坡铅锌银锑多金属矿床	常江等，2015
中上泥盆统(D_{2-3})	泥岩-硅质岩-生物礁灰岩	超大型	大厂高峰100号锡铅锌多金属矿床	陈毓川，1993
中上泥盆统(D_{2-3})	泥岩-炭质页岩-硅质岩	超大型	大厂长坡-铜坑锡多金属矿床	陈毓川，1993
中上泥盆统(D_{2-3})	泥灰岩-礁顶白云岩	大型	北山硫铅锌矿床	汪金榜和王显富，1988
中上泥盆统(D_{2-3})	生物灰岩-灰岩-白云岩	大型	泗顶铅锌矿床	覃焕然，1986
下石炭统(C_1)	灰岩-泥灰岩	大型	江永银铅锌矿床	汪劲草等，2000
下石炭统(C_1)	白云质灰岩-灰岩	大型	铜山岭铜铅锌矿床	卢友月等，2015
下石炭统(C_1)	灰岩-炭质泥岩	大型	黄沙坪铅锌铜多金属矿床	刘悟辉，2007
下石炭统(C_1)	灰岩-白云岩	大型	宝山铅锌铜多金属矿床	丁腾等，2016
下二叠统(P_1)	泥灰岩-泥质页岩-硅质岩	大型	水口山铅锌多金属矿床	张庆华，1999
下二叠统(P_1)	泥岩-硅质岩-角砾岩	大型	康家湾铅锌银金矿床	程雄卫，2012

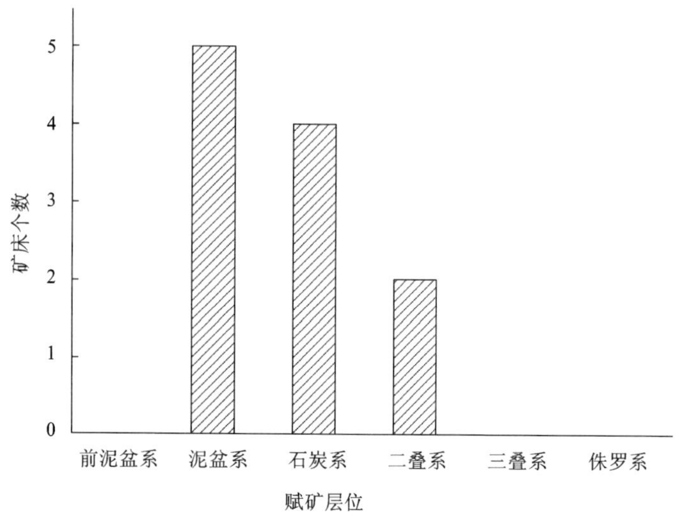

图 2-3 研究区与层滑作用有关的铅锌矿床容矿层位分布

二、控矿构造特征

研究区内的多数铅锌矿床受构造控制的特征明显，表现在不同级别的构造对区域铅锌成矿作用、矿床分布和矿体定位的分级联合控制上。

在区域尺度上，北西向紫云-南丹-昆仑关深大断裂、北东向绍兴-江山-萍乡深大断裂、北东向郯庐深大断裂(南延部分)所夹持、围限而成的三角区控制了江南古陆西南缘锡铅锌铜金银汞锑等金属集聚的成矿边界。这些金属矿床大多集中沿着上述深大断裂的边部产出，呈近等距性串珠状分布，如沿丹池大断裂等距分布着芒场、大厂、五圩等锡铅锌多金属矿田，沿绍兴-江山-萍乡深大断裂北西侧分布江永、黄沙坪、康家湾等铅锌矿床，沿郯庐深大断裂南延南东侧分布铲子坪、淘金冲、银马洞等矿床。

在矿区尺度上，矿区内的褶皱和断裂构造十分发育，二者构成的褶皱-断裂系统控制了铅锌矿床的就位。如大厂背斜-大厂断裂系统控制了大厂高峰 100 号矿床和长坡-铜坑矿床的产出；泗杰穹窿-泗顶断裂系统控制了叭赖、泗顶、艾凤山等矿床(点)的分布；宝岭-观音打坐复式背斜-南北向逆断层系统控制了黄沙坪、宝山等矿床的发育。

三、成矿构造与矿体形貌特征

成矿构造是指为成矿流体直接充填和(或)交代的地质构造单元(汪劲草，2009，2010)，它有别于控矿构造，只包括成矿期直接容矿的构造，是矿床研究中构造谱系组成的最基本的构造单元(图2-4)。矿床成矿期形成的构造不仅有成矿构造也有非成矿构造，如一条成矿断裂或韧性剪切带中，通常不是整条断裂或剪切带都连续充填矿质，而是断续相连的，即是由成矿构造和非成矿构造组成的(图2-5)。因此，成矿构造(单元)具有控制矿体形貌，可作为储量计算单位的，且不可再分的基本属性。

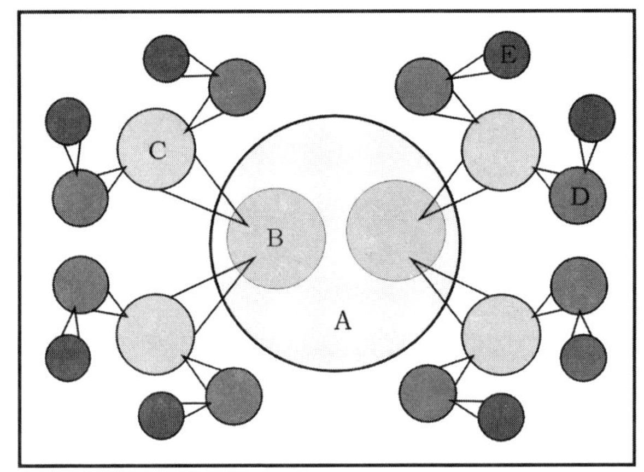

图2-4　矿床研究中构造谱系组成图示(据汪劲草，2010)

A—区带构造域；B—矿田构造域；C—矿床构造域；D—矿体构造域；E—成矿构造

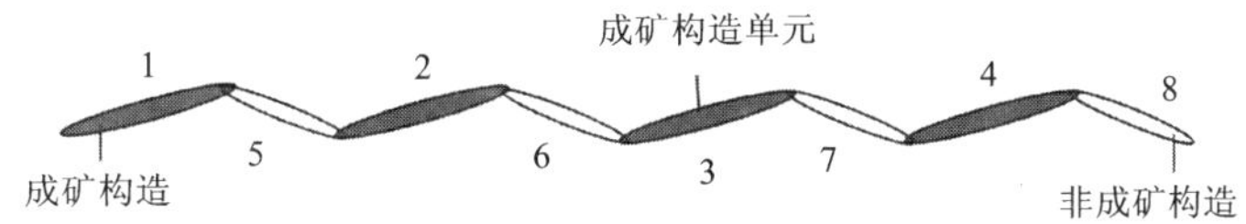

图2-5　矿床成矿构造单元组成图示(据汪劲草，2010)

按成矿构造空间和构造动力的形成机制将成矿构造分为3类(表2-4)：构造型成矿构造(构造端元)、流体型成矿构造(流体端元)和过渡类型即构造-流体复合型成矿构造(汪劲草，2010)。其中构造端元和流体端元型又可细分成角砾岩型、脉型、细脉型和蚀变岩型(表2-4)。

表 2-4　成矿构造的类型分类

成矿构造类型	形成环境	形成机制	角砾岩型	脉型	细脉型	蚀变岩型
构造型（构造端元）	脆性域	构造动力致裂（构造致裂）	构造角砾岩型（常见）	构造脉型（少见）	构造细脉型（少见）	构造蚀变岩型（最常见）
流体型（流体端元）	脆韧性域、韧性域	流体动力破坏（流体致裂）	流体角砾岩型（常见）	流体脉型（最常见）	流体细脉型（少见）	流体蚀变岩型（常见）

汪劲草（2009，2010）指出，第一类构造型成矿构造（构造端元）通常形成于地壳浅部脆性域的构造环境中，岩石的破坏往往受到构造动力控制，如断裂带、构造角砾岩等是受到构造致裂形成的；第二类流体型成矿构造（流体端元）则由流体动力破坏形成，因为在地壳浅部圈闭不好的条件下，岩石的破裂受构造动力制约，较难发生液压致裂，只有在岩浆侵位到地壳脆性域时，岩浆释放出超量流体，聚积成异常高压，围岩才会产生液压（流体）致裂作用或流化作用或隐爆作用，形成相应的指示流体型成矿构造的流体动力角砾岩类型，如液压角砾岩、流化角砾岩与爆发角砾岩等；第三类过渡性型成矿构造由前两种端元复合而成，即由构造致裂和流体致裂联合或叠加作用形成，如广西南丹大厂长坡-铜坑矿深部控制接触带-矽卡岩型层状铜锌矿体的成矿构造，即由岩浆流体的作用和层滑作用共同形成构造-流体复合型成矿构造。

矿体是矿床的基本构成单元，其形貌是由控制矿体的成矿构造（单元）决定的，矿体形貌具有几何类型和成因类型，分别包含一维、二维、三维与复维四种基本几何矿体形貌，和构造型、流体型、构造-流体复合型、岩溶型及沉积型五种基本成因矿体形貌，后者反映矿床形貌的形成机制与动力条件，与成矿构造之间一一对应（汪劲草，2011）。

因此，按照以上成矿构造和矿体形貌的分类依据，可对研究区内与层滑作用有关的典型矿床的成矿构造与矿体形貌的类型进行初步划分（表 2-5）。总体上，以构造型成矿构造、岩溶型成矿构造和流体型成矿构造为主要类型，次为构造-流体复合型与沉积型。其中大厂矿床因多期成矿作用，形成的成矿构造类型较区内其他矿床要复杂，除包含上述三种成矿构造类型外，还存在喷流-沉积型成矿构造。矿体几何形貌则主要以一维、二维矿体形貌为主，次为三维矿体形貌；而其成因分类则以构造型、岩溶型和流体型矿体形貌为主，次为构造-流体型和沉积型矿体形貌。其中仅大厂矿床具有沉积型矿体形貌这一类型而独具特色。有关典型矿床的成矿构造及矿体形貌的研究详见本书第三章内容。

表 2-5 研究区成矿构造与矿体形貌特征划分

成矿构造类型	构造型成矿构造	岩溶型成矿构造	流体型成矿构造	过渡型成矿构造
矿体形貌几何类型	二维板式（脉状与层状）	一维筒状	二维板式（脉状）、三维形貌（囊状、港湾状、不规则状）	二维板式（层状）
矿体形貌成因类型	构造型	岩溶型	沉积型	构造-流体型
矿体实例	泗顶脉状矿体、五圩箭猪坡脉状矿体	江永矿床Ⅱ、Ⅲ号岩溶性矿体	黄沙坪矿 301 矿带 1-1 号、414 号接触带型矿体	大厂长坡-铜坑矿 94、95、96 号层状锌铜矿体

注：一维矿体是指矿体形貌呈一维延长，如筒状或管状；二维矿体指矿体形貌呈二维延长，即长、宽发育，厚度不发育，一般厚度不及长、宽的几十分之一；三维矿体指矿体形貌呈三维延长，如囊状、葫芦状，其长、宽、厚度近于同等发育（汪劲草，2011）。

四、矿石特征

研究区内铅锌矿床的矿石组成虽复杂多样、各不相同，但均以含铅锌的硫化矿物为主。按照矿石矿物组成的复杂程度大致可分为 3 类：Ⅰ类矿石组成极复杂，共伴生金属矿物种类繁多，有 40 种以上，如大厂长坡-铜坑矿床、高峰 100 号矿床；Ⅱ类矿石组成复杂，共伴生金属矿物种类一般介于 20 至 40 种之间，如黄沙坪矿床、康家湾矿床；Ⅲ类矿石组成简单，共伴生金属矿物种类通常少于 20 种，如北山矿床、泗顶矿床。

在矿石结构构造方面，自形、半自形、他形粒状结构与交代溶蚀结构，以及块状、脉状、条带状、浸染状与角砾状构造是区内铅锌矿床普遍具有的组构特征。

参考文献

[1] 周金城，王孝磊，邱检生，等．南桥高度亏损 N-MORB 的发现及其地质意义[J]．岩石矿物学杂志，2003，22(3)：211-216.

[2] 周金城，王孝磊，邱检生．江南造山带西段岩浆作用特性[J]．高校地质学报，2005，11(4)：527-533.

[3] Wang X L, Zhou J, Qiu J, et al. Geochemistry of the Meso-to Neoproterozoic basic-acid rocks from Hunan Province, South China: Implications for the evolution of the western Jiangnan orogen. Precambrian Res[J]. Precambrian Research, 2004, 135(1): 79-103.

[4] Wang X L, Zhao G, Zhou J C, et al. Geochronology and Hf isotopes of zircon from volcanic rocks

of the Shuangqiaoshan Group, South China: Implications for the Neoproterozoic tectonic evolution of the eastern Jiangnan orogen[J]. Gondwana Research, 2008, 14(3): 355-367.

[5] 舒良树, 周围庆, 施央申, 等. 江南造山带东段高压变质蓝片岩及其地质时代研究[J]. 科学通报, 1993, 38(20): 1879-1882.

[6] 丁炳华, 史仁灯, 支霞臣, 等. 江南造山带存在新元古代(~850 Ma)俯冲作用——来自皖南 SSZ 型蛇绿岩锆石 SHRIMP U-Pb 年龄证据[J]. 岩石矿物学杂志, 2008. 27(5): 375-388.

[7] 薛怀民, 马芳, 宋永勤, 等. 江南造山带东段新元古代花岗岩组合的年代学和地球化学: 对扬子与华夏地块拼合时间与过程的约束[J]. 岩石学报, 2010, 26(11): 3215-3244.

[8] Wang X L, Zhou J C, Griffin W L, et al. Geochemical zonation across a Neoproterozoic orogenic belt: Isotopic evidence from granitoids and metasedimentary rocks of the Jiangnan orogen, China [J]. Precambrian Research, 2014, 242: 154-171.

[9] 曾昭光, 唐云辉, 彭慈刚, 等. 黔桂边境四堡岩群中高压变质矿物的发现及其意义[J]. 贵州地质, 2005, 22(1): 46-49.

[10] 王鸿祯, 刘本培. 中国中元古代以来古地理发展的轮廓[J]. 地层学杂志, 1981 (2): 3-15.

[11] 冯增昭, 彭勇民, 金振奎, 等. 中国南方早奥陶世岩相古地理[J]. 古地理学报, 2001, 3(2): 11-22.

[12] 陈旭, 樊隽轩, 陈清, 等. 论广西运动的阶段性[J]. 中国科学: 地球科学, 2014, 44(5): 842-850.

[13] 吴义布, 龚一鸣, 张立军, 等. 华南泥盆纪生物礁演化及其控制因素[J]. 古地理学报, 2010, 12(3): 253-267.

[14] 陈洪德, 曾允孚, 李孝全. 丹池晚古生代盆地的沉积和构造演化[J]. 沉积学报, 1989 (4): 85-96.

[15] 杨怀宇. 湘桂地区泥盆纪-中三叠世构造古地理格局及其演化[D]. 中国石油大学, 2010.

[16] 周小进. 中国南方二叠纪构造—层序岩相古地理[D]. 中南大学, 2009.

[17] 郭春丽, 郑佳浩, 楼法生, 等. 华南印支期花岗岩类的岩石特征、成因类型及其构造动力学背景探讨[J]. 大地构造与成矿学, 2012, 36(3): 457-472.

[18] 赵宗举, 朱琰, 李大成, 等. 中国南方构造形变对油气藏的控制作用[J]. 石油与天然气地质, 2002, 23(1): 19-25.

[19] 吴汉宁, 常承法, 刘椿, 等. 依据古地磁资料探讨华北和华南块体运动及其对秦岭造山带构造演化的影响[J]. 地质科学, 1990(3): 201-214.

[20] 刘育燕, 杨巍然, 森永速男, 等. 华北陆块, 秦岭地块和扬子陆块构造演化的古地磁证据[J]. 地质科技情报, 1993(4): 17-21.

[21] 任纪舜. 印支运动及其在中国大地构造演化中的意义[J]. 地球学报, 1984, 6(2): 31-44.

[22] 车自成, 刘良, 罗金海. 中国及其邻区区域大地构造学[M]. 北京: 科学出版社, 2002.

[23] 王登红，陈毓川，陈文，等．广西南丹大厂超大型锡多金属矿床的成矿时代[J]．地质学报，2004，78(1)：132-139.

[24] 卢友月，付建明，程顺波，等．湘南铜山岭铜多金属矿田成岩成矿作用年代学研究[J]．大地构造与成矿学，2015，39(6)：1061-1071.

[25] 马丽艳，路远发，屈文俊，等．湖南黄沙坪铅锌多金属矿床的 Re-Os 同位素等时线年龄及地质意义[J]．矿床地质，2007，26(4)：425-431.

[26] Yao J M, Hua R M, Qu W J, et al. Re-Os isotope dating of molybdenites in the Huangshaping Pb-Zn-W-Mo polymetallic deposit, Hunan Province, South China and its geological significance[J]. Science in China Series D: Earth Sciences, 2007, 50(4): 519-526.

[27] Li H, Yonezu K, Watanabe K, et al. Fluid origin and migration of the Huangshaping W-Mo polymetallic deposit, South China: Geochemistry and 40 Ar/39 Ar geochronology of hydrothermal K-feldspars[J]. Ore Geology Reviews, 2017, 86: 117-129.

[28] 陈毓川，王登红．广西大厂层状花岗质岩石地质、地球化学特征及成因初探[J]．地质论评，1996(6)：523-530.

[29] 蔡明海，毛景文，梁婷，等．大厂锡多金属矿田铜坑-长坡矿床流体包裹体研究[J]．矿床地质，2005，24(3)：228-241.

[30] 刘景彦，林畅松，卢林，等．江汉盆地白垩-新近系主要不整合面剥蚀量分布及其构造意义[J]．地质科技情报，2009，28(1)：1-8.

[31] 赵金科，张文佑．广西地质[M]．北京：科学出版社，1958.

[32] 肖建刚．广西通志地质矿产志：1988—2000[M]．南宁：广西人民出版社，2012.

[33] 肖庆辉．花岗岩研究思维与方法[M]．北京：地质出版社，2002.

[34] 蔡明海，陈开旭，屈文俊，等．湘南荷花坪锡多金属矿床地质特征及辉钼矿 Re-Os 测年[J]．矿床地质，2006，25(3)：263-268.

[35] 刘善宝，王登红，陈毓川，等．赣南崇义—大余—上犹矿集区不同类型含矿石英中白云母(40)Ar/(39)Ar 年龄及其地质意义[J]．地质学报，2008，82(7)：932-940.

[36] 杨锋，李晓峰，冯佐海，等．栗木锡矿云英岩化花岗岩白云母 40Ar/39Ar 年龄及其地质意义[J]．桂林理工大学学报，2009，29(1)：21-24.

[37] 梁华英，伍静，孙卫东，等．华南印支成矿讨论．矿物学报[J]．2011(S1)：53-54.

[38] 张宏良．南岭地区有色稀有金属矿床的控矿条件成矿机理他布规律及成矿预测[M]．武汉：武汉地质学院出版社，1987.

[39] Huang X, Jianjun Lu. Geological characteristics and Re-Os geochronology of Tongshanling polymetallic ore field, south Hunan, China[J]. Acta Geologica Sinica, 2014, 88(s2): 1626-1629.

[40] Zhao P, Yuan S, Mao J, et al. Geochronological and petrogeochemical constraints on the skarn deposits in Tongshanling ore district, southern Hunan Province: Implications for jurassic Cu and W metallogenic events in south China[J]. Ore Geology Reviews, 2016, 78: 120-137.

[41] Huang J C, Peng J T, Yang J H, et al. Precise zircon U-Pb and molybdenite Re-Os dating of the Shuikoushan granodiorite-related Pb-Zn mineralization, southern Hunan, south China[J].

Ore Geology Reviews, 2015, 71: 305-317.
[42] 於崇文．南岭地区区域地球化学[M]. 北京: 地质出版社, 1987.
[43] 地质矿产部南岭项目花岗岩专题组．南岭花岗岩地质及其成因和成矿作用[M]. 北京: 地质出版社, 1989.
[44] 莫柱孙．南岭花岗岩地质学[M]. 北京: 地质出版社, 1980.
[45] 常江, 赵京, 李益智, 等．广西箭猪坡铅锌锑多金属矿床矿液运移及矿体侧伏方向研究[J]. 矿产勘查, 2015, 6(6): 732-738.
[46] 陈毓川, 黄民智, 徐珏, 等．大厂锡矿地质[M]. 北京: 地质出版社, 1993.
[47] 汪金榜, 王显富．广西北山铅锌黄铁矿矿床地质特征及成因的探讨[J]. 中国岩溶, 1988(s1): 55-60.
[48] 覃焕然．试论广西泗顶—古丹层控型铅锌矿床成矿富集特征[J]. 南方国土资源, 1986(2): 54-65.
[49] 汪劲草, 汤静如, 彭恩生, 等．湖南江永铅锌矿床岩溶成矿构造系列及其演化[J]. 地质找矿论丛, 2000, 15(2): 159-165.
[50] 刘悟辉．黄沙坪铅锌多金属矿床成矿机理及其预测研究[M]. 长沙: 中南大学出版社, 2007.
[51] 丁腾, 马东升, 陆建军, 等．湖南宝山矿床花岗岩类硫-铅同位素和流体包裹体研究及其成因意义[J]. 矿床地质, 2016, 35(4): 663-676.
[52] 张庆华．湖南水口山铅锌矿田地质特征及找矿思路[J]. 矿产勘查, 1999(3): 141-146.
[53] 程雄卫．湖南水口山多金属矿田成矿构造类型划分及演化[D]. 桂林理工大学, 2012.
[54] 汪劲草．成矿构造系列的基本问题[J]. 桂林工学院学报, 2009, 29(4): 423-433.
[55] 汪劲草．成矿构造的基本问题[J]. 地质学报, 2010, 84(1): 59-69.
[56] 汪劲草．矿体形貌分类及其成矿指示[J]. 桂林理工大学学报, 2011, 31(4): 473-480.

第三章
层滑作用与成矿机制

大陆地壳具有圈层结构，这些圈层表现为物质分层、能量分层和构造分层，因而在垂向上具有不均一性，当它们受到构造应力作用时，毗邻的圈层之间便会沿界面发生相对滑动、滑脱甚至脱离的现象，从而形成各式各样的层滑构造。

层滑作用界面的类型多种多样，规模大小不一，如大到地壳与上地幔界面、盖层与基底界面，小到不同岩性界面、强能干性岩层与弱能干型岩层界面，以及各种不整合界面等。这些层滑界面尽管类型不同，但均存在共性的特点，即界面处强度相对较低，剪应变较高，它们一旦受力发生层滑作用，其性质便如同断裂一样，因此，层滑界面也可称之为层滑断裂。尤其是在上地壳中，层滑作用或滑脱变形非常普遍，常形成深浅不等、规模各异、类型不一的层滑构造样式。按其形成方式可分为层间断裂和层内断裂两大类，其中层间断裂又可分为层间的拉张型、挤压型和剪切型层滑断裂，层内断裂则主要以层滑剪切型为主。

研究区自泥盆纪沉积以来，发育一套厚度≥10000 m 的碳酸盐岩、砂岩与泥质岩、页岩夹层或互层的沉积建造，不同层位岩性软硬相间刚柔并存，不同尺度的层滑作用广泛发生，相应的层滑断裂十分发育。事实上，层滑断裂是一种重要的控矿与成矿构造类型，区域性多层次的层滑(滑脱)界面控制了区内不少重要的铅锌多金属矿床的产出和定位，因而层滑构造样式及其组合的差异性决定了矿床形成的差异性。

本项目通过区内典型矿床的层滑控矿与成矿构造的系统研究，提出了 4 种不同的层滑构造组合样式，分别是：①层滑-剪切带型、②层滑-拉张型、③层滑-溶洞型、④层滑-角砾岩型。以下将通过典型矿床实例具体论述这 4 种不同类型的层滑作用的成矿机制。

第一节 层滑-剪切带型

层滑-剪切带型，以五圩矿田箭猪坡铅锌多金属矿床为例。五圩矿田位于研究区的西部(图 2-2)、丹池成矿带的南段(图 3-1a)，矿田构造格架复杂，各期构造相互制约和改造，形成特征差异的沉积层序、构造变形和成矿作用，是丹池成矿带中具有代表性意义的矿田之一，而箭猪坡矿床又是该矿田中类型最复杂、规模最大的铅锌多金属矿床(图 3-1b)。根据矿床构造与矿体形貌解析，结合区域资料，认为箭猪坡矿床属于层滑-剪切带控制的脉状矿床。

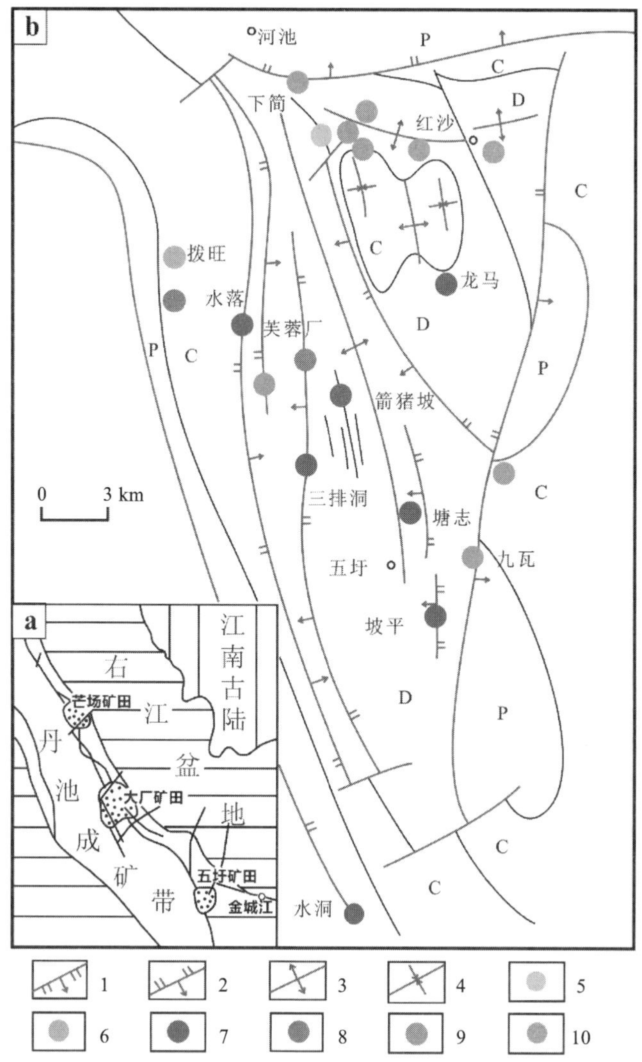

图 3-1　五圩矿田矿产分布平面图(据陈毓川，1993 改编)

T—三叠系；P—二叠系；C—石炭系；D—泥盆系；1—正断层；2—逆断层；3—背斜轴；4—向斜轴；5—钴钼矿；6—锡多金属矿；7—含锡多金属矿；8—锑矿；9—汞、砷矿；10—汞矿

一、成矿地质条件

五圩矿田所在的丹池成矿带是世界级的锡铅锌多金属集中区，带内近等距离分布着芒场、大厂、北香和五圩等超大型-大型的锡铅锌多金属矿田以及钨、钼、汞、锑、银、金等其他有色、贵金属矿床(点)，见图3-1(a)。

带内主要出露晚古生代和部分中生代地层，由石炭-泥盆系一套碎屑岩-硅质岩-碳酸盐岩的沉积组合组成，厚度超过2000 m。其中上泥盆统五指山组(D_3w)灰岩及泥岩、榴江组(D_3l)硅质岩和中泥盆统罗福组(D_2l)泥灰岩、纳标组(D_2n)灰岩夹泥岩为主要容矿层位。

北西向褶皱和断裂是丹池成矿带内的骨干构造。带内北西向褶皱主要有龙箱盖背斜、大厂背斜、五圩背斜、八面山向斜和宽洞向斜等，其中前三个背斜是丹池区域复式大背斜的重要组成部分。北西向背斜呈紧闭线型产出，两翼地层产状不对称，次级褶皱发育；北西向向斜形态整体开阔，南东翼相对紧闭。北西向断裂倾向北东，产状上陡下缓，具“犁式”逆冲断裂特征，重要的控矿断裂有龙箱盖断裂和大厂断裂。此外，还有北东向一组多期活动的断裂构造，早期为压扭性，晚期转变为张扭性，对成矿具有破坏作用。

丹池带内岩浆岩出露范围不大，仅见于大厂矿田的中部和西部。中部的龙箱盖岩体为一上小下大、主体隐伏的复式岩体，由含锡黑云母花岗岩(93 Ma±)和斑状黑云母花岗岩(91 Ma±)组成(蔡明海等，2006)；西部的长坡-铜坑矿床的东西两侧分别产出由花岗斑岩脉组成的“东岩墙”(91 Ma±，蔡明海等，2006)，和由石英闪长玢岩组成的“西岩墙”(91 Ma±，蔡明海等，2006)，二者走向近南北向，平行展布。一般认为，丹池带内岩浆作用与锡铅锌多金属成矿作用关系密切(陈毓川等，1993；王登红等，2004；蔡明海等，2006)。

箭猪坡矿床所在的五圩矿田的构造格架由北北西向的五圩背斜及一系列北北西向的压扭性断裂构成。五圩背斜核部由中泥盆统纳标组地层及其与轴向平行的北北西向剪性断裂组成，由于递进变形效应，两翼地层变形、产状和构造组分均不对称，西翼地层陡，局部倒转，发育层间压碎带和压剪性层滑断裂，东翼地层平缓，断裂不发育，受后期逆断层破坏部分缺失地层。五圩背斜印支早期轴向呈北西向，后期受到燕山期南北向构造运动的叠加与改造，轴向转变为北北西向，成为不对称复式褶皱，具有隔槽式滑脱褶皱的特点——背斜开阔向斜紧闭。

北北西向断裂和五圩背斜是五圩矿田内主要的控矿构造，拔旺、水落、三排洞、箭猪坡、芙蓉厂、九瓦等矿床无不受其控制(图3-1、图3-2)。

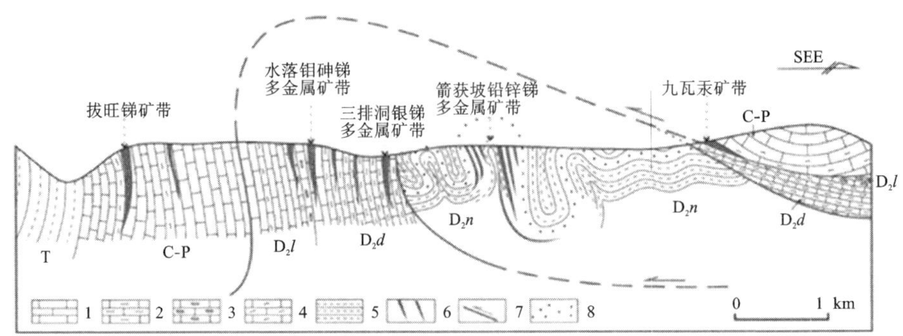

图 3-2　五圩矿田过五圩地质构造剖面图(汪劲草等, 2016)

1—灰岩; 2—泥灰岩; 3—扁豆状灰岩; 4—燧石条带状灰岩; 5—泥岩; 6—矿体; 7—层滑逆断层; 8—层间褶皱; T-三叠系; C-P-二叠系至石炭系; D_3l—上泥盆统榴江组; D_2d—中泥盆统东岗岭组; D_2n—中泥盆统纳标组

二、矿床地质特征

箭猪坡铅锌锑多金属脉状矿床赋存于中泥盆统纳标组地层, 位于五圩矿田的核部[图 3-1(b)], 严格受五圩背斜控制, 矿床产出深度浅, 成矿温度较低(225℃~150℃, 蔡建明和徐新煌, 1995)。矿脉形态主要呈脉状、条带状、网脉状(照片 3-1)。矿脉的脉幅变化较大, 最小厚度 10 cm, 最大厚度达 20 m, 平均厚度 1~4 m。矿脉沿走向方向一般长 500~1000 m, 倾斜斜深一般为 90~300 m, 优势倾向为 70°~90°, 部分倾向为 250°~270°, 倾角陡倾, 在 60°至 85°之间, 局部甚至直立。

矿区地层岩性组成差异明显, 上部地层岩性组合以灰岩为主, 夹有泥灰岩; 中间岩层岩性主要为碳质泥岩, 含硅质结核、薄层状绢云母泥岩、含铁白云石泥灰岩; 下部地层岩性为灰岩、砂岩, 夹有泥岩、粉砂岩、石英砂岩等。泥岩能干性弱, 而灰岩和砂岩能干性强, 泥岩层夹于灰岩层和砂岩层中间, 形成了“两强夹一弱”的“三明治”岩层结构(图 3-3), 此种岩性组合为层滑作用的形成创造了良好的地质条件。

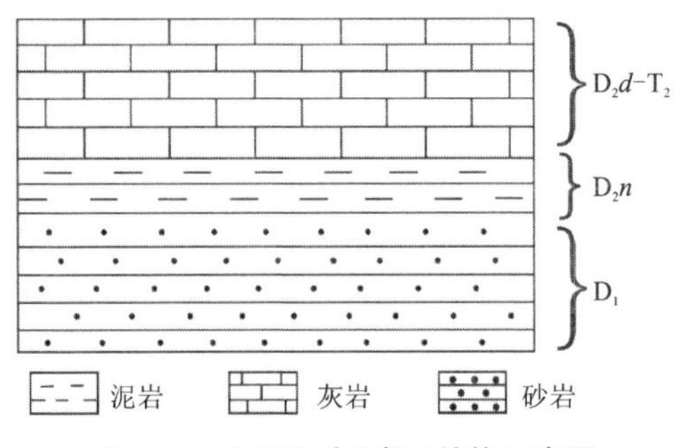

图 3-3　“三明治”岩层结构示意图

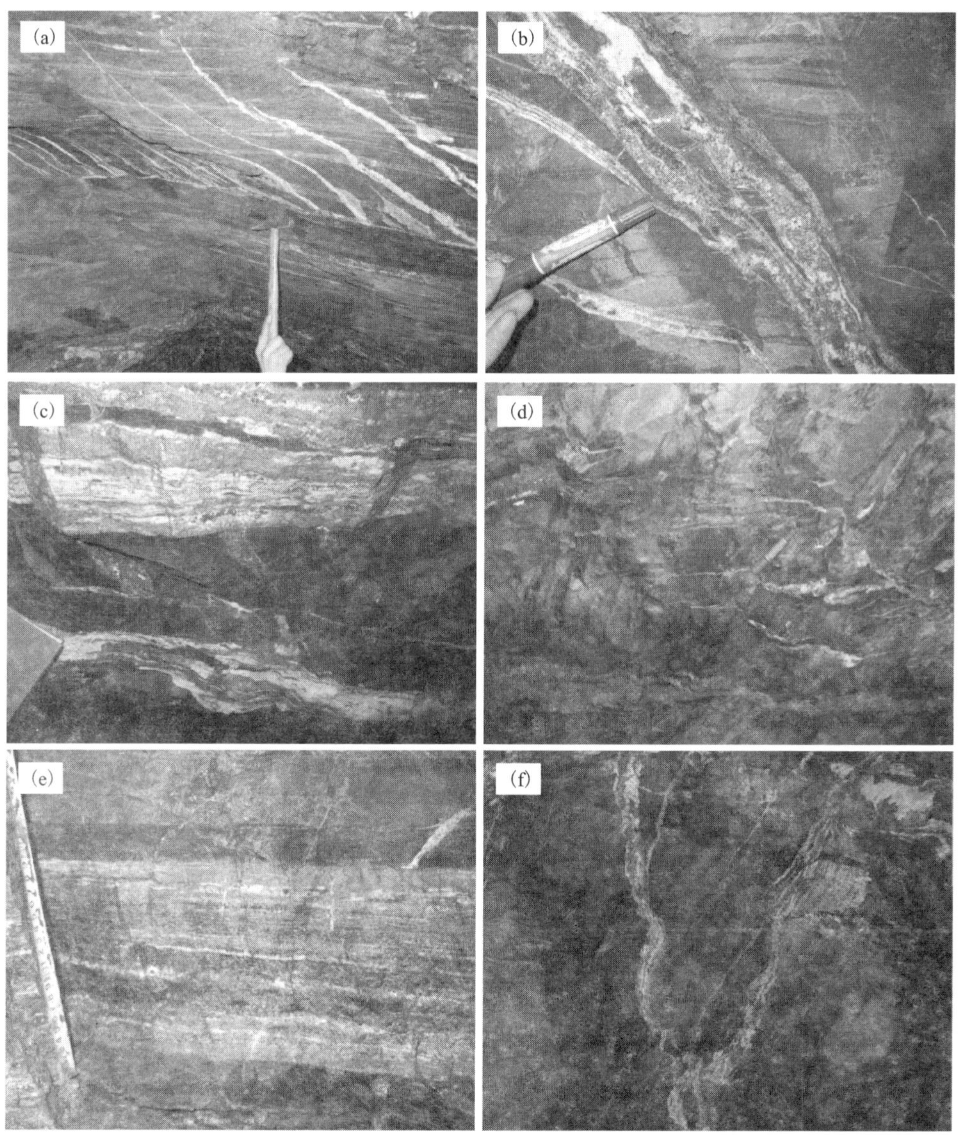

照片 3-1　箭猪坡矿床矿脉构造样式特征

(a)左行排列的雁列石英脉；(b)液压致裂产生的中石构造；(c)J3 矿脉北脉中发育剪切侧羽分支；(d)矿脉尾端分叉与尖灭再现；(e)矿脉呈细条带韵律层；(f)矿脉分支复合

三、成矿构造与矿体形貌解析

构造解析是一种分析和解释变形地质体内部构造要素、空间结构及其演化的方法(马杏垣，1983；单文琅等，1991)，已广泛应用于构造地质、矿床地质等领域。本项目主要从成矿构造、矿体形貌等方面进行构造解析。

1. 矿脉构造样式

箐猪坡矿床已知矿脉数量众多，70 余条矿脉中仅少数几条出露地表，大部分为盲矿脉。坑道观测和构造解析认为，表象杂乱无章的矿脉实则井然有序，其特征构造样式有：①单脉雁列、②中石构造、③侧羽分支、④尾端分叉、⑤韵律条带及⑥分支复合，它们的特征如下：

①单脉雁列：单脉基本上呈左形排列，似长透镜状，长度 5~50 m 不等，脉体沿走向上平行雁列排布，脉体间几无连通[照片 3-1(a)]。单脉雁列构造在 J1、J3、J6、J7、J9、J10、J13、J30 等主脉中比较少见，反而是在主脉间的次脉中比较常见。

②中石构造：围岩残余角砾被矿脉包裹形成的构造。箐猪坡矿床矿脉的中石构造分为两种：一种受后期构造影响小，无明显转动痕迹，块体棱角分明，群状岩块可拼接，中石角砾定向排列；另一种受后期构造影响大，块体形状各异，大小不一，多呈长透镜状，其边界可见圆滑或是有棱角的围岩块体[照片 3-1(b)]。

③侧羽分支：矿脉的两侧发育侧羽脉，与主脉连接处变宽，与主脉的锐夹角指示本盘剪切的方向[照片 3-1(c)]。剪切带中的矿脉一般具有张剪性，矿脉在形成时主应力与矿脉的主平面呈锐夹角相交，一般会弱化矿脉的扩展，从而在主平面的一侧或两侧形成羽状分支脉，羽裂构造在主脉中比较少见，主要发育于矿脉边缘的小矿脉，矿脉两侧围岩呈低角度伸入矿脉(图 3-4)。

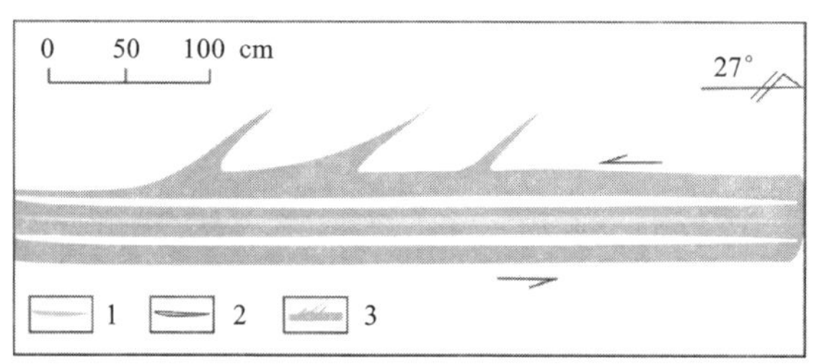

图 3-4　矿脉侧羽分支示意图

1—含锰方解石；2—方解石；3—灰岩

④尾端分叉：矿脉尾端尖灭形式有逐渐变小尖灭、叉状分支尖灭[照片 3-1(d)]、单侧分支尖灭等。矿脉尾端分叉或消失的构造特征是剪切带型脉状矿

床的典型构式，矿脉向两端延伸时脉幅也随之减小，最终呈低角度分叉状态而消失(图 3-5)。

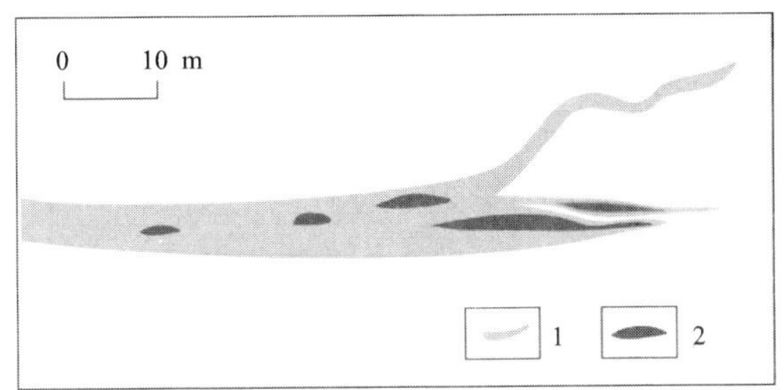

图 3-5　矿脉尾端分叉现象示意图

1—方解石；2—灰岩

⑤韵律条带：韵律条带状矿石反映矿脉在生长过程中成矿流体产生了周期性沉淀，是多期次脉动的结果。韵律条带在箭猪坡矿床主脉中十分发育。主矿脉矿石多平行于矿脉壁发育，主要条带有锰方解石-硫化物(黄铁矿、方铅矿、闪锌矿、脆硫锑铅矿)条带、黄铁矿-石英条带等，条带宽 1~10 cm，呈对称或非对称状。早期矿脉条带宽数量多，晚期矿脉条带窄数量少，表明早晚两期条带张启的速率和时间存在一定差别，即矿脉早期的成矿作用剧烈，到晚期则变弱[照片 3-1(e)]。

⑥分支复合：矿脉的分支复合常见于主脉近尾部地段[照片 3-1(f)]，其复合后支脉的厚度和分支前单脉的厚度几乎相等。

以上 6 种矿脉构造样式共同指示了容矿断裂(矿脉)的形成过程中受到了一致的剪切作用，属于剪切作用下的产物，说明五圩箭猪坡铅锌锑矿床为典型的剪切带型脉状矿床，成矿构造类型为构造-流体脉型。

2. 矿体形貌特征

箭猪坡矿床已勘探出的脉状矿体中，J1、J3、J6、J7、J9、J10、J13、J30、J32、J48、J59 是主矿脉，一般主矿脉两侧发育有 2~3 条平行产出的小矿脉，多位于主矿脉的中下部。主矿脉为大脉，一般厚度大于 1 m，次矿脉为小脉，一般厚度小于 0.5 m。主矿脉沿倾向延伸一般为 100~300 m，其旁侧的小矿脉沿倾向延伸一般为 50~150 m，矿脉倾向 70°~90°。矿床的控矿构造为北西向断裂构造，成矿构造是由一群具剪切性质且相互平行的断裂组成，即顺层的脆-韧性剪切带。矿体形貌的成因类型为构造-流体型，几何形貌为二维板式。平面上，矿脉群呈右行北北东向展布，其走向与北北西轴向的五圩背斜一致；横剖面上，矿脉群呈高角度产出，主脉西侧往深部逐渐西倾，并自然尖灭；东侧往深部逐渐东倾，矿脉变形尖灭。矿床300号勘探线横剖面(图3-6)中，矿脉群呈“η”型，指示顺层矿脉递进转入了层内弯流褶皱。

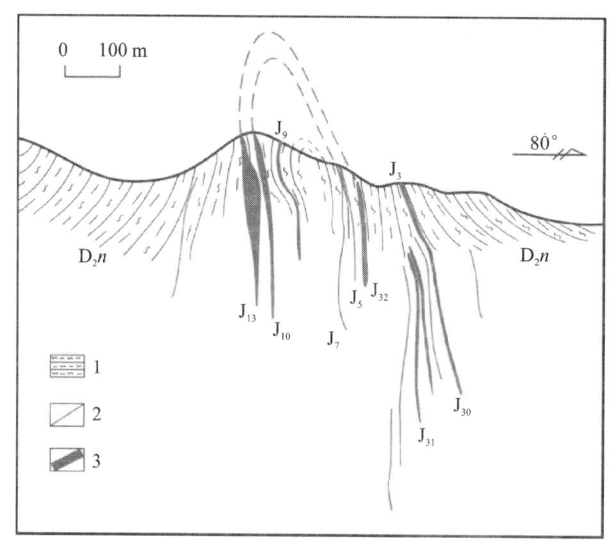

图3-6 箭猪坡矿床300号勘探线剖面图

1—条带状泥岩；2—断裂；3—矿体；D_2n—中泥盆统纳标组；J_5—矿脉编号

四、层滑-剪切带的形成机制

由矿床矿脉的构造样式，即成矿构造特征，与矿体形貌特征可知，矿脉的扩展主要受到构造动力作用，局部兼有流体致裂作用。

1. 构造致裂成因机制

五圩地区受印支运动北东-南西向构造应力影响，基底与盖层间形成了小角度的北西向韧性滑脱带。矿区岩层上部灰岩层与下部砂岩层受到挤压时产生剪切分力，使岩层中部的泥岩层处于剪切力偶状态，形成脆-韧性剪切带，而脆-韧性剪切带中发育R型、R′型、D型、P型及T型等不同方向的裂隙(Robert，1987)，如图3-7所示。

前已述及，箭猪坡脉状矿床矿脉因剪切作用(构造致裂)形成的雁列构造、中石构造、羽裂构造、尾端分叉、韵律条带等构造样式，表明其受顺层剪切带控制，形成机制为构造致裂，且主矿脉相互平行，属典型的剪切带中平行于其边界的“D型”破裂所为(Robert，1987，图3-7)，也即矿脉群是在纳标组地层顺层剪切阶段形成的，并呈左行雁行排布，目前的高角度产状是由于矿脉与五圩背斜层间递进剪切、同步褶皱形成的(图3-8)。

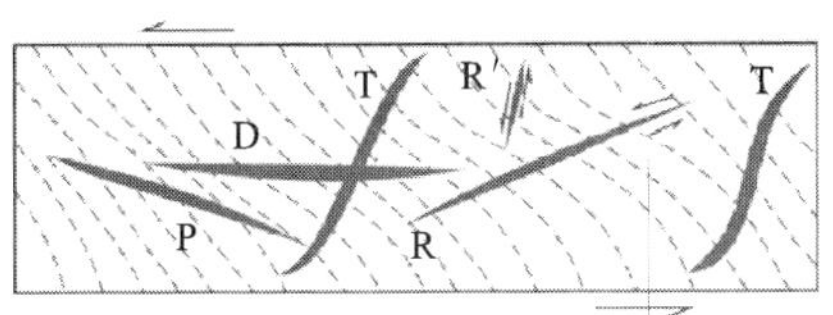

图 3-7 脆—韧性剪切带中的裂隙类型(据 Robert, 1987)

R—低角度里德尔剪切破裂；D—主剪切裂隙；P—逆向剪切裂隙或压减裂隙；T—张裂隙；R′—高角度里德尔剪切破裂

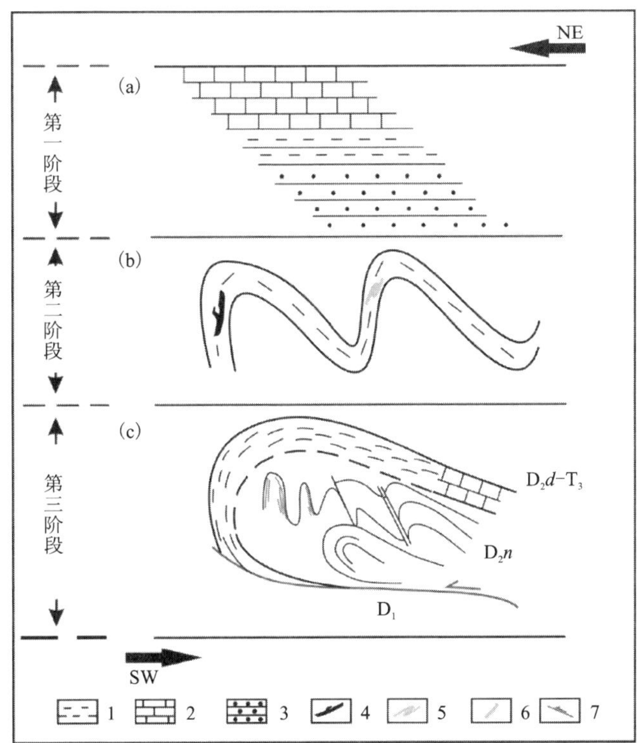

图 3-8 五圩背斜递进变形过程

1—灰岩；2—泥岩；3—砂岩；4—石英脉羽裂；5—寄生褶皱；6—顺层矿脉；7—层滑逆断层

2. 流体致裂成因机制

通常情况下，岩石在脆-韧性构造环境中易受变形分解而形成强变形带和弱应变域(汪劲草等, 2015)，强变形带中大量流体易于在构造泵吸作用下进入弱应变域中的脆性破裂，当 P_f(流体压力)$\geqslant\sigma_3$(最小主应力)$+R_t$(岩石抗张强度)时，便会发生流体动力致裂，继而产生构造泵吸、周期性液压致裂，形成脉型破裂(李建威和李先福，1997，汪劲草等，2015)。

在矿床纵剖面上，单条矿脉具有顶部薄、底部厚与顶部长、底部短的样式特征，而剪切带型脉状矿体样式为长椭圆的形状，与流体致裂形成的矿脉构式显然不同。在平面上，尤其是在中脉带和细脉带，越靠近地表矿脉尾端的因流体致裂而形成的树形分叉愈明显，而剪切带型矿脉主要呈雁列状排布。总体上，箭猪坡矿床内并未发现大规模的流体致裂现象，因此，流体致裂在矿脉的形成过程中占次要地位。

五、层滑-剪切带型成矿模式

五圩地区在印支期受北东-南西向的构造应力作用递进变形，形成五圩主滑脱褶皱。早期五圩背斜因区域挤压应力的影响，并不利于成矿。随着印支期北东-南西向挤压应力的增加，“三明治”地层中的中泥盆统纳标组(D_2n)泥岩层开始调节构造应力，因上、中、下岩层间存在较大的韧性差，在灰岩层和砂岩层失去平衡变弯曲之前，软弱的泥岩层不会立即产生明显的压扁现象，而形成层滑剪切带(泥质岩系中发育的顺层雁列石英脉指示剪切作用)，并在带内产生了顺层的“D 型”破裂，控制了箭猪坡矿床脉状矿体的产出(第一阶段)；随着剪切持续递进作用，形成了单脉雁列、中石构造、侧羽分支、尾端分叉、韵律条带及分支复合等构造样式，并且在层内产生纵弯寄生褶皱，早期顺层破裂及其中同步充填的脉体(矿体)递进转入了层内弯流褶皱，顺层矿脉变形成“η”型矿脉(第二阶段)；印支运动后期，丹池成矿带受到北东-南西向的持续区域构造应力，五圩矿田下部地层发生倒转，上部的灰岩层产生顺层滑脱作用，泥岩层从五圩背斜的两翼向背斜核部移动，将两翼的弯流褶皱汇聚于背斜核部，而脉状矿体又递进卷入了五圩主滑脱褶皱的变形过程中(图 3-8)，最终演化形成了高角度的脉状矿体(第三阶段)。因此，层滑-剪切带构造控矿与成矿的模式如图 3-9 所示。

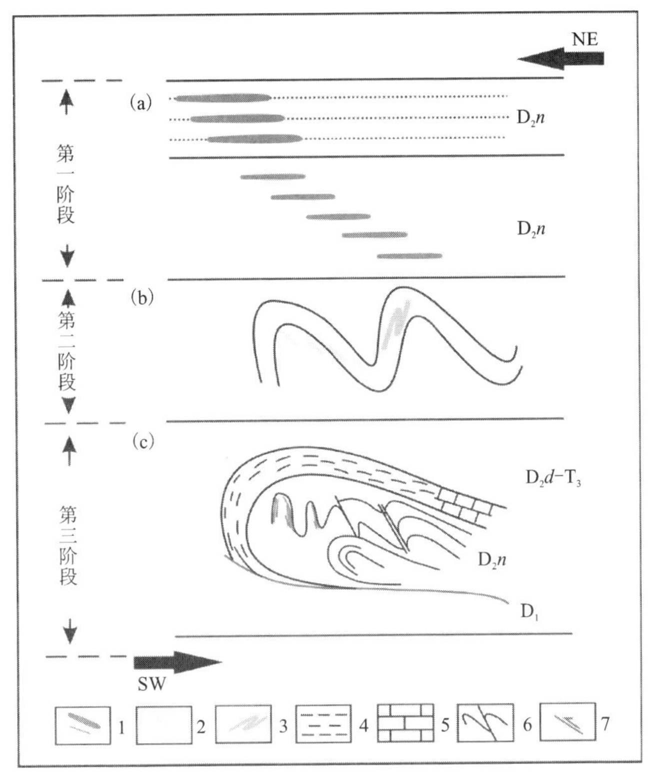

图 3-9 层滑-剪切带型成矿模式

1—顺层矿体；2—石英脉；3—寄生褶皱；4—泥岩；
5—灰岩；6—层间断裂；7—层滑逆断层

第二节 层滑-拉张型

层滑-拉张型，以泗顶铅锌矿床为例。泗顶铅锌矿床地处研究区中部桂北地区(图 2-2)，大地构造位置位于扬子准地台东南缘、江南古陆西南缘、湘桂上古台坳内桂中褶断束北西端，隶属南岭成矿带的西段，位于泗顶-古丹矿田的北部，是桂北铅锌成矿区中规模最大的矿床，成矿过程受层滑-拉张构造控制。

一、成矿地质条件

1. 地层

泗古矿田岩石组成有两大类，浅变质岩和沉积岩，前者构成下寒武系褶皱基底，以浅变质含云母砂岩、粉砂岩、千枚板岩为主，夹有炭质黑色页岩、硅质岩。

岩石普遍绿泥石化、绢云母化，局部劈理化。后者构成中生代盖层，包括碎屑岩和碳酸盐岩组成矿区泥盆纪-早石炭世地层。碎屑岩产于下泥盆统、中泥盆统信都组、东岗岭组上段下部和上泥盆统融县组底部近古陆地区和不整合面之上；碳酸盐岩分布于中、上泥盆统其他层位和下石炭统岩关阶中。盖层与基底的界面为角度不整合滑脱面，在二者不整合面发育底砾岩(照片 3-2)。矿田的主要容矿层位为泥盆系东岗岭组、融县组和东岗岭组，容矿层位从南到北逐次变新。

照片 3-2　泗顶矿区底砾岩

2. 构造

矿田具有典型的上、下构造层的二元结构，下构造层为加里东基底构造层，由下寒武系清溪组浅变质岩系组成；上构造层为盖层构造层，由中、上泥盆统东岗岭组和融县组碳酸盐岩组成。受强烈的广西运动和印支运动作用，矿田构造呈现为北北东向雁列排布的宽缓短轴背斜、近南北向与北东向、少量北西向断裂交叉的构造格局(图 3-10)。此外，广西桂北地区泥盆纪末期柳江运动造成了区域泥盆系与石炭系的平行不整合，对矿区的构造及成矿均有一定的影响。

基底岩层因广西运动发生强烈的褶皱和断裂，形成一序列北东轴向展布的紧密线形褶皱和倒转褶皱，背斜和向斜之间等距性排列。北北东向或南北向断裂发育，在泗顶以东有泗顶、阳岭及超美三条走向平行的冲断层，导致寒武系基底从西向东呈阶梯状下沉。

矿床西侧有古当等大断层，断层西侧寒武系下沉，在断裂作用影响下，形成泗顶-砂子近南北向的古隆起。盖层构造的褶皱断裂的展布受基底构造制约，具有继承性。盖层内的多娄弄、泗浪、泗顶等主要背斜在海西期柳江运动中受抬升作用已具雏形，在随后更强烈的印支运动中褶皱定型，具多期多阶段成因特点。在盖层中可见较明显的褶皱-层间滑动现象[照片 3-3(a)、(c)、(d)、(e)]，且顺层岩石发生强烈劈理化与片理化[照片 3-3(b)]，局部发生弱大理岩化，根据岩层中发育的方解石张脉判断属于褶皱层间滑动[照片 3-3(f)]，层滑产生的原因可能与岩性层力学性质有关。矿田断层十分发育，按展布方向分成南北向、北

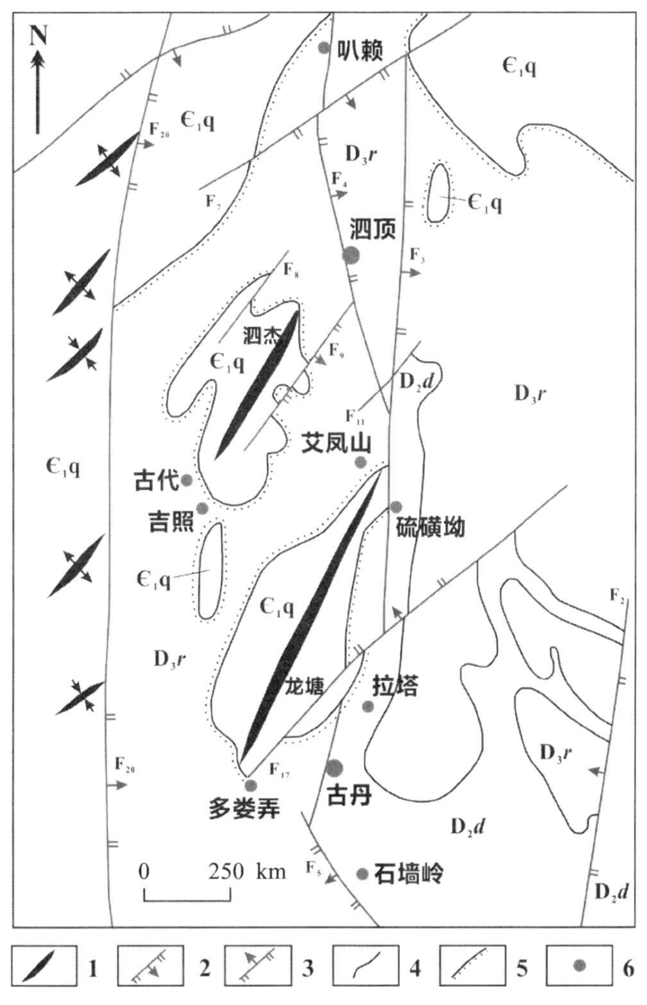

图 3-10　泗顶-古丹矿田构造格架图(据矿山资料)

C_1y—下石炭统岩关阶；D_3r—上泥盆统融县组；D_2d—中泥盆统东岗岭组；ϵ_1q—寒武系清溪组；1—背斜轴；2—正断层；3—逆断层；4—地质界线；5—不整合界线；6—矿床(点)

东向、北西向三组：南北向断层纵贯全区，为矿区主干断层，以泗顶-古丹正断裂(F_3)为代表，对加里东构造有明显的截切作用，区域上控制了泥盆系沉积相的发育及泗顶、吉照、艾凤山、多娄弄、古丹等矿床(点)的分布(图 3-10)，为长期活动的继承性断裂；北东向断裂正、逆断层均有，以正断层为主，规模小，数量多，以扒赖断裂(F_7)和拉达断裂(F_{17})规模较大；北西向断裂规模中等，均为正断层，

照片 3-3　泗顶矿区构造地质现象

(a)S629 省道东侧垂向剖面，为一宽缓背斜，属矿区盖层褶皱，岩性组合为中层灰岩夹薄层泥质灰岩、泥岩，易发生层滑作用；(b)泥质灰岩中因层间滑动而形成的构造片理；(c)盖层中的顺层正滑层间破碎带，可见构造透镜体化和片理化现象；(d)硫磺坳剖面，泥质灰岩中发育顺层层间破碎带；(e)盖层灰岩中可见较明显的层间滑动现象，且顺层岩石发生弱大理岩化；(f)根据岩层中发育的方解石张脉判断属于褶皱层间滑动

以泗顶–扒赖断裂(F_4)为代表，对前两者有所破坏。

除断裂构造外，矿区还发育有一系列与构造运动应力配套的裂隙构造、层间滑动破碎带和褶皱虚脱小构造，尤以构造应力较为集中的断裂交汇处，背斜核部或倾伏端最为发育。

3. 岩浆岩

泗顶–古丹矿田范围内难觅岩浆活动踪迹，暗示铅锌成矿与岩浆作用无直接联系。

二、矿床地质特征

由图 3–10 可知，整个泗顶–古丹矿田内的矿床(点)的空间分布特点明显，受褶皱–断裂系统控制，矿床(点)集中分布在南北向八赖–古丹和山坡–亚新断裂之间，以及泗顶–泗杰和多楼弄–硫磺坳穹窿状背斜倾伏端周围附近，表现出丛聚性；从南到北 1 公里左右分布有八赖、泗顶、艾凤山和硫磺坳、拉塔和古丹等矿床(点)，表现出等距性。

1. 矿体特征

矿床已知大小铅锌矿体 35 个，呈北北西向–南南东向带状分布，仅有 3、5 号等少量矿体出露地表，其余皆为隐伏状，产于上泥盆统融县组的断层、岩层层间破碎带及溶洞中(图 3–11、图 3–12)。各矿体产状、形态和延伸情况存在较大差异，明显受到层滑拉张作用制约(图 3–12)。

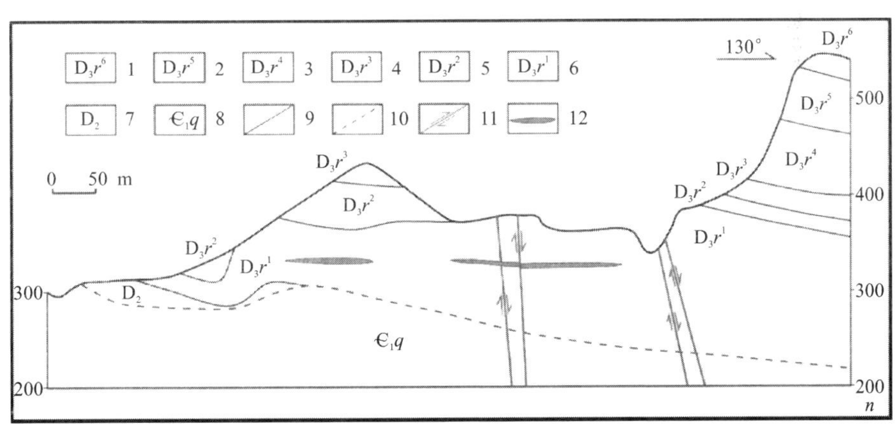

图 3–11 泗顶铅锌矿床地质剖面图

1—泥盆系上统融县组第 6 段；2—泥盆系上统融县组第 5 段；3—泥盆系上统融县组第 4 段；4—泥盆系上统融县组第 3 段；5—泥盆系上统融县组第 2 段；6—泥盆系上统融县组第 1 段；7—泥盆系中统；8—寒武系清溪组下段；9—地层界线；10—不整合接触；11—断层；12—矿体

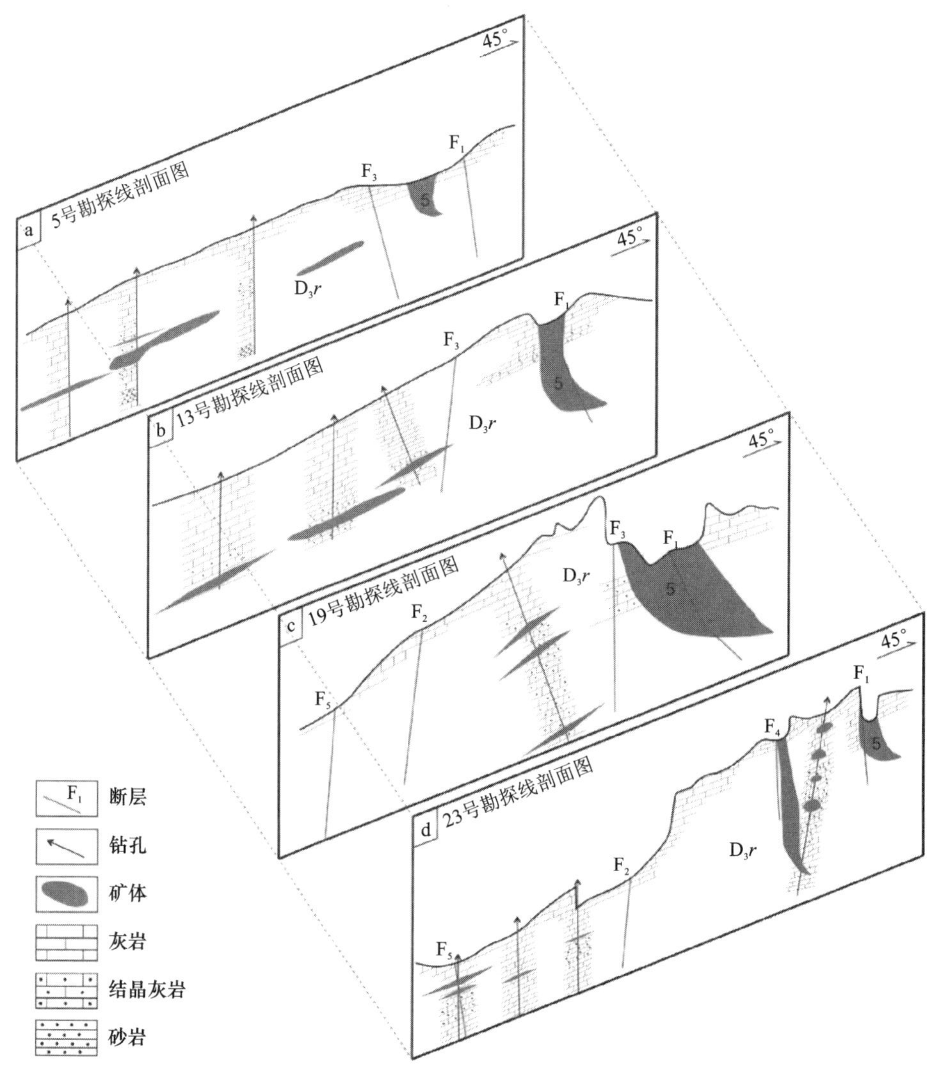

图 3-12　泗顶铅锌矿床标高 250~400 m 联合剖面简图(据矿山资料修改)

矿石矿物组成较简单，金属矿物主要为铅、锌、铁的硫化物；脉石矿物主要为方解石和白云石，少量石英和萤石，属于区内矿石分类中的第Ⅲ类。矿体中两种主要的金属矿物闪锌矿和方铅矿，含量变化大分布不匀，呈同步消长关系。通常，矿体中部以块状矿石为主，品位高，富含方铅矿；而矿体边部则以浸染状矿石为主，富含闪锌矿。

此外，这两种金属矿物无论在纵向上或横向上均不存在明显的富集分带。

2. 矿石组构

矿石结构多种多样，有半字形–字形粒状结构、他形粒状结构、不等粒变晶结构、似斑状变晶结构、交代残余结构、同心环带结构、碎裂结构、揉皱结构、共生边结构、包含及环带结构等(照片 3–4)。矿石构造在矿石类型上各有不同，硫化矿多为致密块状、条带状、浸染状、脉状和角砾状；氧化矿多为葡萄状、肾状、蜂窝状及土状(照片 3–4)。

三、成矿构造与矿体形貌解析

1. 成矿构造

泗顶矿区内广泛发育一系列与构造应力相配套的层间断层、层间滑动带、裂隙构造等(照片 3–3)。其中层间滑动断层产状较平缓，与围岩基本一致，倾向北西，倾角一般为 5°~15°，沿走向、倾向延伸 500~1000 m。多数层滑断层内充填的是碎裂灰岩，结构疏松，孔隙度大，有利于地下水和成矿流体的运移和贮存。因此，成矿作用主要发生在这种类型的层间断层内，形成了 1、4、6、7、8 号矿体，并相应的成为构造脉型成矿构造。同属此类成矿构造的还有明显地切穿围岩层理或岩层面的高角度断层，如 F_3、F_5 断层，在这些陡倾斜断层中也发生成矿作用，如形成了 3、5 号矿体。此外，在坑道内还发现岩溶构造特别发育，部分分布在靠近成矿断裂的岩溶溶洞有开采残留的铅锌矿体，如图 3–12 中呈串珠状的小溶洞矿体，但是该类矿体为数不多，规模也差别很大，矿体形态随洞穴形状变化，根据成矿构造的分类(汪劲草，2009，2010)，不难认为此类成矿构造属于岩溶型成矿构造。

因此，泗顶矿床的成矿构造主要有构造脉型和岩溶型，并以前者为主，同时构造脉型又有产于层间断层的顺层脉型和切穿地层的切层脉型。

2. 矿体形貌

矿体形貌受成矿构造控制，因而有构造顺层脉型、构造切层脉型和岩溶型矿体形貌。

顺层脉型矿体是泗顶矿床最重要的矿体类型，以矿体厚度大、品位高、产状平缓为特征(图 3–11、图 3–12、图 3–13、照片 3–5)。如泗顶矿的 1、6、7、8 号矿体，它们都是沿层间断层呈层状、似层状、透镜状产出，分布在寒武纪与泥盆纪地层的不整合接触面附近，偏向泥盆纪地层一侧 0~80 m，分布标高 203~310 m。

切层脉型矿体由断裂、裂隙等构造控制，矿石品位不高，产状与断裂、裂隙保持一致，一般陡倾，且切穿地层，成矿断裂的性质为张性。以 3 号矿体为例(照片 3–6)，其发育于 F_3 张性断裂中，与断裂边部的方解石脉整合接触，表明成矿流体是在方解石热液充填断裂之后再充填的，矿石以块状构造为主，次为角砾状构造。矿体形貌呈二维板状，属构造型成因。

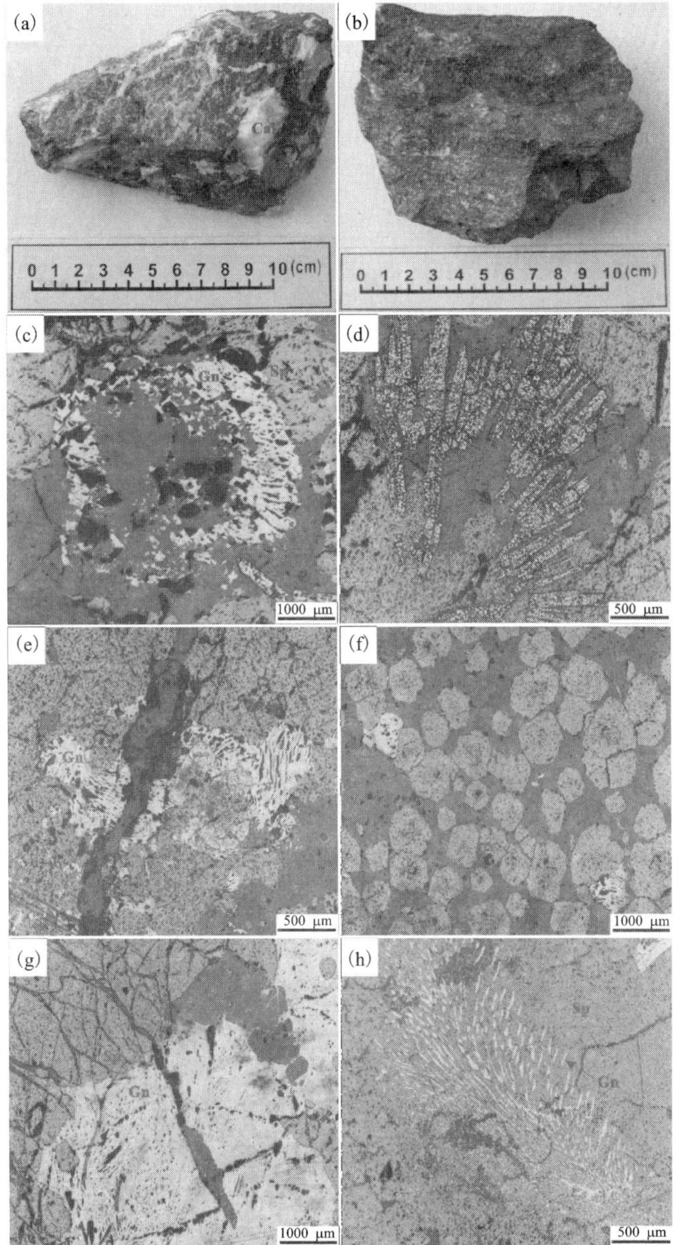

照片 3-4 泗顶矿床矿石组构特征

(a)角砾状构造；(b)块状构造；(c)Gn 被 Cal 交代呈骸晶结构；(d)Py 呈放射状结构；(e)Gn 呈揉皱结构；(f)球状 Sp；(g)Sp 交代 Gn 呈交代残余结构；(h)固溶体分离结构；Sp—闪锌矿；Gn—方铅矿；Py—黄铁矿；Cal—方解石

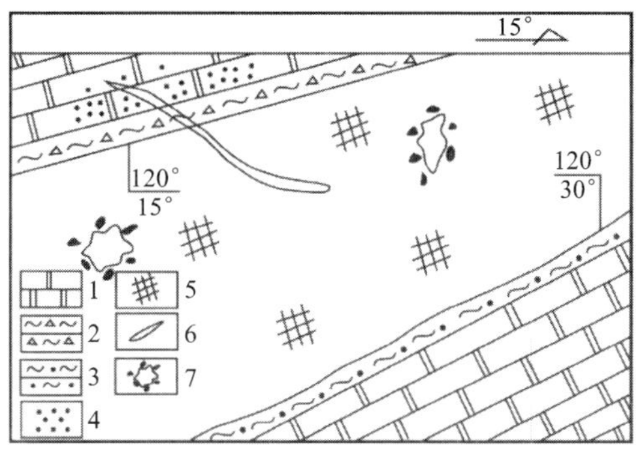

图 3-13　泗顶矿床 250 中段顺层脉型矿体素描图

1—白云岩；2—层滑作用形成的破碎灰岩角砾；
3—层滑作用形成的泥质物；4—浸染状矿化体；
5—铅锌矿体；6—方解石脉；7—角砾状白云石

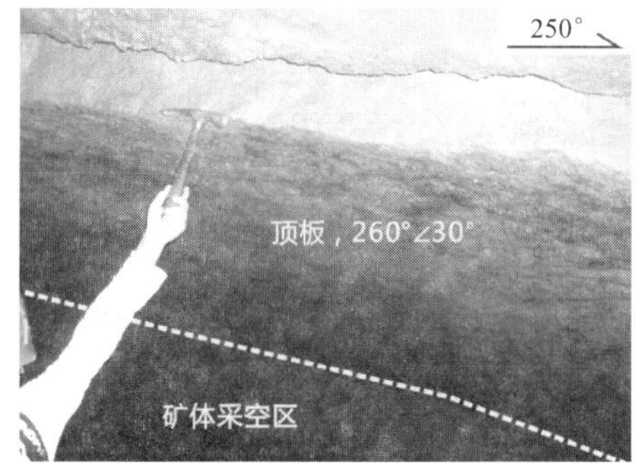

照片 3-5　泗顶矿床 300 中段 7 号构造顺层脉型铅锌矿体

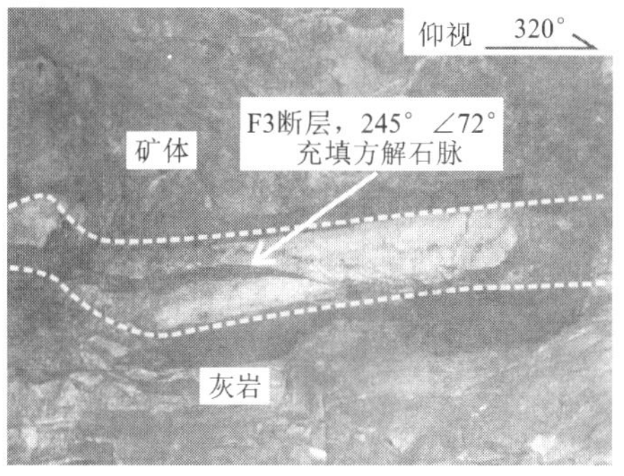

照片 3-6　泗顶矿床 300 中段 3 号构造脉型铅锌矿体

此外，值得“特别关注”的是，切层脉型矿体中还存在一个外形迥异的 5 号矿体(图 3-12、照片 3-7)，受 F_1 张性断层控制，其产状变化大，在浅表近乎直立，往深部则渐变缓，形似上大下小的“牛角”，明显穿切岩层。经构造解析后认为 5 号矿体是泗顶穹窿上拱和层滑-拉张的持续共同作用下，递进变形的产物。在浅部脆性域灰岩受底部上拱先行破裂形成 F_1 断裂，继而在水平方向受到拉张作用，断裂发生扩容，在地表形成直立的“牛角口”，随着拉张逐渐减弱，应力调整，F_1 断裂往深部则变小变缓，其“牛角尖”指示层滑-拉张作用方向(北东向)，该类矿体形貌的几何类型以二维板状为主，局部为一维囊状，成因类型亦为构造型。

照片 3-7 泗顶矿床 5 号矿体地表产出特征

岩溶型矿体的特点是矿体与围岩界线清楚，凹凸不平，犬牙交错，矿体形态不规则(图 3-14)。含矿岩岩溶溶洞穴都沿断裂及其交汇处发育，岩石破碎越强

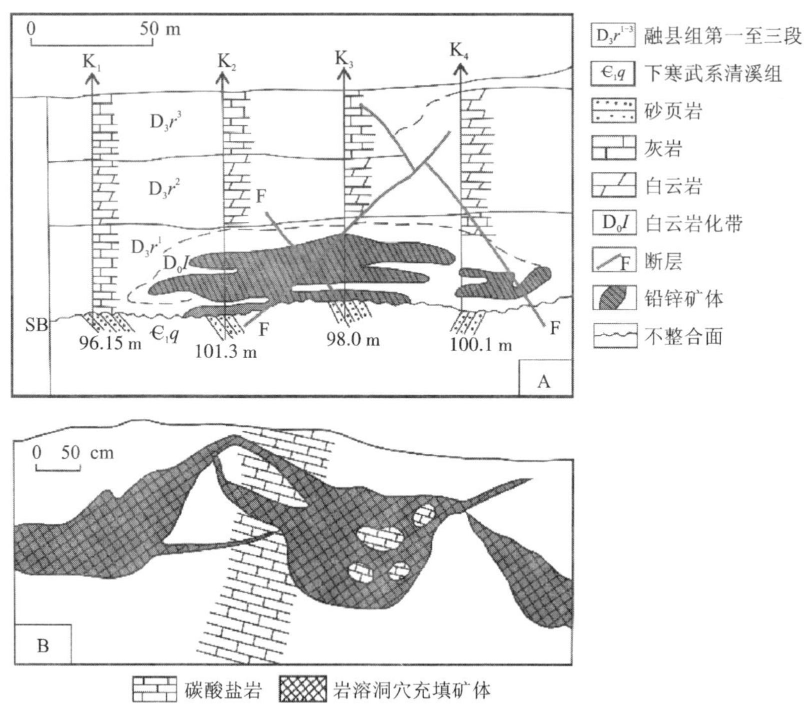

图 3-14 泗顶矿床岩溶性矿体形貌

A—勘探线剖面图；B—素描图

烈，岩溶洞穴越发育，一般横向延伸范围常大于纵向延伸范围，并具有一定的垂向分布下限——发育于不整合面以上[图 3-14(a)]。岩溶洞穴之间常由受到岩溶改造的裂隙联系起来[图 3-14(b)]。因此，不难鉴定，岩溶型矿体形貌的几何类型为一维囊状，成因类型为岩溶型。

四、层滑-拉张型成矿模式

关于泗顶矿床构造控矿的研究，存在三种观点：①认为近南北向和北东向断裂交叉控矿(覃焕然，1986)；②认为泗顶-泗杰穹窿状背斜控制了区内铅锌矿床(点)的分布，泥盆系碳酸盐岩中顺层断层和切层断层控制了矿体的产出和就位(唐诗佳等，2001)；③认为层间滑动带在成矿与控矿过程中具有十分重要的作用，矿体的形成明显受到层间滑动带控制(王步清等，2000)。

本项目在矿床成矿构造与矿体形貌解析的基础上，提出了全新的"层滑-拉张型成矿模式"(图 3-15)，其成矿过程为泗顶矿区由于受到寒武系基底隆升产生拉张，一方面在寒武系形成北北东向雁列排布的宽缓短轴背斜，另一方面在寒武系上部灰岩中形成泗顶-泗杰穹窿和多楼弄-硫磺坳穹窿，以及 F_1、F_3 等高角度断裂，且以 F_1 断裂所在部位为拉张中心，构造动力启动了寒武系与泥盆系不整合界面之上的碳酸盐岩中灰岩与泥灰岩间的层滑作用，随着拉张作用持续，F_1 断裂递进变形成类似"撕裂"而成的上大下小的"牛角"状形态，同时伴随发育了一系列切穿地层的陡倾向断裂。来自沉积盆地中大量的成矿流体受构造动力迁移运动，进入顺层层滑空间形成了 1 号、4 号、7 号、8 号顺层脉型矿体，进入高角度切层断裂空间形成了 3 号、5 号切层脉型矿体，部分矿液充填断裂附近的岩溶溶洞中

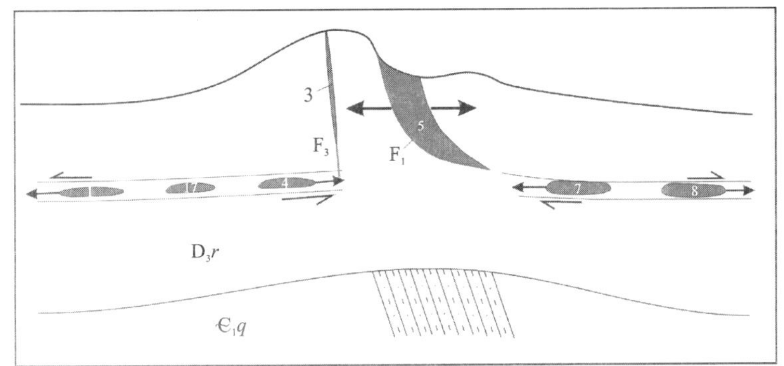

图 3-15　泗顶矿床层滑-拉张型成矿模式

D_3r—上泥盆统融县组；ϵ_1q—寒武系清溪组；
F—断层；5—铅锌矿体编号；箭头代表构造应力拉张方向

形成少量岩溶型矿体。因此，泗顶矿床矿体的形成由北东向层滑–拉张递进变形控制。

第三节 层滑–溶洞型

层滑–溶洞型，以江永铅锌矿床为例。江永铅锌矿处于研究区的中部，位于江永县城东直距 12 km 处的江永县铜山岭农场，隶属江永县铜山岭农场管辖，是铜山岭地区重要的铅锌矿床之一，与层滑作用有关，成矿受层滑–溶洞型构造控制。

一、成矿地质条件

1. 区域背景

区域构造运动频繁、强烈。晚奥陶世末，宜昌构造运动导致湘南、湘东南地区隆升而缺失志留系沉积。晚志留世末，加里东构造运动接续发力，造成南岭地区南北向挤压形成东西向南岭隆起带，并于江南古陆西南缘形成江永–江华南北向次级凹陷(接受泥盆系~三叠系沉积)和石落寨–塘家沅南北向次级隆起。晚二叠世末，海西构造运动上演，促使区域隆升，导致大规模海退。晚三叠世，印支构造运动登陆，使全区褶皱回返成陆，形成北东向隆起与凹陷带。侏罗世，燕山运动构造叠加，形成北北东向的隆起与凹陷带。新生代，喜马拉雅运动继承了燕山运动特征(湖南省区域地质志，1988)。因此，加里东构造运动奠定了区域的基底构造形态，继而印支运动塑造了盖层构造骨架，后经燕山运动的叠加改造，完成了现今构造格局的最终定型。

2. 构造与岩浆活动

铜山岭地区构造位置处于南岭东西向构造带的中部，由基底、加里东、海西–印支构造层组成。基底构造层由一系列基底断裂带和深大断裂构成，构造活动频繁，是岩浆或流体上升的深部通道；加里东构造层由一系列的北东向紧闭线型褶皱和北东向脆韧性剪切带及逆断裂构成，脆韧性剪切带与成矿密切；海西–印支构造层为盖层构造层，由北东–近南北向的褶皱、断裂带构成，褶皱以开阔为主，断裂以逆冲为主，褶皱与断裂组合，控制岩体、岩层和矿体的展布(吴志华，2010)。

区域褶皱组合形式为隔槽式褶皱，由近南北向开阔背斜与紧闭向斜组成，主要有大源岭背斜、江永向斜等，大源岭背斜与成矿关系密切。区域断裂由南北向、东西向、北东向和北西西向断裂构成，如沱江、桥头铺、白马，迴龙圩压性断裂等，北东向和北西西向断裂是矿区的主要控矿断裂。

伴随构造运动，区域岩浆活动活跃，尤以带状密集分布的花岗闪长质小岩体为代表的中酸性燕山期侵入活动最为强烈，形成由北而南展布的新田岭、骑田岭、香花岭、铜山岭岩体群，它们为成矿提供了能量和物质。

铜山岭岩体是铜山岭地区出露的主要岩体，整体呈东西向展布，由Ⅰ、Ⅱ、Ⅲ号3个不同大小的小岩体沿东西向基底断裂上侵，以吹气泡底辟方式就位（汪劲草等，2000）。Ⅰ号岩体主体岩性为花岗闪长岩，与区内成矿关系密切。铜山岭岩体高位侵入上泥盆统及下石炭统地层中，围岩皆遭受大理岩化、矽卡岩化，蚀变带宽200~1000 m。铜山岭岩体的形成时代，前人用黑云母K-Ar法、全岩Rb-Sr等时线法、锆石U-Pb法测得年龄介于158至181.5 Ma之间（湖南地质矿产局，1988；王岳军等，2001）。魏道芳等（2007）运用高精度SHRMP锆石U-Pb法对铜山岭岩体进行了年龄测定，将其年龄限定在149±4 Ma，认为铜山岭岩体形成于燕山中期晚阶段构造-岩浆活动阶段。

3. 地层

铜山岭地区地层断续沉积，出露奥陶系上统（O_3）、泥盆系中统至二叠系下统（D_2~P_2）、侏罗系下统（J_1）及第四系（Q），岩性特征见表3-1。

表3-1　铜山岭地区岩性特征表

层位	厚度	岩性描述
第四系（Q）	0~30 m	岩石为亚黏土、砂、砾、岩块及黏土等，主要沿溪河，沟谷及山间盆地分布
中生界侏罗系下统（J_1）	63~329 m	为海陆交互相碎屑沉积，岩石由砾岩、砂砾岩、砂岩、页岩等组成，零星散布于铜山岭北侧
上古生界泥盆系中统（D_2）至二叠系下统（P_2）	3653~3772 m	以浅海相碳酸盐类沉积为主，次为滨海相或海陆交互相碎屑及含煤碎屑沉积，岩石主要由灰岩、白云质灰岩、白云岩、砂岩、页岩等组成，与下伏地层呈不整合接触。石炭系和泥盆系是铜山岭矿集区的主要容矿地层
下古生界奥陶系上统（O_3）	900~1000 m	主要由石英砂岩，石英杂砂岩和泥岩、粉砂质泥岩及页岩组成，分布在铜山岭北部地区

二、矿床地质特征

江永铅锌矿床位于江南古陆南缘、扬子地块湘南、桂东北拗陷过渡部位，是铜山岭矿集区中重要的铅锌矿床之一，受北东向断裂控制。矿区西南面与铜山岭铅锌铜矿床相望，北缘与铜山岭花岗闪长岩岩株为邻（图3-16）。

矿区构造层由下部的上古生代构造层和上部的中生代构造层组成，前者地层组分为下石炭统石磴子组（C_1sh）、测水组（C_1c）及梓门桥组（C_1z），石磴子组岩性为中厚层灰岩、燧石条带灰岩，兼为岩溶发育层位和容矿层位，上部测水组与梓门桥组岩性为泥灰岩、砂页岩及白云质灰岩；后者地层组分为侏罗系下统(J_1)，岩性为砂砾岩、砂岩、页岩。上、下构造层呈不整合接触。

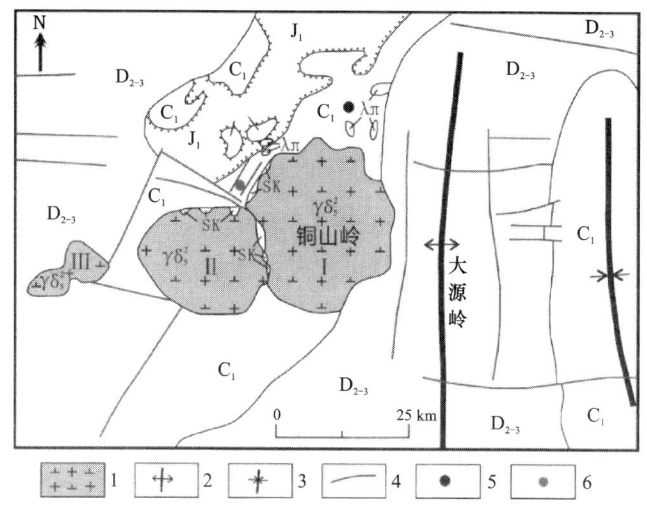

图 3-16 铜山岭地区区域地质略图

J_1—下侏罗统；C_1—下石炭统；D_{2-3}—中上泥盆统；$\gamma\delta_5^2$—燕山期花岗闪长岩；λπ—燕山期石英斑岩；SK—夕卡岩；1—燕山期花岗闪长岩体；2—背斜；3—向斜；4—断层；5—铜山岭铅锌铜矿床；6—江永铅锌矿床

江永矿床的矿体严格受岩体接触断裂带和岩溶溶洞构造控制，少数出露地表，多数呈隐伏状。产于铜山岭花岗闪长岩体与石炭纪碳酸盐岩围岩接触断裂带的矿体(如①号矿体)，厚度小品位低，走向北东，倾向北西，倾角30°~40°，局部达60°，矿体呈似层状、透镜状，剖面图上呈上大下小的楔形体；产自岩溶溶洞构造的矿体(如Ⅰ、Ⅱ、Ⅲ、Ⅳ、Ⅴ号矿体)，位于外接触带数百米范围的厚层灰岩中内，沿岩溶溶洞穴产出，以囊状矿体为特色，是矿山目前主要的开采对象，矿体形态严格受岩溶洞穴形态控制，走向北西，倾向北东，厚度大品位高，长轴一般长400~700 m。经坑道揭露，①号矿体与Ⅱ、Ⅲ、Ⅳ号岩溶溶洞型矿体在200 m标高处连通。矿床中的岩溶溶洞构造分布很有规律，具“楼层结构”，每一层岩溶溶洞体系均由上下两个岩厅及其间的廊道组成(图3-17)。

这种有规律分布的岩溶溶洞构造与层滑作用关系密切。矿床围岩蚀变主要为中温热液蚀变，与矿化密切的有：矽卡岩化、白云岩化、硅化及黄铁矿化等。根据矿物共生组合关系、围岩蚀变类型划分成4个成矿阶段：①矽卡岩阶段、②石英-硫化物阶段、③金属硫化物阶段和④碳酸盐阶段，其中第③阶段为主成矿阶段。

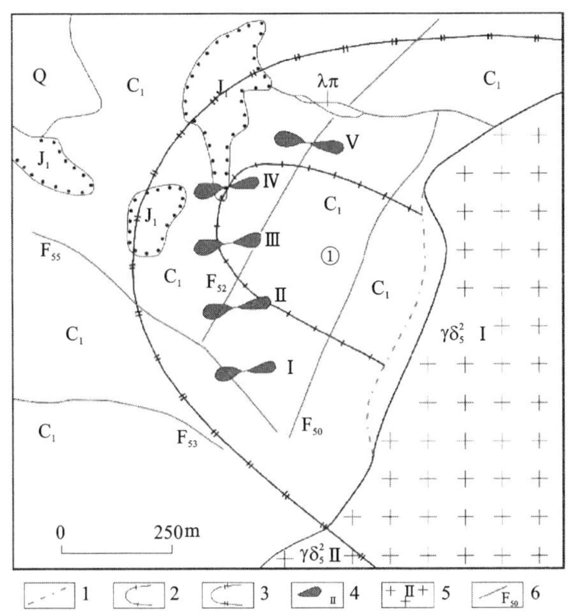

图 3-17 江永铅锌矿床地质略图

Q—第四系；J_1—下侏罗统；C_1—下石炭统；D_{2-3}—中上泥盆统；$\gamma\delta_5^2$—燕山期花岗闪长岩；λπ—燕山期石英斑岩；SK—夕卡岩；1—接触带成矿断裂构造；2—①号矿体范围 3—接触带断裂中黄铁矿活动范围；4—岩溶性铅锌矿体；5—燕山期花岗闪长岩体及其编号；6—断裂及其编号

矿物组成简单，属于区内矿石分类中的第Ⅲ类，金属矿物主要为铅、锌、铁的硫化物，脉石矿物主要为石英、方解石等。矿石结构以字形-半字形粒状、固熔体分离[照片 3-8(e)]、共结边[照片 3-8(c)]、骸晶结构[照片 3-8(f)]及交代溶蚀[照片 3-8(d)]等结构最为多见，次有包含、压碎、揉皱等结构。矿石构造主要有由闪锌矿、方铅矿、黄铁矿和磁黄铁矿等一起构成的块状构造[照片 3-8(a)]、由闪锌矿、方铅矿和黄铁矿等互层组成粗细不匀的条带状构造[照片 3-8(b)]，以及由金属矿物呈大小不一的角砾构成的角砾状构造。

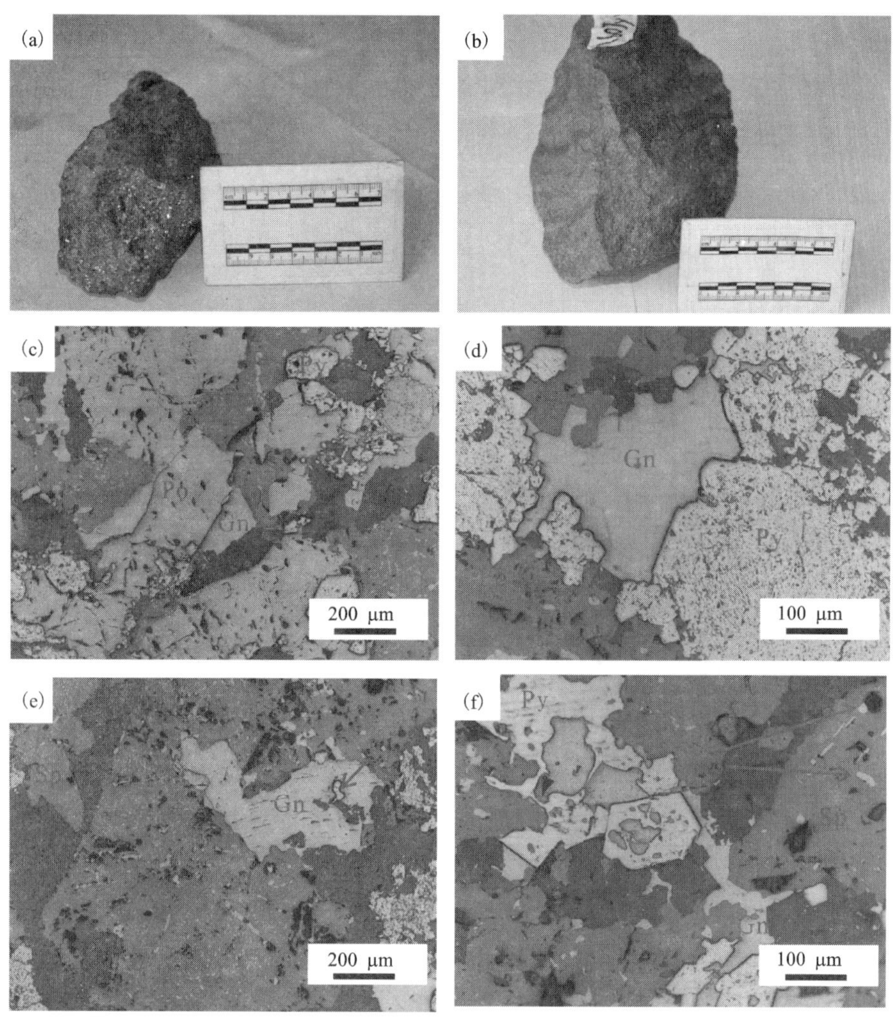

照片 3-8　江永矿床围岩-矿体-矿石特征照片

(a)铅锌矿石，具致密块状构造；(b)铅锌矿与黄铁矿互层的条带状矿石；(c)下磁黄铁矿与方铅矿、闪锌矿呈共结边结构；(d)黄铁矿交代方铅矿及闪锌矿；(e)下磁黄铁矿呈乳滴状在闪锌矿内；(f)下黄铁矿被闪锌矿交代，呈骸晶结构；Po—雌黄铁矿；Py—黄铁矿；Gn—方铅矿；Sp—闪锌矿

三、成矿构造与矿体形貌解析

1. 成矿构造

江永矿床曾被认为是断裂控制的脉状铅锌矿床，但矿床开采结果却不尽其然。经构造解析后认为，矿床成矿构造为岩溶型成矿构造和岩浆接触带型成矿构造，分别控制岩溶型铅锌矿体和接触带型铅锌黄铁矿体。

岩溶型成矿构造由Ⅰ、Ⅱ、Ⅲ、Ⅳ、Ⅴ号5个近等距排列的岩溶溶洞构造组成，分别控制Ⅰ、Ⅱ、Ⅲ、Ⅳ、Ⅴ号铅锌矿体（沿用矿山编号），容矿层位为下石炭统石磴子组中厚层灰岩。这些岩溶洞穴呈“哑铃状”，相互平行，走向受地层约束。Ⅰ、Ⅱ、Ⅲ、Ⅳ号溶洞从南往北由南西向转向北北西向，Ⅴ号溶洞则转向北东向，与地层走向变化一致（图3-17）。

单个岩溶溶洞的倾伏向与倾伏角大约一致，倾伏向为60°~75°，倾伏角为70°~85°。以最大的Ⅱ、Ⅲ号溶洞为例，其地质特征如下：

Ⅱ号溶洞：位于矿区的西南部，F_{55}号断层附近溶洞主体发育于200~320 m中段。其倾伏向60°±，倾伏角70°±，320 m中段以上呈上小下大的一维筒状形貌（图3-18）。溶洞平面图形状近于圆形，最大直径约20 m。溶洞局部与围岩穿插，造成边界为不规则状。

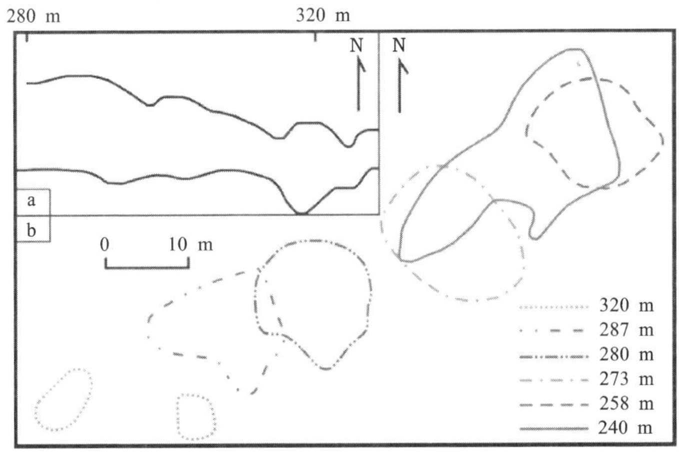

图3-18　Ⅱ号溶洞各标高水平切面形态(b)及局部纵投影图(a)

Ⅲ号溶洞：位于Ⅱ号溶洞的北侧，两者直线相距约120 m，其倾伏向75°±，倾伏角85°±。它分成两部分，上部分位于400~550 m中段，已采空呈上大下小的一维形貌（图3-19）；下部分位于200~320 m中段，是目前矿山生产的主要对象。主体部分在200~280 m中段，整体与Ⅱ号溶洞一样，也呈下大上小的一维形貌，最大截面直径约 15 m。Ⅲ号主溶洞南侧附近有一个附属小溶洞Ⅲ-1 号溶洞，无单独的进出口，是互相连通的脉状矿体，分别命之为 F_{52-1}、F_{52-2} 及 F_{52-3}，采空后发现其是一相连的矿囊(图 3-20)。

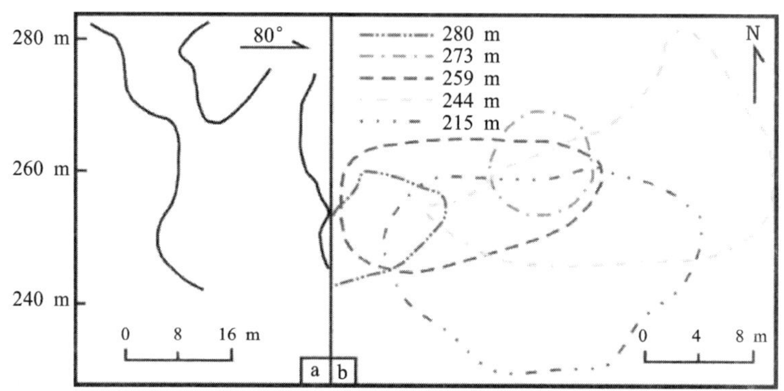

图 3-19 Ⅲ号溶洞各标高水平切面形态(b)及局部纵投影图(a)

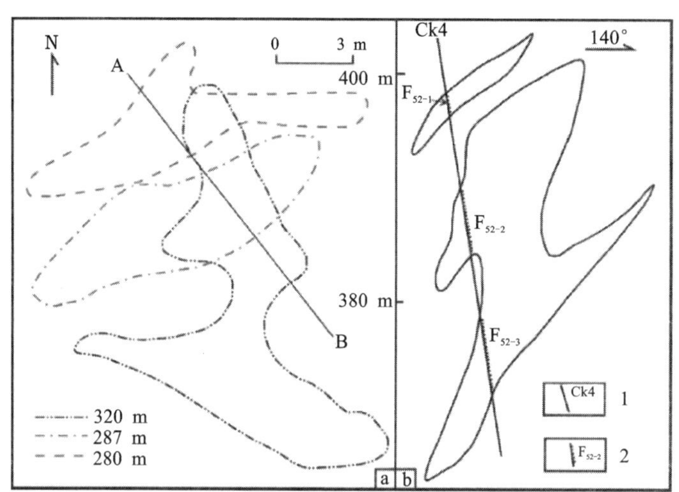

图 3-20 Ⅲ-1 号溶洞各标高水平切面形态(a)及局部纵投影图(b)

1—钻孔及编号；2—原矿体及编号

岩浆接触带型成矿构造控制了江永接触带型矿体的分布，分布于铜山岭岩体附近(图 3-16)，与岩浆动力侵位作用密切相关。①号铅锌黄铁矿体即是典型的接触带型矿体，它受控于产自石磴子组大理岩与花岗闪长岩的接触面及其附近的接触带断裂，其启张空间已为矿液充填，由 3 个不规则的透镜体组成，长轴方向约 300°，长轴长度介于 100 至 350 m 之间，最大厚度约 15 m，断裂具张扭性。在①号矿体的上方和周围附近分布有岩溶性矿体，且两者在 200 m 标高左右也是相通的，说明岩浆接触带型成矿构造在空间上与岩溶溶洞型成矿构造具有紧密的时空联系。

2. 矿体形貌

矿体形貌是由成矿构造控制的，因此江永矿床的矿体形貌的成因类型为岩溶溶洞型矿体形貌和岩浆接触带型矿体形貌，见表 3-2。

表 3-2　江永矿床矿体形貌特征

矿体编号	矿体类型	矿体形貌	矿体产状倾向/倾角	成矿构造类型	平均品位/%	
					Pb	Zn
Ⅰ	岩溶溶洞型	一维囊状	30°~40°，70°~80°	岩溶型	2.05	3.12
Ⅱ	岩溶溶洞型	一维囊状	30°~40°，70°~80°	岩溶型	4.77	9.08
Ⅲ	岩溶溶洞型	一维囊状	30°~50°，70°~80°	岩溶型	7.20	4.29
Ⅳ	岩溶溶洞型	一维囊状	30°~50°，70°~80°	岩溶型	2.68	2.08
Ⅴ	岩溶溶洞型	一维囊状	50°~70°，70°~80°	岩溶型	2.20	2.55
①	接触带断裂型	二维板状	280°~320°，30°~50°	构造型	2.18	2.32

岩溶溶洞型矿体根据矿体空间分布特点，自南向北每个矿体细分成若干小矿体，如Ⅲ号岩溶型矿体分成 11 个小矿体，矿体的产状及形态总体上变化不大，多为一维等轴状、囊状形貌、部分呈二维透镜状、板状形貌，矿体纵投影见图 3-21。

岩浆接触带型矿体产于花岗闪长岩体与灰岩地层的接触面之上，走向北东，倾向北西，倾角 30°~40°，局部达 60°。矿体形貌明显受接触带型成矿构造控制，其形均随接触带岩体顶板的起伏变化而变化，矿体形貌呈二维似层状、透镜状，剖面图上局部呈上大下小的三维楔状（图 3-22）。①号矿体也细分成①-1、①-2、①-3、①-4 四个矿体，其中①-1 号矿体出露地表，规模较大，其余为盲矿体，规模较小。地表矿体分布于本区北东接触带上，露头断续延长达 1000 m，地表氧化呈铁帽，成为寻找隐伏铅锌矿的标志。深部矿体主要集中在 3~7 线北东段，以及岩体拐弯的凹陷部位，呈北西向展布。

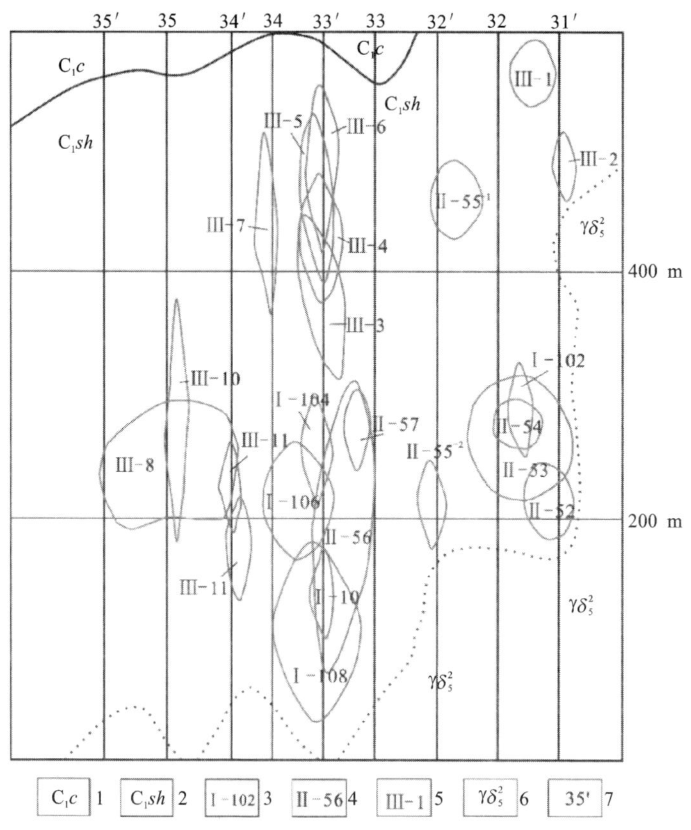

图 3-21　江永矿床岩溶型矿体纵投影图(据矿山资料)

1—石炭系下统测水组；2—石炭系下统石磴子组；3—Ⅰ号小矿体及编号

4—Ⅱ号小矿体及编号；5—Ⅲ小矿体及编号；6—花岗闪长岩体；7—勘探线

四、层滑-溶洞型成矿模式

矿区下石炭统石磴子组中厚层灰岩是主要的含水层，矿区南东和深部的花岗岩体为天然隔水体，上覆测水组和侏罗系泥灰岩、砂岩和页岩具隔挡作用。岩溶溶洞多沿构造线与岩层层面发育。区域褶皱变形引起层间滑动，导致构造应力集中，而构造应力以应力波的形式在地层中传播(吕炳全和师先进，1987)，导致层滑的空间逐步形成等间距、规则排列的裂隙系统。随着褶皱与层滑作用递进变形，在地下水的溶蚀作用配合下，等间距裂隙系统发展成为等间距岩溶溶洞系统。此为层滑-溶洞形成的作用机理。

江永矿区处于铜山岭花岗闪长岩体北缘接触带附近，铅锌主矿体充填于层

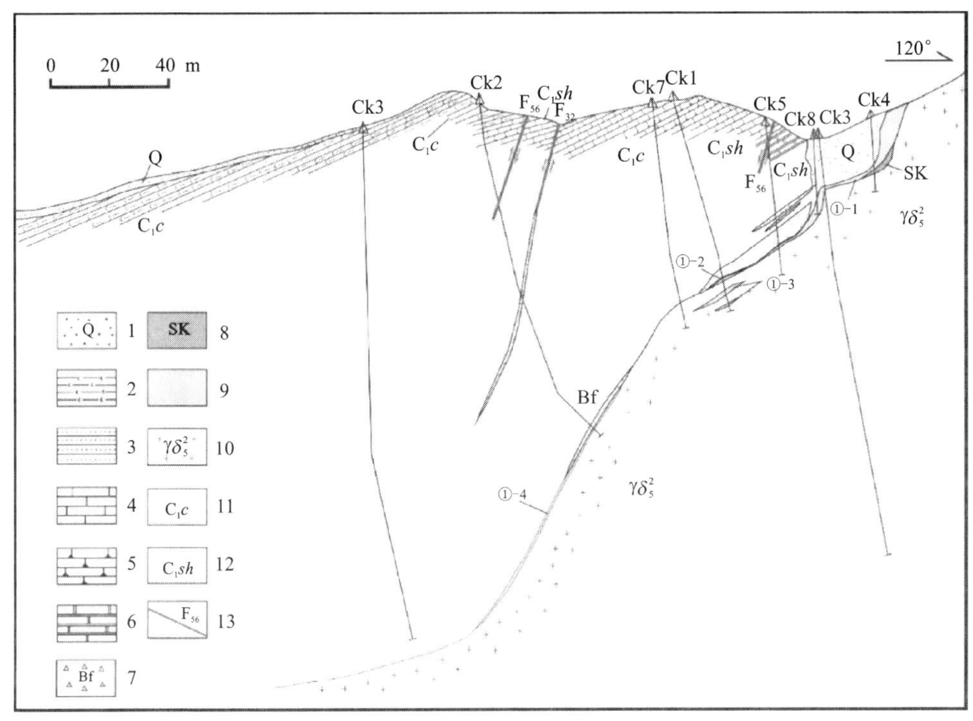

图 3-22　江永铅锌矿 5 号勘探线地质图(据矿山资料)

1—第四系；2—炭质页岩；3—砂岩；4—灰岩；5—燧石灰岩；6—大理岩；7—破碎带；8—矽卡岩；9—铅锌黄铁矿体及编号；10—燕山期花岗闪长岩；11—下石炭统测水组；12—下石炭统石磴子组；13—断层及编号

滑-溶洞内，黄铁铅锌矿体位于岩体与地层接触带内，形成岩溶型成矿构造与岩浆接触带型成矿构造，矿床的形成经历了层滑-裂隙作用、层滑-岩溶作用、层滑-褶皱成矿和岩浆底辟叠加成矿 4 个阶段，成矿模式见图 3-23。

层滑-溶洞控矿与成矿的过程为地层受构造动力发生层间滑动，导致构造应力相对集中，在石磴子组厚层灰岩中形成等间距、规则排列的古裂隙系统，开启了层滑-裂隙阶段[图 3-23(a)]；随着地下水的不断溶蚀，层间滑动破裂开始岩溶化，发展成岩溶溶洞系统[图 3-23(b)]；由于构造运动持续作用，地层发生层滑-褶皱，此时，沉积盆地中的热卤水受到强烈的构造挤压，并向溶洞开放空间迁移，形成岩溶性铅锌矿化体[图 3-23(c)]；之后铜山岭地区燕山期大规模岩浆开始上侵活动，产生底辟作用，致使顶部地层产生弧形拱张，两侧地层则由于扩张受阻，产生牵引、断裂或形成紧闭褶皱，同时在岩体与地层接触部位形成接触带断裂构造，并与岩溶溶洞构造连通。岩浆热液携带巨量成矿流体，通过岩体边部

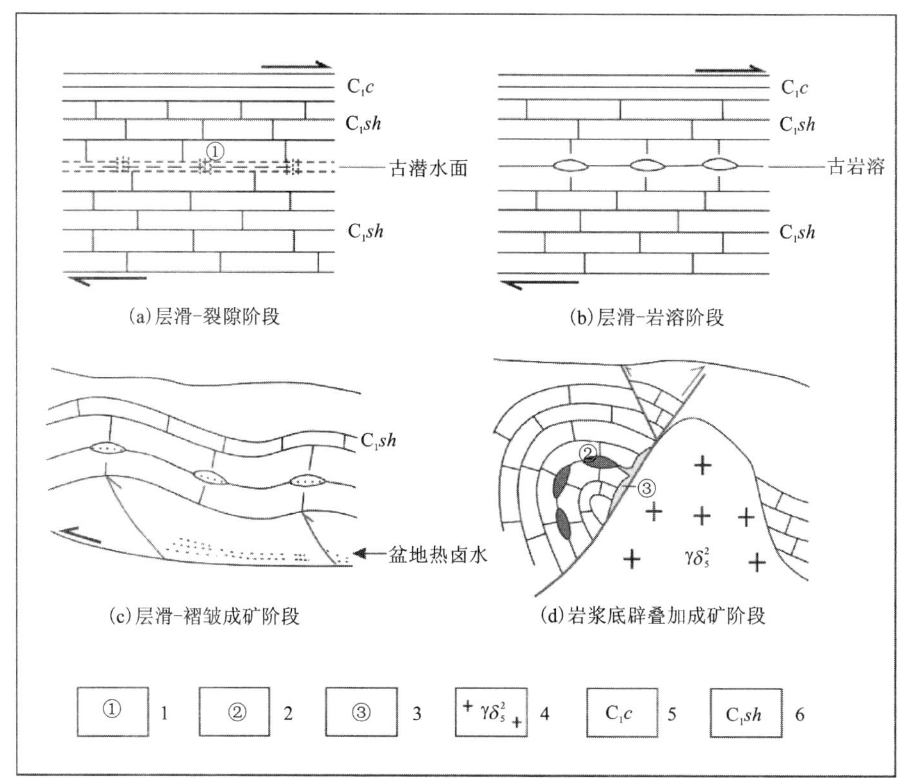

图 3-23　江永矿床层滑-溶洞型成矿模式

1—古裂隙；2—层滑岩溶性铅锌矿体；3—接触带黄铁铅锌矿体；
4—燕山期花岗闪长岩；5—下石炭统测水组；6—下石炭统石磴子组

接触带断裂通道源源不断地向更加开放的溶洞空间运移，叠加改造前期矿化体形成厚富的铅锌主矿体，富余的矿液则在接触带中发生接触交代作用形成接触带型铅锌黄铁矿体[图 3-23(d)]。

第四节　层滑-角砾岩型

层滑-角砾岩型，以康家湾铅锌矿床为例。康家湾铅锌矿床位于研究区的东部(图 2-2)，是湘南乃至全国闻名的水口山铅锌多金属矿田中现阶段保有储量最大的矿床，产自康家湾隐伏倒转背斜顶部的层间-硅化角砾岩带，属于层滑-角砾岩控制的矿床。

一、成矿地质条件

1. 构造

水口山矿田位于华夏板块北缘中段、江南古陆西段南缘[图 3-24(a)]，以产铅锌矿床为主，如老鸭巢(水口山)铅锌矿、康家湾铅锌矿等，次产金矿床，如仙人岩金矿、龙王山金矿等[图 3-24(b)]。

区域总体构造受基底“米”字型构造与盖层南北向耒阳-临武构造带的联合制约，形成整体向东突出的弧形南北向构造带(公凡影等，2011；左昌虎等，2011)。矿区构造以康家湾隐伏倒转背斜和 F_{22} 推覆断层为骨架，以次级扭曲、断裂、节理等为配套。

矿田范围构造发育、层次分明，主要为一系列印支期不同级次的南北向褶断带。一、二级构造带控制矿田分布，如一级盐湖复式向斜、西岭-新盟山背斜、二级四丘田倒转向斜、烟竹湖倒转背斜等，它们共同控制着矿田及岩体的产出；三级及更低级别的构造，如三级老鸦巢倒转背斜、康家湾倒背斜等，控制着矿床的产出(图 3-25)。矿田主要断裂构造多伴随不同级次褶皱构造产生，分布于褶皱的两翼，以与褶皱轴向平行产出的南北向逆冲断层最为发育和重要，是区域的控岩控矿构造，如康家湾 F_{22} 逆冲断层、新盟山 F_{60} 逆冲断层即属此类构造；其次是北东和北西向张性断裂，常与基底东西向断裂带相通，是区域岩浆、矿液的通道，常见于老鸭巢、康家湾、新盟山、老盟山等地。

康家湾南北向倒转背斜是矿田东部四垢田倒转向斜的次级褶皱，白垩系和侏罗系不整合掩盖其上，为一大型隐伏构造，褶皱轴向总体近南北向，因受区域多期构造运动的叠加与改造，局部往北东或者北西偏转，呈“S 型”弯曲状[图 3-24(b)]，褶皱轴面向西、向东倒转，由南向北逐渐抬起，扬起角约 8°，西翼倾角平缓，东翼倒转、陡倾，局部直立，核部出露石炭系碳酸盐岩，两翼出露二叠系硅质岩、泥岩和砂页岩，轴部及两翼地层中发育层间破碎带或者虚脱空间，为铅锌矿液提供了良好的沉积场所，是重要的控矿与成矿构造。

F_{22} 断层为矿田内规模最大断裂，走向与康家湾隐伏倒转背斜轴向基本一致，近于南北，局部偏向北北东或北北西，倾向西，倾角变化大(10°~60°)。F_{22} 断层为复活性断层，印支运动早期为正断层，导致上盘二叠纪地层下降，上部沉积了侏罗纪地层，至燕山运动早期，力学性质发生改变，转为逆冲，导致二叠纪地层逆掩于侏罗纪地层之上，断距大于 500 m，沿 F_{22} 断裂带地表有铅、锌、锑、砷的化探异常，因此，F_{22} 断层是重要的导矿构造。

2. 地层

区域出露的地层不完整，主要有上泥盆统~白垩系，其中二叠系是铅锌的主要容矿层位，各地层岩性特征即分布范围见表 3-3。

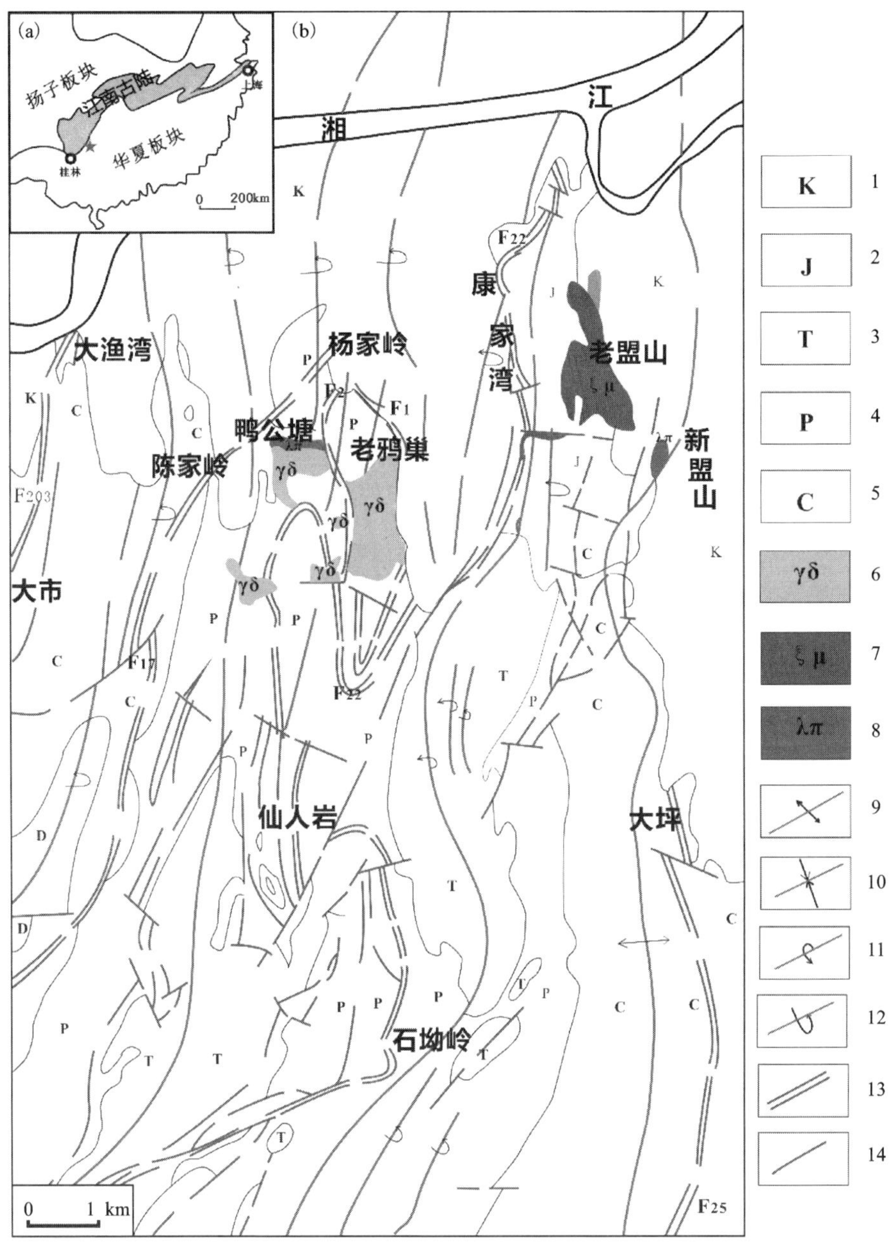

图 3-24 水口山区域地质图(据左昌虎等，2014)

1—白垩系；2—侏罗系；3—三叠系；4—二叠系；5—石炭系；6—花岗闪长岩；7—英安玢岩；8—流纹斑岩；9—背斜；10—向斜；11—倒转背斜；12—倒转向斜；13—推覆断层；14—断层

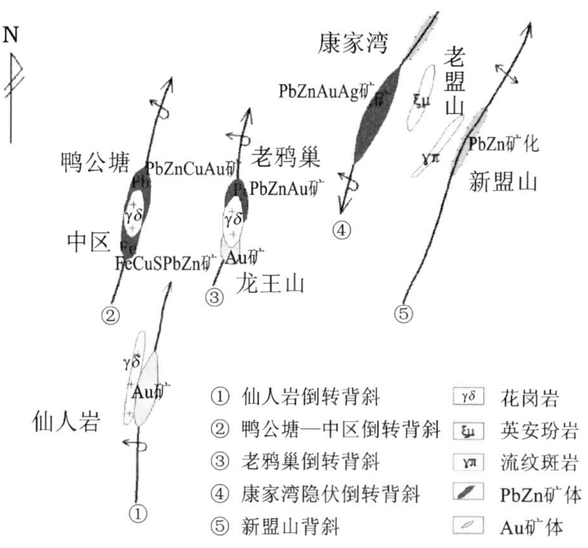

图 3-25 水口山矿田褶皱控岩控矿示意图

表 3-3 区域地层特征表

地层	岩性描述	分布范围
泥盆系	为上统锡矿山组，岩性下段为灰岩，上段为砂岩，与下伏地层呈假整合接触	矿田西南部
石炭系	包括下统孟公坳组、石蹬子组、测水组、梓门桥组，岩性下段为厚层灰岩夹薄层灰岩，上段为砂、页岩互层；上石炭统壶天群，岩性为含燧石白云质灰岩	矿田南部、西部及东南部
二叠系	包括下二叠统栖霞组含炭质条带状灰岩、含燧石灰岩和当冲组硅质页岩、泥灰岩、泥质页岩，是铅锌金银矿的主要容矿层位；上二叠统斗岭组炭质页岩、粉砂岩、砂岩和长兴组含锰薄层硅质页岩、粉砂质页岩夹透镜体硅化灰岩	矿田中部、南部
三叠系	为大冶群，岩性下段为灰岩夹炭质页岩，上段为泥灰岩、页岩	矿田中部、南部
侏罗系	为高家田组，岩性下部为杂色砾岩、巨厚层砂岩，上部为砂岩夹炭质页岩，不整合于古生界地层之上	矿田北东部
白垩系	为东井组，岩性为紫红色钙质砂岩夹层间砾岩、钙、泥质粉砂岩，不整合于侏罗系与古生界各地层之上	矿田北部和东部

3. 岩浆岩

伴随构造运动，区域岩浆活动强烈，持续时间长，从印支早期至燕山晚期均有活动(李能强和彭超，1996)。区域上东西向羊角塘-五峰仙大断裂、南北向水口山-香花岭大断裂、北东向水口山-江永大断裂相互交叉，形成岩浆的深部通道(张庆华，1999)。岩浆沿着大断裂上侵，形成数量众多、规模不等的浅成、超浅成次火山岩-火山岩的岩浆系列(李仕能，1988)。已知水口山矿田有大小岩体72个，其中水口山老鸭巢矿区花岗闪长岩的高精度成岩年龄为156.0±1.0 Ma(左昌虎等，2014)和158.8±1.8 Ma(黄金川，2016)，显示其属于燕山早期的产物。

二、矿床地质特征

1. 矿体特征

康家湾矿床地理位置上距离百年老矿山——水口山(老鸭巢)铅锌矿床约3 km(图3-24)，是水口山矿田中现阶段保有铅锌储量最大的矿床。矿区地表全部被侏罗-白垩纪地层覆盖，深部有石炭-二叠纪地层。矿床受褶皱-断裂系统控制，主要矿体产在康家湾隐伏倒转背斜核部与F_{22}断层下盘的层间硅化角砾岩带中。层间硅化角砾岩带层位稳定，与上下地层同步褶曲(图3-26)。此外，在二叠系下统栖霞组灰岩与倒转背斜接触部位的岩溶角砾岩中也发现有少量小规模矿体分布。

康家湾矿床已知61个大小铅锌矿体，组成长约2900 m、宽150~800 m的铅锌矿化带，带中主要矿体(群)有7个(图3-27)，Ⅰ~Ⅴ号矿体分布于层间硅化角砾岩带中[图3-27(b)]，Ⅵ~Ⅶ号矿体分布于当冲组硅质泥灰岩中，矿体的厚度和品位变化不均匀，局部尖灭再现，产状与容矿层间硅化角砾岩带相一致，走向近南北。矿体埋深随倒转背斜由南往北逐渐扬起(图3-27)，南端距地表590 m，北端距地表160 m，顶部近于水平(图3-27)。矿物组成以含铅锌的硫化物矿物为主，复杂程度中等，属于区内矿石分类中的第Ⅱ类。

矿石结构常见自形-半自形粒状结构、压碎结构[照片3-9(d)]、固溶体分离结构[照片3-9(c)]、交代残余结构[照片3-9(a)、(f)]、骸晶结构、假象结构[照片3-9(b)]及揉皱结构[照片3-9(e)]等。矿石构造常见浸染状构造、条带状构造、块状构造、角砾状构造；少见脉状构造、胶状构造。

矿床围岩蚀变以硅化为主，少量碳酸盐化、绢云母化、萤石化、绿泥石化，深部还出现角岩化、矽卡岩化等。

2. 角砾岩特征

康家湾矿床中角砾岩是一大特色，不仅分布范围广、种类繁多，还是矿区内主要的容矿岩系。根据其角砾特征、成因、产出位置将其分成层间硅化角砾岩、岩溶角砾岩、垮塌角砾岩和断层角砾岩等4种类型(表3-4、照片3-10)，其中层间硅化角砾岩、岩溶角砾岩与成矿的关系密切(刘清双，1986)。

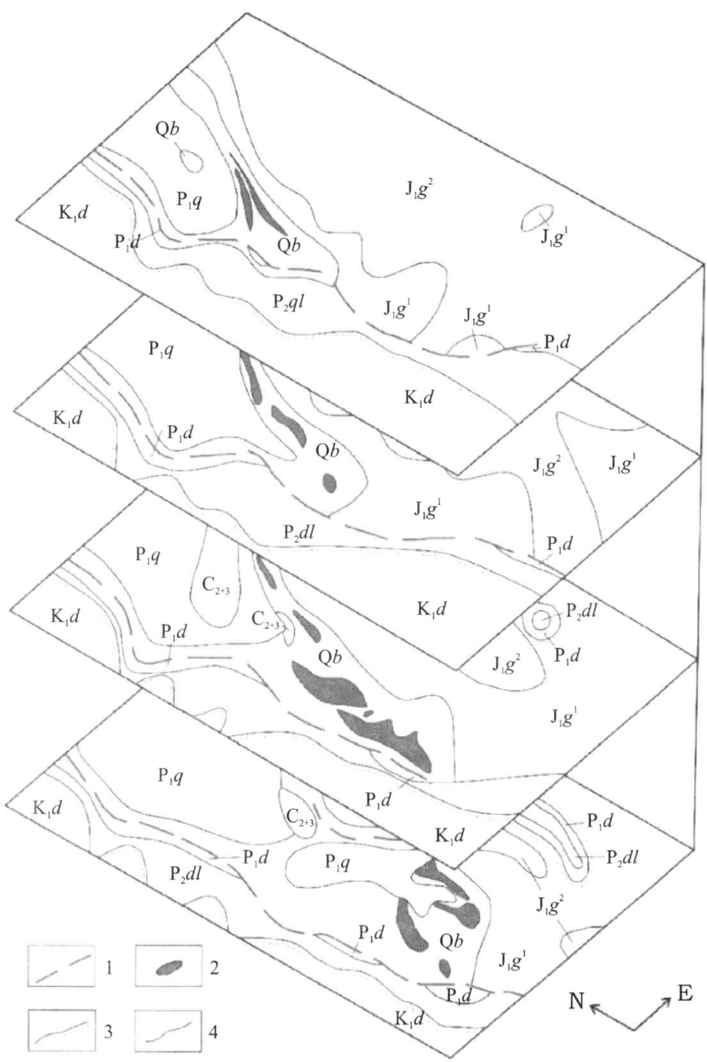

图 3-26 康家湾铅锌矿联合中段图(据矿山资料)

1—断层；2—铅锌矿体；3—不整合界线；4—地质界线；K_1d—白垩系东井组；J_1g^2—侏罗系下统高家田组中段；J_1g^1—侏罗系下统高家田组下段；P_2dl—二叠系上统斗岭组；P_1d—二叠系下统当冲组；P_1q—二叠系下统栖霞组；C_{2+3}—石炭系上统壶天群；Qb—硅化角砾岩带

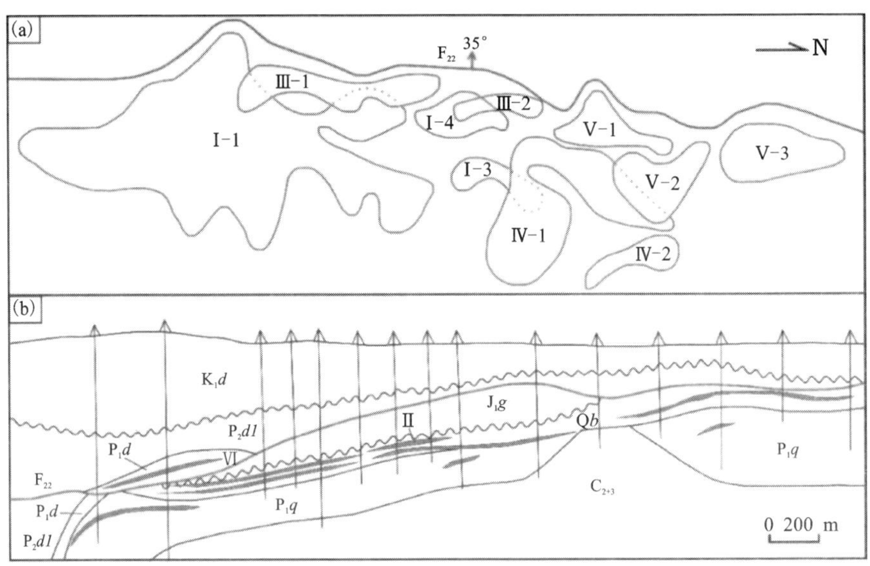

图 3-27　康家湾矿床矿体水平投影(a)及纵剖面(b)图(据矿山资料)(图例同图 3-26)

表 3-4　康家湾矿床角砾岩特征

角砾岩类型	地质特征	空间分布
层间硅化角砾岩	灰白色、灰色、灰黑色、灰褐色，角砾状构造，成分复杂，由各种岩石角砾及矿石角砾组成，角砾棱角分明，砾径大小不一，硅质胶结，致密坚硬，是矿区主要的容矿层位	倒转背斜轴部及两翼侏罗系与栖霞组灰岩之间
岩溶角砾岩	灰色、灰褐色，角砾状构造，由碳酸盐岩角砾组成，偶含矿石角砾，多为次棱角状、次圆状，泥质或钙质胶结，结构松散	倒转背斜角砾岩带与栖霞灰岩接触部位
垮塌角砾岩	灰黑色，角砾状构造，由垮塌角砾和矿石角砾组成，角砾上小下大，主要呈棱角状，泥质或钙质胶结，结构松散	倒转背斜轴部和东翼溶洞下部
断层角砾岩	杂色，角砾状构造，由碎裂岩角砾组成，角砾棱角分明，分选性差，硅质或泥质胶结，结构较松散	断层破碎带内部或两侧

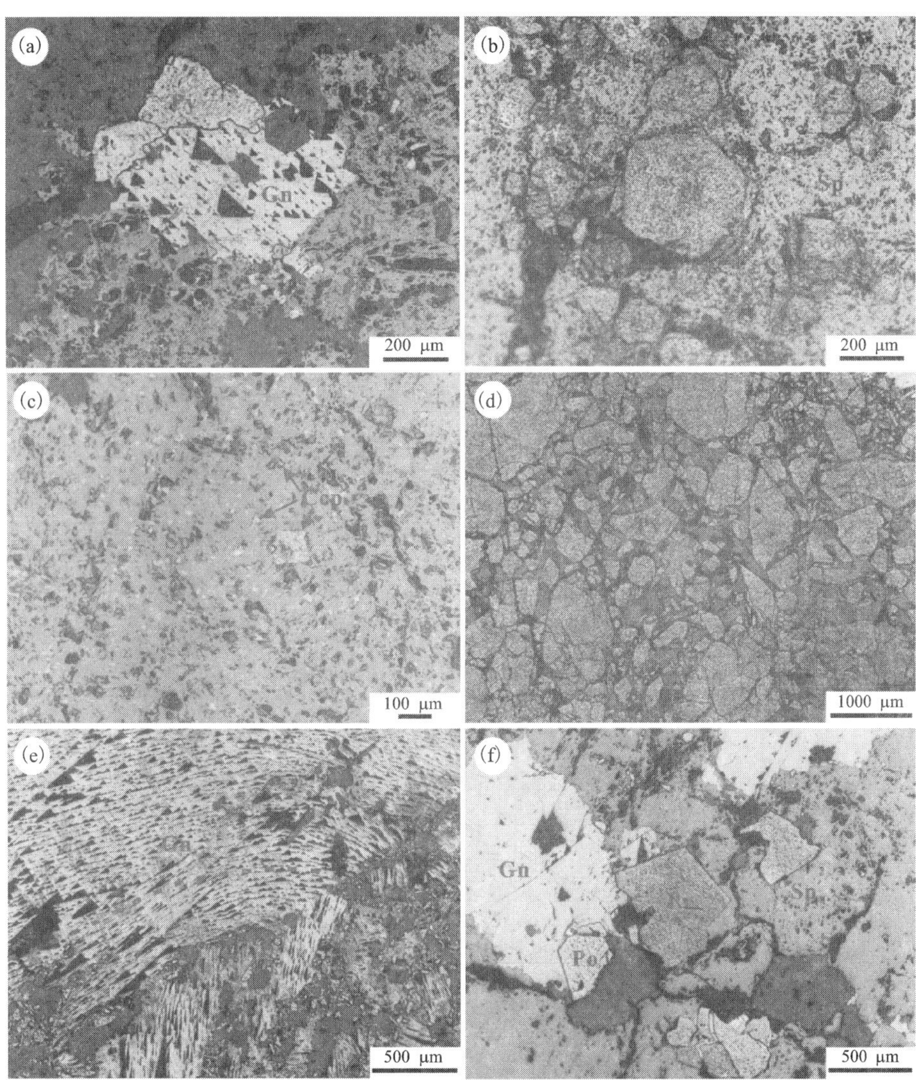

照片 3-9　康家湾矿床矿石结构特征

(a)交代残余结构，Gn 交代 Sp 呈港湾状边界，Cal 交代 Gn、Sp；(b)假象结构，Py 被 Sp 几乎完全交代，但保留 Py 自形晶结构；(c)固溶体分离结构，Ccp 在 Sp 中呈乳滴状出溶；(d)Sp 受压力作用形成压碎结构；(e)Gn 受构造作用形成揉皱结构；(f)Py 和 Po 被 Gn 交代形成交代残余结构；Gn—方铅矿；Sp—闪锌矿；Py—黄铁矿；Ccp—黄铜矿；Po—磁黄铁矿；Cal—方解石

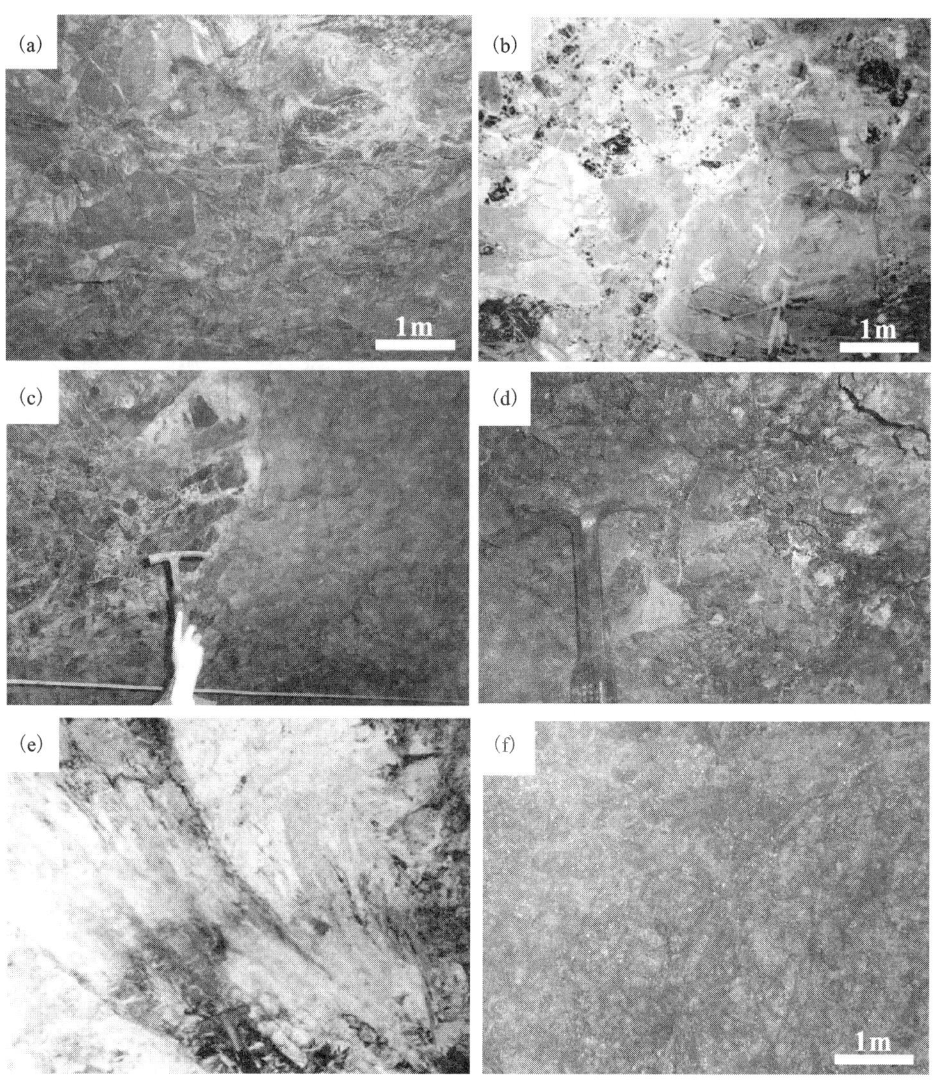

照片 3-10　康家湾矿床角砾岩产出特征

(a)层间硅化角砾岩；(b)含燧石硅化灰岩角砾岩；(c)岩溶角砾岩；
(d)崩塌角砾岩；(e)断层角砾岩；(f)黄铁矿化硅化角砾岩

三、成矿构造与矿体形貌解析

1. 成矿构造

康家湾矿床主矿体产于康家湾隐伏倒转背斜与区域性 F_{22} 推覆断层相切割的二叠系当冲组下段硅质岩与栖霞组碳酸盐岩的经层滑作用和热液作用共同形成的层间硅化角砾岩中，成矿构造类型为构造角砾岩型。

产在当冲组地层层间破碎带中的Ⅰ、Ⅲ号主矿体即是由构造角砾岩型成矿构造控制的主矿体。Ⅰ号矿体发育于 F_{22} 断层下盘康家湾隐伏倒转背斜核部、二叠系与侏罗系不整合界面之上的层间硅化角砾岩带(Qb)中，埋深距地表 480~590 m，标高 390~485 m，走向为北东，倾向北西，倾角 10°~29°。Ⅲ号矿体分布于 F_{22} 断层上盘康家湾隐伏倒转背斜核部的层间硅化角砾岩带(Qb)中，埋深距地表 390~585 m，标高 370~490 m，走向为北东，倾向北西，倾角 8°~29°(图 3-28)。

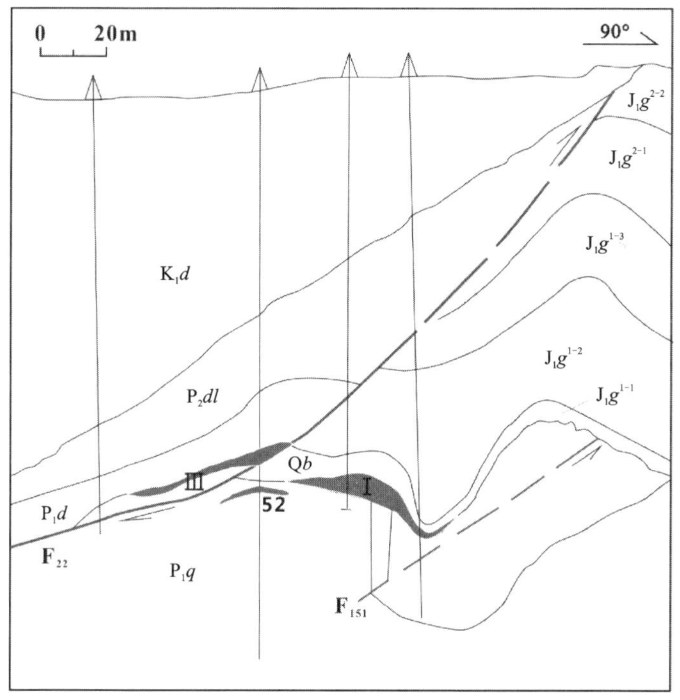

图 3-28　康家湾矿床 100 号线剖面图(据矿山资料)(图例同图 3-26)

2. 矿体形貌

康家湾主矿体(群)均产于康家湾隐伏倒转背斜轴部及两翼的层间硅化破碎角砾岩带中(图 3-29)。矿体几何形貌为二维似层状、透镜状，局部呈一维囊状(图 3-29)；成因形貌为构造角砾岩型形貌。

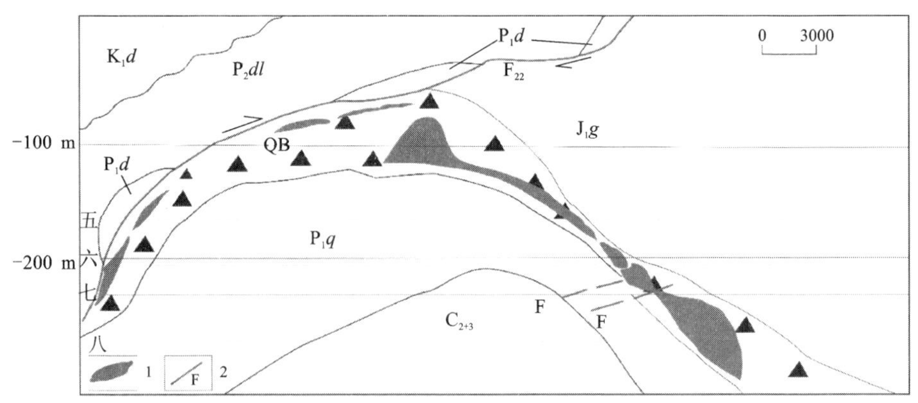

图 3-29 康家湾矿体中段剖面图(据矿山资料)

1—矿体；2—断层；其他图例同图 3-26

四、层滑-角砾岩型成矿模式

康家湾矿区的成矿过程为印支早期受东西向水平压力，形成一系列近南北向褶皱与断裂，同时地壳隆起，地层遭受风化剥蚀形成反差悬殊的地貌，在康家湾隐伏背斜轴部的栖霞组地层由于岩性的差异在褶皱时发生了层间滑动，形成了层间破碎带和虚脱空间[图 3-30(a)]。印支中期，东西向水平挤压持续作用，康家湾和水口山地区地层褶断作用加剧，大面积岩层挤压破碎。印支晚期，由构造挤压松弛形成的断陷盆地内沉积了侏罗系高家田组泥质砂岩与砂岩，以及与其相伴的石炭系至二叠系海相碳酸盐岩不均一性层间滑动，形成层间角砾岩带[图 3-30(b)]。

燕山早期继承并发展了印支期的构造运动，区内受水平挤压力背斜发生进一步倒转，断层进一步发育活动。燕山中期湘南地区发生了大规模岩浆作用，使得来自深部的岩浆热液在构造应力和热力驱动下沿区内断裂(如 F_{22} 断层)上涌，并受到白要系及侏罗系砂泥岩盖层的屏蔽，使先前形成的层间角砾岩得到充分交代和强烈改造，进一步形成层间硅化角砾岩。晚期的含矿热液在减压降温条件下，沿着硅化角砾岩的裂隙或岩溶角砾岩的裂隙，形成构造角砾岩型矿体[图 3-30(c)]。因此，康家湾矿床层滑-角砾岩型成矿模式如图 3-30 所示。

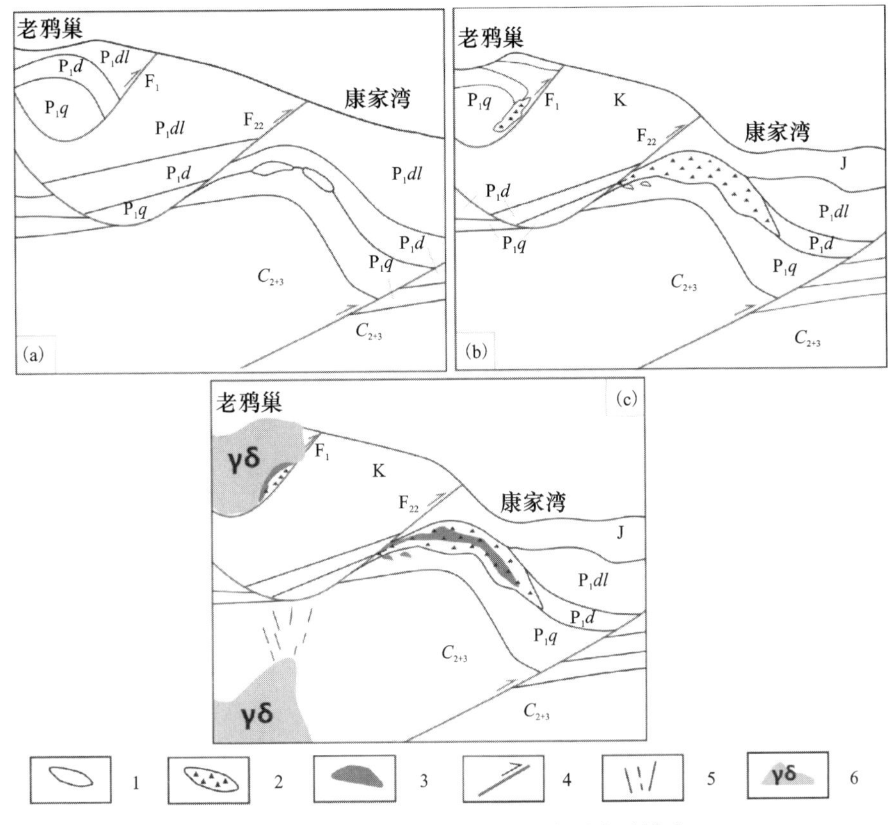

图 3-30 康家湾矿床层滑-角砾岩型成矿模式

1—层间破碎带/溶洞；2—层间(硅化)角砾岩带；3—矿体；4—断层；
5—节理或裂隙；6—花岗闪长岩；地层单位说明见图 3-26

参考文献

[1] 陈毓川，黄民智，徐珏，等．大厂锡矿地质[M]．北京：地质出版社，1993.

[2] 蔡明海，何龙清，刘国庆，等．广西大厂锡矿田侵入岩 SHRIMP 锆石 U-Pb 年龄及其意义[J]．地质论评，2006(03)：123-128.

[3] 蔡建明，徐新煌．广西五圩矿田多金属矿床的成矿物征及物质来源[J]．矿物岩石，1995(3)：63-68.

[4] 汪劲草，余何，江楠，等．广西大厂矿田成矿构造系列与成矿系列的时-空联系[J]．桂林理工大学学报，2016，36(4)：633-643.

[5] 马杏垣．解析构造学刍议[J]．地球科学，1983(3)：3-11.

[6] 单文琅．构造变形分析的理论、方法和实践[M]．北京：中国地质大学出版社，1991.

[7] Roberts R G. Deposit model N. 11：Archean lode gold deposit[J]. Geoscience Canada，1987，

14(1): 37-52.

[8] 汪劲草, 王方里, 汤静如, 等. 弱变形域成矿及其地质意义[J]. 大地构造与成矿学, 2015(2): 280-285.

[9] 李建威, 李先福. 液压致裂作用及其研究意义[J]. 地质科技情报, 1997(4): 29-34.

[10] 汪劲草. 成矿构造系列的基本问题[J]. 桂林工学院学报, 2009, 29(4): 423-433.

[11] 汪劲草. 成矿构造的基本问题[J]. 地质学报, 2010, 84(1): 59-69.

[12] 覃焕然. 试论广西泗顶—古丹层控型铅锌矿床成矿富集特征[J]. 南方国土资源, 1986(2): 54-65.

[13] 唐诗佳, 彭恩生, 李石锦, 等. 广西泗顶-古丹铅锌矿床的构造控矿作用及其找矿方向[J]. 桂林理工大学学报, 2001, 21(1): 68-72.

[14] 王步清, 彭恩生, 唐诗佳, 等. 广西泗顶铅锌矿层间滑动带地质特征及控矿作用[J]. 南方国土资源, 2000, 13(2): 35-38.

[15] 湖南省地质矿产局. 湖南省区域地质志[M]. 北京: 地质出版社, 1988.

[16] 吴志华. 南岭地区铜山岭区域构造组合分析及其与矿产关系[J]. 中国矿业, 2010, 19(5): 107-110.

[17] 汪劲草, 汤静如, 彭恩生, 等. 湖南江永铅锌矿床岩溶成矿构造系列及其演化[J]. 地质找矿论丛, 2000, 15(2): 159-165.

[18] 王岳军, 范蔚茗, 郭锋, 李惠民, 梁新权. 湘东南中生代花岗闪长岩锆石 U-Pb 法定年及其成因指示[J]. 中国科学(D 辑), 2001, 31(9): 745-751.

[19] 魏道芳, 鲍征宇, 付建明. 湖南铜山岭花岗岩体的地球化学特征及锆石 SHRIMP 定年[J]. 大地构造与成矿学, 2007, 31(4): 482-489.

[20] 吕炳全, 师先进. 大陆边缘地壳构造波动性的特征[J]. 中国科学, 1987(6): 74-84.

[21] 公凡影, 李永胜, 甄世民, 等. 康家湾铅锌金银矿床地质特征[C]//全国成矿理论与找矿方法学术讨论会, 2011: 477-478.

[22] 左昌虎, 屈金宝, 谭先锋, 等. 康家湾铅锌金银矿控矿因素及找矿方向[J]. 矿业研究与开发, 2011(2): 1-3.

[23] 左昌虎, 缪柏虎, 赵增霞, 等. 湖南常宁康家湾铅锌矿床同位素地球化学研究[J]. 矿物学报, 2014, 34(3): 351-359.

[24] 李能强, 彭超. 湖南水口山铅锌金银矿床[M]. 北京: 地震出版社, 1996.

[25] 张庆华. 湖南水口山铅锌矿田地质特征及找矿思路[J]. 矿产勘查, 1999(3): 141-146.

[26] 李仕能. 水口山矿田成因机制新探——介绍水口山浅成低温热液金矿成矿模式[J]. 矿产与地质, 1988(2): 18-21.

[27] 左昌虎, 路睿, 赵增霞, 等. 湖南常宁水口山 Pb—Zn 矿区花岗闪长岩元素地球化学, LA-ICP-MS 锆石 U-Pb 年龄和 Hf 同位素特征[J]. 地质论评, 2014, 60(04): 811-823.

[28] 黄金川. 湖南水口山铅锌金矿床同位素年代学及成岩成矿机理研究[D]. 北京: 中国科学院大学, 2016.

[29] 刘清双. "构造—塌积"作用和古岩溶作用在康家湾铅锌矿床成矿过程中的意义[J]. 地质与勘探, 1986(7): 3-11.

第四章
地球化学与成矿机制

第一节　矿床地球化学与成矿流体的基本特征

一、区域成矿元素地球化学背景

一般情况下，碳酸盐岩容矿的铅锌矿床与岩浆活动并无直接联系，矿质来自壳源，且矿区乃至区域内不同时代的地层或者基底也有可能贡献成矿物质。

江南古陆西南缘(研究区)已发现的碳酸盐岩容矿的铅锌矿床(点)数以百计，累积探明铅锌金属储量超过了二百万吨。物质基础决定上层建筑，只有稳定的、充足的矿源供给，才能形成规模宏大的铅锌矿床。王学求等(2007)通过成矿元素含量研究，认为大型矿床与成矿元素含量高的地质体关系密切，二者存在良好的对应关系，因此，考察区内不同地质体的铅、锌元素组成特征，对讨论成矿物质来源问题具有重要意义。於崇文(1987)对研究区所在的南岭地区的地层元素进行了定量研究，其中 Pb、Zn 元素在古生代和元古宙地层中部分富集，在桂北 D_1 和 D_2 地层最为富集，与区内大型铅锌矿床的容矿层位相对应。同时，对铅锌成矿十分有利的含矿花岗岩类岩石在铅锌聚集区也有分布，可见，区内的基底、盖层内不同时代的地层以及岩浆岩均有可能为铅锌大规模成矿作用提供稳定的、充足的矿质来源。

二、矿床同位素地球化学与矿质来源

统计已经报道的同位素数据，发现研究区内碳酸盐岩容矿的铅锌矿床金属硫化物 $\delta^{34}S$ 数值总体较分散，在-17.1‰至+17.4‰之间波动，其中 $\delta^{34}S_{方铅矿}$ 数值介于-7.8‰至+15.0‰之间，$\delta^{34}S_{闪锌矿}$ 数值介于-9.3‰至+17.4‰之间，$\delta^{34}S_{黄铁矿}$ 数值介于-17.1‰至+15.3‰之间，$\delta^{34}S_{磁黄铁矿}$ 数值介于-7.9‰至+15.1‰之间。这些铅锌矿床成矿期硫化物 $\delta^{34}S$ 值既有正大值，如北山、黄沙坪矿床；亦出现负大值，如长坡-铜坑、泗顶矿床。

碳酸盐岩容矿的铅锌矿床硫化物出现大的 $\delta^{34}S$ 值通常指示了还原硫来自海

相硫酸盐的热化学还原作用(TSR),但是硫酸盐的生物还原作用(BSR)在特定条件下也能形成具有较大幅度波动硫同位素组成的特征。因此,研究区内铅锌矿床硫源可能比较复杂,如黄沙坪矿床的硫主要来自 TSR 作用,北山矿床的硫来自 BSR,泗顶矿床有部分的有机硫参与了铅锌成矿作用。

区内不同矿床之间金属硫化物铅同位素组成相对比较分散,但是部分矿床铅同位素组成整体表现较为均一:$n(^{206}Pb)/n(^{204}Pb)=18.058\sim18.953$,$n(^{207}Pb)/n(^{204}Pb)=15.580\sim15.847$,$n(^{208}Pb)/n(^{204}Pb)=38.560\sim39.448$,显示出高放射性成因铅的特征,在 $n(^{207}Pb)/n(^{204}Pb)$——$n(^{206}Pb)/n(^{204}Pb)$ 图解中,多数数据投影在上地壳与造山带区间,指示了壳源特征。另外,部分矿床金属硫化物铅同位素组成又与围岩和基底的铅同位素组成特征类似,表明成矿金属物质可能来自矿区基底和围岩。

研究区内脉石方解石(热液方解石)$\delta^{13}C_{PDB}$ 和 $\delta^{18}O_{SMOW}$ 数值分别介于-8.9‰至+0.45‰之间和+10.00‰至+24.15‰之间,与容矿碳酸盐岩地层的碳氧同位素组成类似,但数据偏低,暗示了脉石方解石中碳氧可能主要是来自成矿流体溶解围岩碳酸盐岩的过程,且有可能受到有机碳和(或)大气降水的影响(张长青,2008)。同时,热液方解石氧同位素组成明显高于岩浆系统的氧同位素组成($\delta^{18}O_{SMOW}$ 数值<10‰)。陈毓川等(1993)报道了龙箱盖岩体 $\delta^{18}O_{SMOW}$ 数值介于10.51‰至 11.32‰之间,与矿石的 $\delta^{18}O_{SMOW}$ 接近,暗示了大厂矿区岩浆可能参与了成矿作用。

三、成矿流体基本特征

区内铅锌矿床中闪锌矿和脉石矿物中流体包裹体普遍较小,且原生包裹体数量也偏少,给测试工作带来了一定难度。总体上流体包裹体类型有气液两相、液相、气相包裹体等,以气液两相包裹体最为常见,极少数矿床的个别样品中还出现含子矿物多相包裹体,如康家湾铅锌矿床。流体包裹体均一温度一般介于 100 至 350℃之间,平均温度集中在 140 至 260℃之间,盐度变化在 0.88%至 24.65% $NaCl_{eqv}$ 之间,集中介于 7.0%至 15.7% $NaCl_{eqv}$ 之间。因此,研究区内绝大部分的铅锌矿床成矿流体可能为具有中-低温、中-低盐度特征的盆地卤水。

研究区内以碳酸盐岩为容矿围岩的铅锌矿床整体地球化学特征显示区内不同时代的沉积盖层、基底建造,以及岩浆岩均有可能为铅锌大规模成矿提供金属物质来源。流体包裹体特征指示成矿流体表现出盆地流体的性质,可能主要为封存在沉积地层中蒸发过的海水或热卤水,矿区岩浆活动或为部分矿床贡献成矿流体。

尽管区内不同沉积型铅锌矿床在矿床地质、微量元素、同位素地球化学、成矿流体等方面有相似的特征,但还是表现出一定的差异,表明区内不同铅锌矿床的矿源层、成矿流体起源与演化、金属硫化物富集机制有可能不尽相同。

基于此，本项目选取研究区内的自西向东分布的与层滑作用有关的、碳酸盐岩容矿的、典型的大型或超大型矿床进行了系统的矿床同位素地球化学、稀土微量元素、成矿流体等方面的综合研究，试图进一步探讨区内层滑作用背景下不同铅锌矿床的地球化学特征与成矿机制。

第二节 大厂长坡-铜坑锡铅锌多金属矿床

一、硫同位素地球化学特征

硫同位素组成研究是一种示踪含硫矿质来源的有效矿床地球化学方法（魏菊英和王关玉，1988；郑永飞和陈江峰，2000）。

大厂长坡-铜坑锡铅锌多金属矿床的矿石矿物主要为硫化物，尽管该矿床已做过大量的硫同位素分析测试，但在其示踪矿质来源认识上至今仍存在分歧，如岩浆热液来源（陈毓川等，1993）、围岩地层来源（韩发等，1997）、岩浆和地层混合来源（秦德先等，2002；梁婷等，2008）等。本项目收集、整理已发表的实验数据（采样位置明确的数据，后文诸如此）列于表4-1，并制作相应的S同位素组成图4-1。

表4-1 大厂长坡-铜坑矿床S同位素组成

矿体	样号	采样位置	$\delta^{34}S/‰$			数据来源
			闪锌矿	黄铁矿	磁黄铁矿	
0号脉状矿体	Dch-10	725中段		-4.5		陈毓川等，1993
	Dch-19	635中段		-2.5		
	Dch-22	595中段	-2.8	-2.3		
	Dch-23	595中段	-5.0	-1.1		
	Dch-24	595中段	-7.1	-2.8		
	Dch-27	550中段		-2.8		
	Dch-33	550中段		-2.5		
	Dch-34	550中段	-3.7	-3.2		
38号脉状矿体	Dch-36	550中段		-4.5		韩发等，1997
	Dch-39	550中段		-3.1		
	DC38	685中段	-3.8			
	DC29	550中段	-7.9	-4.4		
	DC39	635中段		-3.4		
	DC43	595中段	-3.4	-3.0		
	DC50	505中段	-2.9	-4.1		

续表

矿体	样号	采样位置	δ³⁴S/‰			数据来源
			闪锌矿	黄铁矿	磁黄铁矿	
38 号脉状矿体	Dch-1	505 中段	-3.9	-3.1		陈毓川等，1993
	Dch-3	550 中段		-4.0		
	Dch-4	505 中段		-3.1		
	Dch-7	725 中段		-4.2		
	Dch-14	685 中段	-8.2	-5.0		
	Dch-15	685 中段	-9.3			
	Dch-21	635 中段		-5.4		
	Dch21-2	635 中段	-2.7			
	Dch25-2	595 中段	-3.7	-3.8		
	Dch26-1	595 中段		-4.1		
	Dch28	550 中段		-3.6		
	Dch32-1	505 中段	-7.2			
	Dch38-1	505 中段		-1.7		
	Dch38-2	505 中段	-4.4	-3.4		
75 号层状矿体	Dch67	505 中段		-3.5		陈毓川等，1993
	Dch-11	725 中段		-3.1		
	Dch18-1	635 中段	-4.6			
	Dch31-2	550 中段		-3.7		
	C8817	505 中段		-3.7		韩发等，1997
	DC27	505 中段		-4.1		
	DC51	505 中段	-3.7	-3.8		
	T8832	405 中段		-7.0		
	DT-4	405 中段	-1.9			陈毓川等，1993
	DT-5	405 中段	-0.1			
	DT-6	405 中段	0.7			
	DT-6	405 中段			0.4	
	DT-16-1	405 中段		-4.2		
	DC12	505 中段		-2.5		

续表

矿体	样号	采样位置	δ³⁴S/‰			数据来源
			闪锌矿	黄铁矿	磁黄铁矿	
91 号层状矿体	DT18	405 中段			-5.6	丁悌平，1997
	DT23	405 中段		-3.5		
	DT25	405 中段			-1.0	
	DT8833	405 中段	-6.5			韩发等，1997
	DT9024-1	405 中段			-2.8	
	DT9024-2	405 中段			-3.8	
	DT9024-3	405 中段			-2.8	
	DC54	505 中段		-2.0		丁悌平，1997
	D T11	405 中段		-7.3	-7.9	
	D T19	405 中段	-2.2			
	DT26	405 中段	-2.3			
92 号层状矿体	Dch-30	550 中段		-3.3		陈毓川等，1993
	Dch-30	550 中段	-5.3			
	Dch-44	358 中段		-2.0		
	Dch-45	358 中段		-2.0		
	Dch-45	358 中段	-1.2			
	DT 32	595 中段	-3.2			丁悌平，1997
	DT 49	595 中段		-3.6		
	DC-8	550 中段		-2.5		
	DC-11	550 中段		-3.4		
	DC-15	550 中段	-1.6	-2.2		
	DC-17	550 中段		-2.5		
	DC-25	505 中段		-4.5		
	DC-391	550 中段		-2.7		韩发等，1997
	C14	550 中段		-3.7		
	C18-1	550 中段		-0.7		
	C8843	550 中段		-2.9		
	B-81	455 中段	1.7	1.3		秦德先等，2002
	B-82	455 中段		-1.8		

续表

矿体	样号	采样位置	$\delta^{34}S/‰$			数据来源
			闪锌矿	黄铁矿	磁黄铁矿	
锌铜矿	LM-16	730 中段	-0.8			丁悌平, 1997
	LM-23	470 中段			0.3	
	LM-42	730 中段	-2.9			
	LM-51	500 中段	-0.7	2.1	1.0	
	LM-61	675 中段	-1.3		2.6	
	LM-66	675 中段	3.6			
	LM-67	675 中段			2.3	
	LM-69	650 中段		1.3	0.6	
	LM-84	623 中段			1.4	
	LM-87	590 中段	-0.3			
	LM-98	500 中段	-0.1			
	LM-100	500 中段		3.4		
	L-1	590 中段	-1.8	-0.8		陈毓川等, 1993
	L-2	650 中段	-0.1			
	L-3	530 中段	0.1			
	L-7	500 中段	0.5			
	L-9	500 中段	-0.7	2.1	1.0	
	L-11	530 中段	1.6			
	L-12	530 中段	0.4			
	L-19	530 中段			2.2	
	L-20	500 中段	2.5			
	L-21	630 中段			2.8	
	L-22	630 中段			1.3	
	L-23	630 中段			0.9	
	LM560-3	拉么 560 中段	-2.4			梁婷等, 2008

续表

矿体	样号	采样位置	$\delta^{34}S$/‰			数据来源
			闪锌矿	黄铁矿	磁黄铁矿	
锌铜矿	ZK1507-16	96号矿体785m处	-4.3			梁婷等，2008
	ZK1507-23	96号矿体792m处		3.7		
	DTK355-2	96号矿体355中段	-6.1			

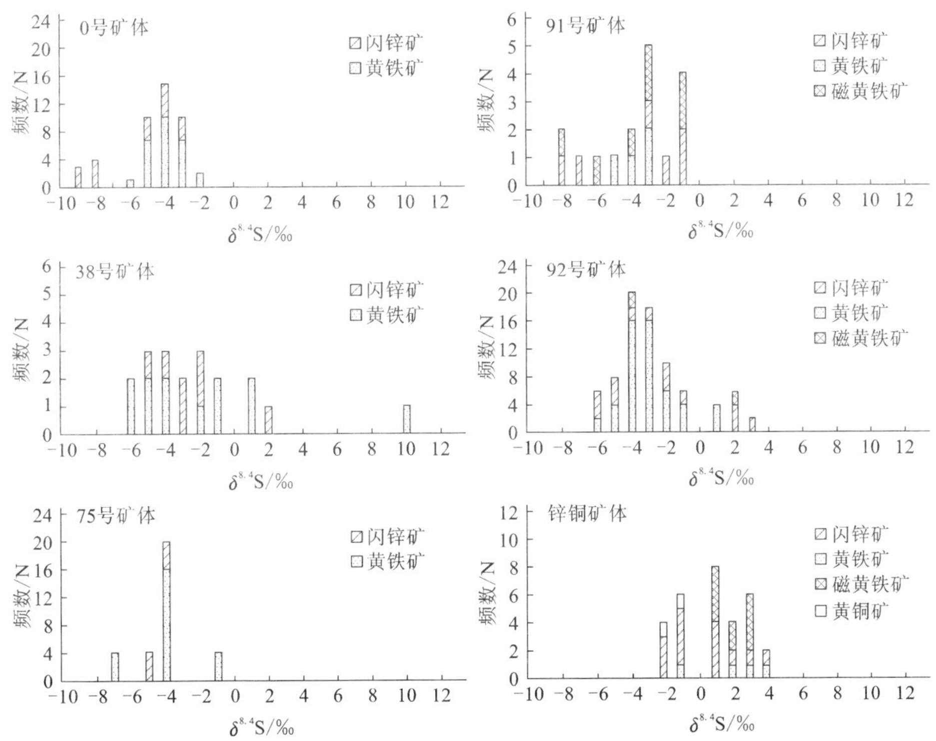

图4-1　大厂长坡-铜坑矿不同矿体S同位素组成柱状图

对比表4-1，总结长坡-铜坑矿床0号、38号、75号、91号、92号锡铅锌多金属矿体与锌铜矿体的硫同位素特征可知，锡铅锌多金属矿体$\delta^{34}S_{硫化物}$数值介于-9.3‰至+1.7‰之间，集中在-2‰至-6‰之间，变化范围较宽；$\delta^{34}S_{硫化物}$数值介于-7.2‰至+3.6‰之间，大多在-2‰至+3‰之间，平均值+0.07‰，变化范围较窄。从图 4-1 可知矿床中无论是锡铅锌多金属矿体还是锌铜矿体，无论是脉状矿体，还是层状矿体，它们的硫同位素组成，从空间分布上，$\delta^{34}S_{硫化物}$数值总体上表现出一致的变化趋势，即从矿床的下部到上部，$\delta^{34}S$ 数值是趋于减少的，反映出矿质自下而上的运移过程。

二、铅同位素地球化学特征

同硫同位素组成研究一样，铅同位素组成研究也是一种重要的地球化学示踪手段，广泛应用于金属硫化物矿床中(陈好寿，1997；郑永飞和陈江峰，2000；韩吟文和马振东，2003)。

大厂长坡-铜坑矿床铅同位素研究，同样积累了大量数据。本次分析工作则在充分收集前人已有资料的基础上，补充完成了矿床最新开采的深部层状锌铜矿的 5 件金属硫化物样品铅同位素组成的测定(武汉地调中心同位素重点实验室)，进一步总结矿床矿石铅同位素组成特征，并与大厂矿田内的龙箱盖岩体铅同位组成特征进行对比，讨论坡-铜坑矿床金属物质的来源。

前人测定的矿石铅与岩体铅同位素组成数据及其铅同位素相关参数和本次分析测试的结果见表 4-2、表 4-3、表 4-4、表 4-5。

表 4-2　长坡-铜坑矿床铅同位素组成

序号	样号	测试对象	$n(^{206}Pb)/n(^{204}Pb)$	$n(^{207}Pb)/n(^{204}Pb)$	$n(^{208}Pb)/n(^{204}Pb)$	资料来源
1	LM-1	龙箱盖花岗岩	19.462	15.755	39.076	梁婷等，2008
2	LM-2	龙箱盖花岗岩	19.106	15.750	39.241	
3	LM-3	龙箱盖花岗岩	20.020	15.788	39.124	
4	CH-12	脆硫锑铅矿	18.488	15.689	38.789	陈毓川等，1993
5	CH-19	脆硫锑铅矿	18.482	15.705	38.762	
6	CH-22	脆硫锑铅矿	18.625	15.865	39.337	
7	CH26-1	脆硫锑铅矿	18.730	15.937	39.393	秦德先等，2002
8	CH28	脆硫锑铅矿	18.560	15.908	39.365	
9	CH34	脆硫锑铅矿	18.467	15.714	38.868	
10	CHP238	黄铁矿	18.580	15.805	39.027	

续表

序号	样号	测试对象	$n(^{206}Pb)/n(^{204}Pb)$	$n(^{207}Pb)/n(^{204}Pb)$	$n(^{208}Pb)/n(^{204}Pb)$	资料来源
11	CHP638	黄铁矿	18.492	15.744	38.810	韩发等，1997
12	DC9019	黄铁矿	18.500	15.718	38.881	
13	DT9024	磁黄铁矿	18.422	15.723	38.751	
14	DC9030	黄铁矿	18.058	15.709	38.906	
15	C15	黄铁矿	18.494	15.703	38.755	
16	C8834	黄铁矿	18.503	15.706	38.844	
17	C925	脆硫锑铅矿	18.527	15.721	38.827	
18	DT33A	东岩墙花岗斑岩	18.975	15.690	38.762	丁悌平等，1988
19	DT33B	西岩墙闪长玢岩	18.801	15.685	38.808	
20	TK505-19	黄铁矿	18.501	15.723	38.810	梁婷等，2008
21	T9286	脆硫锑铅矿	18.675	15.747	39.038	韩发等，1997
22	T9287	脆硫锑铅矿	18.657	15.716	38.927	
23	T9288	脆硫锑铅矿	18.671	15.732	38.975	
24	T9299	脆硫锑铅矿	18.606	15.693	38.795	
25	DC92-1	脆硫锑铅矿	18.528	15.727	38.858	
26	DC92-2	脆硫锑铅矿	18.552	15.711	38.843	
27	DCV12-1	黄铁矿	18.525	15.724	38.834	秦德先等，2002
28	DCV17-1	黄铁矿	18.583	15.792	39.050	
29	DT032	磁黄铁矿	18.450	15.630	38.560	韩发等，1997
30	DC17-1	黄铁矿	18.528	15.737	38.935	秦德先等，2002
31	DCH7-16	黄铁矿	18.549	15.762	38.948	
32	CHP38	黄铁矿	18.500	15.727	38.841	
33	CHP39	闪锌矿	18.549	15.580	38.662	
34	DCH17-47	闪锌矿	18.534	15.733	38.876	
35	TK455-26	闪锌矿	18.537	15.727	38.862	梁婷等，2008

注：序号1-3采自拉么矿段560中段，4-6采自0号脉状锡铅锌多金属矿体，7-11采自38号脉状锡铅锌多金属矿体，12-14采自91号层状锡铅锌多金属矿体，15-17采自92号层状锡铅锌多金属矿体，18-20采自铜坑405中段，21-35采自92号层状锡铅锌多金属矿体，35采自铜坑455中段。

表 4-3　长坡-铜坑矿床铅同位素相关参数

样号	μ	ω	$n(\mathrm{Th})/n(\mathrm{U})$	$V1$	$V2$	$\Delta\alpha$	$\Delta\beta$	$\Delta\gamma$
LM-1	9.68	35.07	3.51	91.96	94.02	121.40	27.44	42.85
LM-2	9.69	37.40	3.74	86.87	74.83	100.89	27.15	47.25
LM-3	9.71	33.04	3.29	107.28	121.32	153.56	29.63	44.12
CH-12	9.63	38.37	3.86	76.47	59.04	82.21	24.09	44.83
CH-19	9.66	38.44	3.85	77.44	60.60	83.75	25.25	45.15
CH-22	9.96	41.59	4.04	101.80	69.42	99.32	36.13	64.65
CH26-1	10.09	41.92	4.02	106.70	76.19	106.38	40.89	66.65
CH28	10.06	42.54	4.09	108.02	71.77	103.21	39.45	69.67
CH34	9.68	39.06	3.91	81.23	59.96	84.58	25.94	48.96
CHP238	9.85	39.95	3.93	90.16	67.30	93.52	32.02	54.53
CHP638	9.74	38.96	3.87	81.84	63.45	87.51	27.98	48.21
C15	9.66	38.33	3.84	76.75	60.67	83.58	25.06	44.47
C8834	9.66	38.67	3.87	78.93	60.05	83.89	25.25	46.75
C925	9.69	38.61	3.86	79.22	61.82	85.37	26.23	46.34
DC9019	9.69	38.96	3.89	80.99	60.60	85.03	26.11	48.48
DT9024	9.71	38.91	3.88	80.44	61.41	85.36	26.73	47.70
DC9030	9.73	41.66	4.14	93.14	53.79	83.52	27.17	62.76
DT33A	9.59	35.69	3.60	72.07	72.40	93.34	23.24	34.46
DT33B	9.59	36.71	3.70	68.75	63.34	83.32	22.91	35.69
TK505-19	9.70	38.79	3.87	80.13	61.57	85.47	26.43	47.31
T9286	9.72	38.89	3.87	82.63	63.67	88.20	27.59	48.75
T9287	9.67	38.25	3.83	77.62	62.07	85.17	25.46	44.66
T9288	9.70	38.52	3.84	79.85	63.07	86.74	26.55	46.37
T9299	9.63	37.77	3.80	73.74	60.92	82.84	24.00	41.47
DC92-1	9.70	38.79	3.87	80.48	61.98	85.95	26.65	47.46
DC92-2	9.67	38.44	3.85	78.01	61.14	84.46	25.44	45.44

续表

样号	μ	ω	$n(Th)/n(U)$	$V1$	$V2$	$\Delta\alpha$	$\Delta\beta$	$\Delta\gamma$
DCV12-1	9.70	38.68	3.86	79.91	61.96	85.66	26.45	46.75
DCV17-1	9.82	39.91	3.93	89.47	66.00	92.29	31.08	54.37
DT032	9.52	37.08	3.77	66.61	56.15	76.44	20.04	36.67
DC17-1	9.72	39.21	3.90	83.25	61.96	86.91	27.36	50.07
DCH7-16	9.77	39.38	3.90	85.24	64.18	89.35	29.07	51.10
CHP38	9.70	38.88	3.88	80.84	61.79	85.89	26.75	47.89
CHP39	9.41	36.49	3.75	61.67	52.18	71.74	16.21	33.49
DCH17-47	9.71	38.89	3.88	81.30	62.37	86.54	27.06	48.08
TK455-26	9.70	38.76	3.87	80.31	62.06	85.96	26.61	47.27

注：μ、ω、$\Delta\alpha$、$\Delta\beta$、$\Delta\gamma$ 等相关参数数值通过 Geokit 软件计算(路远发，2004)，后文所有同类型表格均不再注释，说明同此。

表 4-4　长坡-铜坑矿床锌铜矿铅同位素组成

序号	样号	测试对象	$n(^{206}Pb)/n(^{204}Pb)$	$n(^{207}Pb)/n(^{204}Pb)$	$n(^{208}Pb)/n(^{204}Pb)$
1	LM560-2	闪锌矿	18.515	15.707	38.938
2	LM560-3	闪锌矿	18.505	15.705	38.950
3	ZK1507-16	闪锌矿	18.450	15.681	38.784
4	ZK1507-23	闪锌矿	18.553	15.714	38.989
5	DTK305-1	全岩	18.750	15.718	39.119
6	DTK355-2	闪锌矿	18.496	15.714	38.917
7	TK9001-1-1	闪锌矿	18.159	15.775	38.657
8	TK255-1-1	黄铁矿	18.121	15.720	38.524
9	TK455-6-2	黄铁矿	18.394	15.739	38.742
10	TK455-3-2	闪锌矿	18.464	15.759	38.966
11	TK455-6-2	闪锌矿	18.412	15.773	38.962

注：编号 TK 开头样品来自本项目，其他来自梁婷等，2018；序号 1-4 采自 96 号锌铜矿体，5-6 采自 305、355 中段锌铜矿体，7-11 采自 90、255、455 中段锌铜矿体。

表 4-5 长坡-铜坑矿床锌铜矿铅同位素相关参数

样号	μ	ω	$n(\mathrm{Th})/n(\mathrm{U})$	$V1$	$V2$	$\Delta\alpha$	$\Delta\beta$	$\Delta\gamma$
LM560-2	9.66	39.01	3.91	80.99	59.26	84.02	25.29	48.97
LM560-3	9.66	39.10	3.92	81.42	58.86	83.85	25.21	49.54
ZK1507-16	9.62	38.50	3.87	76.75	57.96	81.43	23.69	45.52
ZK1507-23	9.67	39.06	3.91	81.78	59.79	84.76	25.65	49.49
DTK305-1	9.66	38.53	3.86	79.95	61.49	84.66	25.38	47.02
DTK355-2	9.68	39.10	3.91	81.66	59.87	84.70	25.88	49.39
TK455-6-2	9.74	39.20	3.90	82.43	62.48	86.85	27.98	49.19
TK255-1-1	9.74	39.70	3.94	82.98	59.81	84.63	27.70	50.89
TK455-3-2	9.77	39.93	3.96	87.73	62.58	88.89	29.15	54.10
TK455-6-2	9.81	40.36	3.98	90.31	63.09	90.12	30.34	56.36
TK9001-1-1	9.84	40.60	3.99	90.01	63.41	89.90	31.51	56.13

由表 4-2~表 4-5 可知：

岩体铅同位素组成特征：龙箱盖黑云母花岗岩全岩 $n(^{206}\mathrm{Pb})/n(^{204}\mathrm{Pb})$、$n(^{207}\mathrm{Pb})/n(^{204}\mathrm{Pb})$、$n(^{208}\mathrm{Pb})/n(^{204}\mathrm{Pb})$ 分别为 19.462~20.020、15.750~15.788 和 9.076~39.241，相关参数 μ、ω、$n(\mathrm{Th})/n(\mathrm{U})$ 数值分别为 9.68~9.71、33.04~37.40 和 3.29~3.74。东岩墙花岗斑岩全岩和西岩墙闪长玢岩全岩 $n(^{206}\mathrm{Pb})/n(^{204}\mathrm{Pb})$、$n(^{207}\mathrm{Pb})/n(^{204}\mathrm{Pb})$、$n(^{208}\mathrm{Pb})/n(^{204}\mathrm{Pb})$ 比值分别为 18.975~18.801、15.685~15.690 和 38.762~38.808，相关参数 μ、ω、$n(\mathrm{Th})/n(\mathrm{U})$ 数值分别为 9.59~9.59、35.69~36.71 和 3.60~3.70。早期形成的龙箱盖黑云母花岗岩(93 Ma，蔡明海等，2006)铅同位素组成的三组比值均高于晚期形成的东、西岩墙(91 Ma，蔡明海等，2006)的比值，即早期岩体含放射性成因的铅含量高于晚期岩体，说明矿区岩浆活动的时间、类型和空间产出位置均可能影响岩体中所含放射性成因的铅含量变化。

锡铅锌多金属矿体矿石铅同位素组成特征：0 号、38 号脉状矿体的 $n(^{206}\mathrm{Pb})/n(^{204}\mathrm{Pb})$、$n(^{207}\mathrm{Pb})/n(^{204}\mathrm{Pb})$、$n(^{208}\mathrm{Pb})/n(^{204}\mathrm{Pb})$ 比值分别为 18.482~18.730、15.689~15.937 和 38.365~39.393，相关参数 μ、ω、$n(\mathrm{Th})/n(\mathrm{U})$ 数值分别为 9.63~10.09、38.37~42.54 和 3.85~4.09。91、92 号层状矿体的 $n(^{206}\mathrm{Pb})/n(^{204}\mathrm{Pb})$、$n(^{207}\mathrm{Pb})/n(^{204}\mathrm{Pb})$、$n(^{208}\mathrm{Pb})/n(^{204}\mathrm{Pb})$ 分别为 18.050~18.549、15.580~15.762 和 8.560~38.948，相关参数 μ、ω、$n(\mathrm{Th})/n(\mathrm{U})$ 分别为 9.09~9.77、36.49~39.38 和 3.75~4.14。可见，不同产状类型的锡铅锌多金属矿体，或脉状或层状矿

体，它们的铅同位素组成变化不大，具有相似性。

锌铜矿体矿石铅同位素组成特征：$n(^{206}Pb)/n(^{204}Pb)$、$n(^{207}Pb)/n(^{204}Pb)$、$n(^{208}Pb)/n(^{204}Pb)$比值为18.121~18.750、15.681~15.775和38.524~39.119，相关参数μ、ω、$n(Th)/n(U)$数值分别为9.62~9.68、38.50~39.10和3.86~3.92。

综合对比上述岩体、锡铅锌多金属矿体和锌铜矿体的铅同位素组成特征，发现它们的铅同位素组成并不完全一致，但总体特征变化域接近，相似度较高，暗示矿体和岩体关系密切，二者铅物质来源可能是同源的。

三、碳氧同位素地球化学特征

搜集已报道的C-O同位素分析测试数据46组，列于表4-6。

表4-6　长坡-铜坑矿床方解石C-O同位素组成

采样位置	测试对象	$\delta^{13}C_{PDB}$/‰	$\delta^{18}O_{SMOW}$/‰	数据来源
大厂三岔路口	条带状灰岩	0.71	22.12	谭泽模等，2014
大厂三岔路口	小扁豆灰岩	0.54	22.45	
大厂三岔路口	大扁豆灰岩	0.43	22.76	
拉么530中段	黑云母花岗岩		10.51	Fu etal，1991
拉么530中段	黑云母花岗岩		10.69	
铜坑405中段	花岗斑岩		11.07	
铜坑405中段	闪长玢岩		11.32	
深部钻孔	黑云母花岗岩		11.20	
铜坑深部钻孔	黑云母花岗岩		10.90	
铜坑584中段	近矿大扁豆灰岩	−2.37	13.16	谭泽模等，2014
铜坑584中段	近矿大扁豆灰岩	−2.58	12.87	
铜坑455中段	近矿条带状灰岩	−4.34	13.94	
长坡550中段	近矿扁豆灰岩	1.30	14.10	丁悌平等，1988
长坡550中段	近矿扁豆灰岩	−0.90	18.90	
长坡550中段	近矿扁豆灰岩	1.10	14.10	
长坡650中段	近矿扁豆灰岩	−0.70	18.50	
拉么	成矿期方解石	−1.20	13.10	谭泽模等，2014
铜坑455中段	成矿期方解石	−5.77	13.49	
铜坑455中段	91号矿体中方解石	−7.30	14.37	

续表

采样位置	测试对象	$\delta^{13}C_{PDB}$/‰	$\delta^{18}O_{SMOW}$/‰	数据来源
长坡 685 m	0 号矿体中的方解石	-7.30	12.10	丁悌平等，1988
长坡 725 m	38 号矿体中的方解石	-8.00	15.40	
长坡 685 m	38 号矿体中的方解石	-8.00	15.40	
长坡 550 中段	38 号矿体中的方解石	-6.80	13.30	
长坡 595 m	成矿期方解石	-8.90	14.50	
长坡 635 m	成矿期方解石	-7.80	14.30	
长坡 550 中段	75 号矿体中的方解石	-6.70	11.80	
长坡 550 中段	91 号矿体中的方解石	-8.10	19.60	
长坡 550 中段	92 号矿体中的方解石	-5.40	13.20	
长坡 550 中段	成矿期方解石	-5.00	18.90	
长坡 685 m	成矿期方解石	-1.90	15.00	
长坡 725 m	0 号矿体中的方解石	-8.80	15.10	陈毓川等，1993
长坡 595 m	38 号矿体中的方解石	-5.80	16.80	
长坡 635 m	成矿期方解石	-8.20	15.90	
长坡 635 m	38 号矿体中的方解石	-8.10	15.90	
长坡 595 m	成矿晚期方解石	-2.60	20.10	
长坡 635 m	75 号矿体中的方解石	-6.70	17.60	
长坡 505 m	成矿晚期方解石	-2.40	17.60	
铜坑 358 m	92 号矿体中的方解石	-6.90	15.40	
拉么 500 中段	成矿期方解石	-1.90	10.10	丁悌平等，1988
拉么 530 m	成矿期方解石	-2.20	12.50	
拉么 590 m	成矿期方解石	-0.70	12.50	
拉么 593 m	成矿期方解石	-7.20	12.80	
拉么 650 中段	成矿期方解石	-7.50	11.80	
拉么 650 中段	成矿期方解石	-5.20	13.70	
拉么 675 中段	成矿期方解石	-6.80	10.20	
拉么 675 中段	成矿期方解石	-6.80	10.00	

对表 4-6 进行数据统计可知，远离矿体的无蚀变围岩条带状灰岩和大、小扁豆灰岩的 $\delta^{13}C_{PDB}$ 数值介于 0.43‰至 0.71‰之间，平均值 0.56‰，$\delta^{18}O_{SMOW}$ 数值介于 22.12‰至 22.76‰，平均值 22.44‰；近矿蚀变围岩灰岩的 $\delta^{13}C_{PDB}$ 数值介于 -4.34‰至 1.30‰之间，平均值-1.21‰，$\delta^{18}O_{SMOW}$ 数值介于 12.87‰至 18.90‰之间，平均值 15.08‰；0 号、38 号、75 号、91 号、92 号锡多金属矿体中的方解石 $\delta^{13}C_{PDB}$ 数值介于-8.90‰至-1.90‰之间，平均值为-6.50‰，$\delta^{18}O_{SMOW}$ 数值介于 11.80‰至 20.10‰之间，平均值为 15.51‰；锌铜矿矿体（拉么）中的方解石 $\delta^{13}C_{PDB}$ 数值介于-7.50‰至-0.70‰之间，平均值为-4.39‰，$\delta^{18}O_{SMOW}$ 数值介于 10.00‰至 13.70‰之间，平均值为 11.86‰；龙箱盖黑云母花岗岩 $\delta^{18}O_{SMOW}$ 数值介于 10.51‰至 10. 69‰之间，平均值为 10.60‰；东岩墙花岗斑岩 $\delta^{18}O_{SMOW}$ 数值为 11.07‰；西岩墙闪长玢岩 $\delta^{18}O_{SMOW}$ 数值为 11.32‰。

据以上 C、O 统计结果，发现 $\delta^{13}C_{PDB}$ 和 $\delta^{18}O_{SMOW}$ 平均值具有一定的变化规律，从远离矿体的无蚀变围岩（0.56‰，22.44‰）→近矿蚀变围岩（-1.21‰，15.08‰）→锌铜矿（-4.39‰，11.86‰）→锡铅锌多金属矿（-6.50‰，15.51‰），二者数值总体上呈现降低的趋势，表明流体的迁移具有方向性，成矿过程是一个连续的变化过程。

四、氢氧同位素地球化学特征

综合不同时期的 18 组 H-O 同位素研究数据列于表 4-7。

表 4-7　长坡-铜坑矿 H-O 同位素组成

采样位置	测定对象	$\delta^{18}O_{矿物}$/‰	$\delta^{18}O_{H2O}$/‰	δD/‰	数据来源
长坡-铜坑 92 号矿体	石英	14.5	6.8	-57.0	谭泽模等，2014
长坡-铜坑 92 号矿体	石英	18.8	11.1	-49.0	
拉么锌铜矿	石榴石	7.4	9.3	-77.0	
长坡-铜坑大脉状矿体	锡石	5.2	7.7	-104.0	
长坡-铜坑矿	锡石	7.4	9.9	-139.0	黄民智和唐绍华，1988
长坡-铜坑矿	锡石	6.7	9.2	-82.0	
长坡-铜坑细脉带	锡石	3.8	6.3	-125.7	

续表

采样位置	测定对象	$\delta^{18}O_{矿物}$/‰	$\delta^{18}O_{H2O}$/‰	δD/‰	数据来源
拉么锌铜矿	锡石	5.7	8.4	-65.1	李明琴和税哲夫，1994
拉么锌铜矿	锡石	8.1	10.8	-70.9	
拉么锌铜矿	闪锌矿		6.2	-55.0	
拉么锌铜矿	石英		-3.8	-53.0	
拉么锌铜矿	萤石		4.1	-52.0	
长坡-铜坑92号矿体	锡石	5.2	7.7	-115.0	Fu etal，1991
长坡-铜坑92号矿体	锡石	5.4	7.9	-120.0	
铜坑ZK732花岗岩	石英	10.90	9.6	-81.0	
铜坑ZK732花岗岩	石英	11.20	9.9	-47.0	
龙箱盖花岗岩	石英	10.7	9.4	-94.0	
龙箱盖花岗岩	石英	12.7	11.4	-60.0	

对表4-7进行数据统计可知，长坡-铜坑层状和脉状锡铅锌多金属矿体中不同矿物的H-O同位素组成总体特征是$\delta^{18}O_{H2O}$数值介于6.3‰至11.1‰之间，δD数值介于-49.0‰至-139.0‰之间；锌铜矿的H-O同位素组成特征是$\delta^{18}O_{H2O}$数值介于-3.8‰至10.8‰之间，δD数值介于为-52.0‰至-70.9‰之间；龙箱盖花岗岩岩体的H-O同位素组成特征是$\delta^{18}O_{H2O}$数值介于9.4‰至11.4‰之间，δD数值分别-47.0‰至-94.0‰之间。已知原始岩浆水中的H-O同位素组成特征是$\delta^{18}O_{H_2O}$数值介于5.5‰至9.5‰之间，δD数值介于-40‰至-85‰之间(张理刚，1985)，与之比较接近的是岩体的组成，而锡铅锌多金属矿体和锌铜矿的组成变化偏差较大，暗示成矿流体的来源较复杂。

五、成矿流体特征

流体包裹体是封存在成矿流体中的“化石”，能指示成矿流体的组分、温度、盐度、密度等关键信息，是研究热液矿床成矿流体来源及成矿机制的重要载体。

蔡明海等(2005)对长坡-铜坑矿床的成矿流体进行了详细的研究，并将矿床的成矿作用分为早晚两个阶段，且早阶段为主成矿阶段，包括①锡石-硫化物-电气石-石英阶段和②锡石-硫化物-硫盐-石英阶段，晚阶段为③硫化物-硫盐-方解石阶段。

不同成矿阶段的流体包裹体研究结果显示，阶段①和阶段②均一温度介于270℃至365℃和210℃至240℃之间，流体成分主要为CO_2、H_2O和NaCl，部分样

品含少量 CH_4 和 H_2S，密度介于 0.324 至 1.093 g/ cm^3 之间，盐度集中于 1%至 7% $NaCl_{eqv}$ 之间，包裹体类型为 CO_2 型和 NaCl-H_2O 型；③阶段均一温度介于 140℃至 190℃之间；流体成分主要为 H_2O，密度介于 0.893 至 0.972 g/cm^3 之间，盐度集中于 3%至 10% $NaCl_{eqv}$ 之间，包裹体类型以 NaCl-H_2O 型为主。

因此，矿床成矿作用从早到晚，流体的温度降低、盐度升高，组分变化明显，盐度变化不大，成矿流体具有中温、中-低盐度、中等密度的特征。

六、矿床成矿机制

1. 硫同位素示踪

硫(S)是成矿热液中最主要的矿化剂，确定流体系统中的硫同位素组成，对于判断成矿物质来源、探讨成矿机制等具有重要意义。

长坡-铜坑矿床中有两大类型矿体，分别是浅部的锡铅锌多金属矿体，包括脉状和层状矿体，和深部的矽卡岩型锌铜矿体。在锡铅锌多金属矿体中，矿石 $\delta^{34}S_{闪锌矿}$ 数值波动较小，介于 1.3‰至-7.9‰之间，平均值-3.56‰，在矽卡岩型锌铜矿体中，矿石 $\delta^{34}S_{闪锌矿}$ 数值波动大，介于-7.2‰至 3.6‰之间，集中在-1.8‰至 2‰，平均为-1.16‰；矿区主体隐伏的龙箱盖黑云母花岗岩的 $\delta^{34}S$ 数值为-1.0‰(何海洲和叶绪孙，1996)；南岭地区岩浆期后热液铅锌矿床硫同位素组成范围介于-5‰至+5‰之间(陈好寿，1997)。可见矽卡岩型锌铜矿体的硫与岩体相近，说明二者来源一致，而锡铅锌多金属矿体的硫值低于岩体但差别并不大，说明二者关系密切。同时二类矿体的硫同位素组成不同程度的与南岭地区岩浆期后热液铅锌矿床的重叠，进一步揭示长坡-铜坑矿床的硫物质来源有岩浆源的贡献。

另外，$\delta^{34}S$ 平均值在岩体、锌铜矿体、锡铅锌多金属矿体中是依次降低的，这种规律性的变化趋势，正好反映了成矿物质在由下向上运移的过程中，由于成矿的物理、化学条件的变化，轻、重同位素发生了热力学分馏作用(TSR)，导致重硫减少，轻硫增加。因此，从矿体与岩体的空间产出关系及其硫同位素组成来看，硫物质来源与下部隐伏的龙箱盖岩体有关。

2. 铅同位素示踪

铅(Pb)同位素在金属硫化物矿床研究中扮演十分重要的角色，可作为金属硫化物矿床矿质来源研究的地球化学探针，其三种铅同位素组成构造判别模式图能有效地指示铅物质的源区。

将表 4-2、表 4-4 中矿石和岩体的三种铅同位素数据投影到 $^{206}Pb/^{204}Pb$ —$^{207}Pb/^{204}Pb$、$^{206}Pb/^{204}Pb$ —$^{208}Pb/^{204}Pb$ 组成图(图 4-2)中，可见 0 号、38 号、91 号、92 号等脉状、层状锡铅锌多金属矿体以及矽卡岩型锌铜矿体中铅同位素的投影点比较集中，并呈现一定的线性关系，暗示它们具有同源关系或相似的演化历史。

Doe(1979)和 Zartman and Doe(1981)提出的铅同位素构造判别模式图能较好地反映铅同位素组成的分布特征和判断成矿物质的来源。由此构建长坡-铜坑矿床铅同位素构造判别模式图4-3，其中图4-3(a)反映出锡铅锌多金属矿体、矽卡岩型锌铜矿体以及岩体的铅同位素数据主要落在上地壳附近，表示矿石铅的来源是上地壳物质，部分落在上地壳与造山带演化曲线之间；图4-3(b)数据落在下地壳与造山带演化曲线之间，指示该区在成岩期后，遭受强烈的构造运动，铅在此时聚集沉淀，形成金属硫化物矿石。

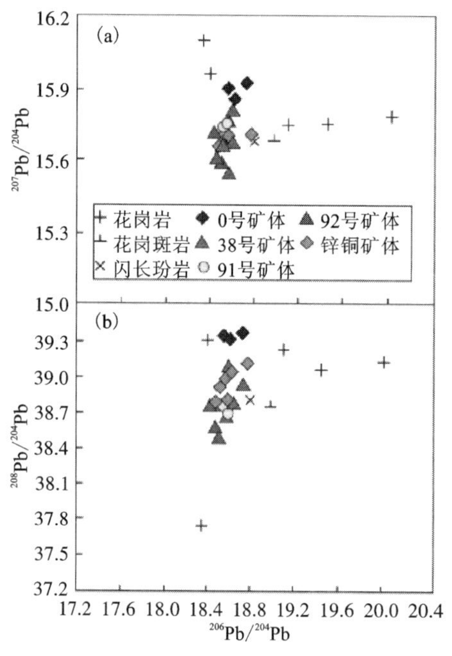

图4-2 大厂矿体铅同位素组成

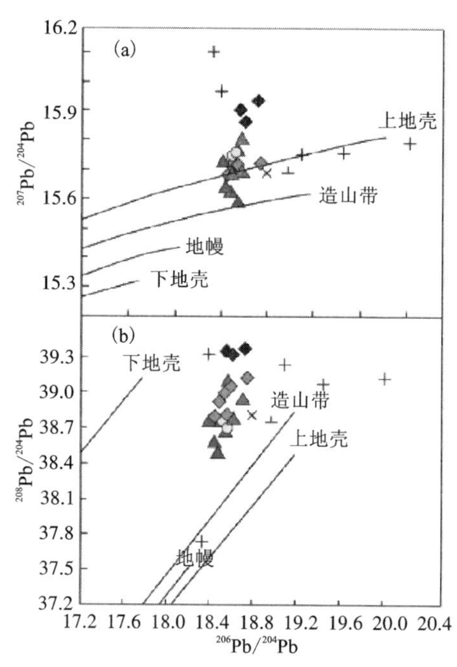

图4-3 大厂矿体铅同位素构造判别模式

我国学者朱炳泉在铅同位素构造判别模式图的基础上，进行了大量不同成因类型矿石铅同位素组成研究，建立了铅同位素 $\Delta\beta-\Delta\gamma$ 成因分类图解(朱炳泉，1998)。将矿床矿石铅和岩体铅同位素数据投影到“朱式图解”(图4-4)中，发现几乎所有的样品落入上地壳铅和上地壳和地幔混合的俯冲铅范围，且主要与岩浆作用有关，进一步说明矿床中铅的来源为混合来源，结合矿床成矿作用与燕山期构造-岩浆热事件有关，认为长坡-铜坑矿床铅物质源主要为壳源、岩浆岩，少量地幔源。

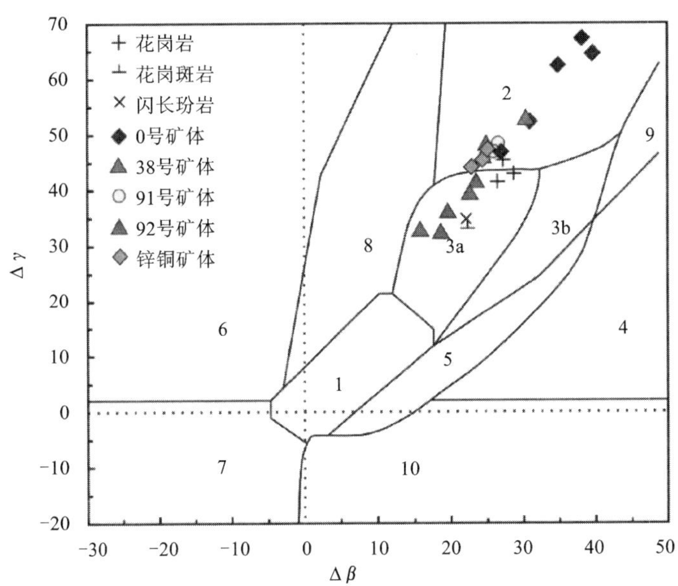

图 4-4 大厂铅同位素的 $\Delta\gamma$-$\Delta\beta$ 成因分类图解(底图据朱炳泉，1998)

1—地幔源铅；2—上地壳铅；3—上地壳与地幔混合的俯冲带铅(3a-岩浆作用；3b-沉积作用)；4—化学沉积型铅；5—海底热水作用铅；6—中深变质作用铅；7—深变质下地壳铅；8—造山带铅；9—古老页岩上地壳铅；10—退变质铅。后文说明同此，不再重复注释

3. 碳氧同位素示踪

碳氧元素因在不同地球化学端元之间存在明显的同位素分馏而作为稳定同位素研究的重要方法，在矿床学中研究成矿物质来源、水-岩反应过程等方面扮演着重要的角色(唐永永等，2011)。

研究认为，流体中 CO_2 主要有海相碳酸盐岩、有机源、岩浆-地幔源三大来源，C-O 同位素图解则是反映这三大物源经不同作用产生 CO_2 时，碳氧同位素组成特征及其变化趋势(刘建明等，1997)。

将表 4-6 中 C、O 同位素数据投影到 C-O 同位素图解(图 4-5)中，由图 4-5 可知，远矿围岩的 $\delta^{13}C$-$\delta^{18}O$ 数值位于海相碳酸盐范围，代表矿区内正常沉积碳酸盐的碳同位素特征；矽卡岩型锌铜矿的 $\delta^{13}C$-$\delta^{18}O$ 数值位于花岗岩范围及其附近，表明其来自岩浆热液；锡铅锌多金属矿体的 $\delta^{13}C$-$\delta^{18}O$ 数值分布于碳酸盐岩溶解线、沉积有机碳脱羟基线和花岗岩范围的三角地带，表明矿石中方解石的碳可能为岩浆热液与围岩交换，并可能是大量有机碳加入的结果；成矿晚期方解石的 $\delta^{13}C$-$\delta^{18}O$ 值向花岗岩范围漂移，表明其与岩浆热液作用关系密切。因此，长坡-铜坑矿床的碳源并非单一的来源，围岩溶解（水-岩反应）、热液作用、有机碳发生脱羟基等均有所贡献。

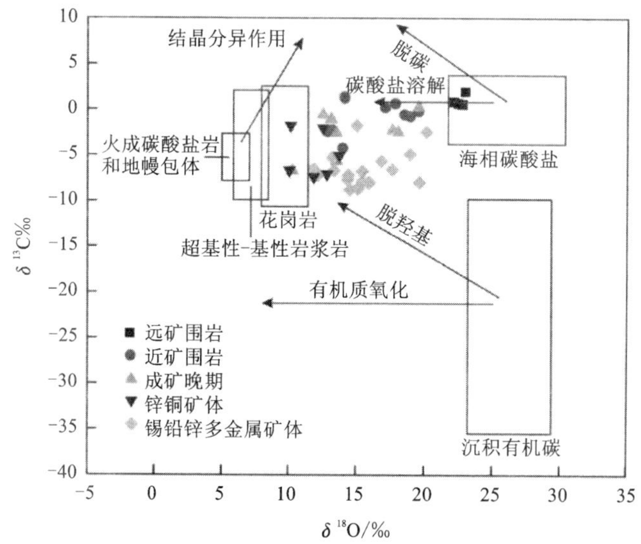

图 4-5　大厂长坡-铜坑矿 C-O 同位素特征（底图据 Liu etal, 2011）

4. 氢氧同位素示踪

不同来源的水具有不同的氢、氧同位素组成，因此，H、O 同位素组成可以有效示踪热液矿床流体来源（郑永飞和陈江峰，2000），是矿床地球化学研究中的常用方法之一。

将表 4-7 中的 18 组 H-O 同位素数据投到 $\delta^{18}O_{H_2O}$-δD 关系图（图 4-6）上，发现锌铜矿体样品的 H-O 同位素数据点分布范围较分散，并表现出从岩浆水范围向地表水线方向漂移的趋势，说明锌铜矿体流体主要源自岩浆水，后期为混有大气降水的混合水，这与锌铜坑和深部隐伏岩体的空间产出关系的地质事实相吻合；锡铅锌多金属矿体样品的 H-O 同位素数据点更加分散，说明其来源非常复杂，岩浆水、基底岩系中的变质水均有可能提供流体来源，这也是为什么锡铅锌多金属矿体的各项同位素地球化学数值指标自成特色的原因。

大厂长坡-铜坑地区能够集聚形成独特的超大型锡铅锌多金属矿体和大型矽卡岩型锌铜矿体，绝非偶然事件，而是容矿围岩、岩浆活动和地质构造等有利因素之间耦合的必然结果。

矿床中无论是脉状矿体还是层状矿体，无论是锡铅锌多金属矿体还是锌铜矿体，它们的矿质来源具有相似性和同源性。矿床地球化学 S 同位素组成特征，反映了在空间位置上矿床由下部矽卡岩型锌铜矿体到上部锡铅锌多金属矿体，从近

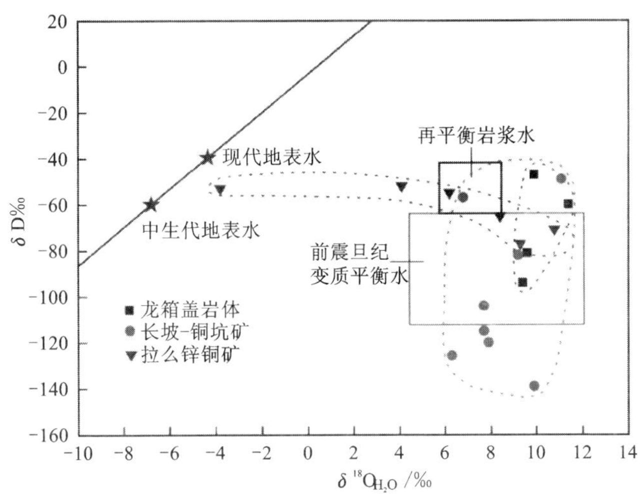

图 4-6 大厂长坡-铜坑矿不同地质体的 $\delta^{18}O_{H_2O}$-δD 关系图(底图据张理刚，1985)

花岗岩体到远离花岗岩体，热力学分馏作用(TSR)导致了重硫减少、轻硫富集，揭示矿质运移是由下部到上部的连续过程，矿床的形成过程与燕山期构造-岩浆热事件之间有着十分密切的联系。Pb 同位素研究指示了铅物质源主要为地壳源铅和与岩浆作用有关的上地壳和地幔的混合铅，表明金属成矿物质的来源是多来源的，既有岩浆，也有地层和地幔。C-O 同位素特征反映碳源并非单一的来源，其中的 C、O 等组分来源于成矿流体溶解围岩围岩溶解、围岩与岩浆热液发生交换作用和有机碳发生脱羟基作用。H-O 同位素组成特征说明了岩浆水、基底岩系中的变质水均有可能提供流体来源。流体包裹体特征揭示了成矿流体的来源也是多来源的，既来自地壳和岩体，也有来自大气降水和少量地幔物质的加入。

因此，综合长坡-铜坑矿床的多项地球化学指标和矿床地质特征，认为长坡-铜坑锡铅锌多金属超大型矿床是“多源流体混合成矿”的最终产物，无疑是江南古陆西南缘地区中最具典型的矿床之一。

第三节 北山铅锌矿床

一、硫同位素地球化学特征

北山矿床位于研究区中部桂北地区，产自背斜核部泥盆纪东岗岭组与桂林组底部的礁灰岩与泥灰岩、泥质灰岩盖层之间的层间白云岩形成的溶洞中，构造成矿机制类似于江永矿床，受层滑-溶洞构造控制，是区内与层滑作用有关的典型大型铅锌矿床之一。

分析及收集北山铅锌矿床硫化物矿石的S同位素测试数据共20件，列于表4-8中并绘制S同位素频数图4-7，结果显示全部矿石 $\delta^{34}S$ 数值变化介于-13.7‰至12.90‰之间，平均值1.03‰，不同金属硫化物S同位素特征表现为：$\delta^{34}S_{闪锌矿}$ 数值变化介于-3.75‰至-11.60‰之间，平均值2.68‰；$\delta^{34}S_{方铅矿}$ 数值变化介于-3.84‰至12.90‰之间，平均值-0.49‰；$\delta^{34}S_{黄铁矿}$ 数值变化介于-13.70‰至11.40‰之间，平均值0.93‰。在硫同位素频数图4-7中，矿石 $\delta^{34}S$ 数值变化介于-15‰至15‰之间，集中分布在-5‰至5‰之间，总体波动范围较大。

表4-8 北山矿床S同位素组成

样品号	取样位置	样品描述	测定矿物	$\delta^{34}S$/‰
BS2801-1	280 m 中段	铅锌矿石	闪锌矿	-3.70
BS2801-1	280 m 中段	铅锌矿石	闪锌矿	-3.75
BS2801-1	280 m 中段	铅锌矿石	方铅矿	-3.84
BS2801-2	280 m 中段	铅锌矿石	闪锌矿	-2.55
BS2801-2	280 m 中段	铅锌矿石	方铅矿	-2.78
BS2802-1	280 m 中段	铅锌矿石	方铅矿	-3.45
BS2802-2	280 m 中段	铅锌矿石	方铅矿	-2.35
BS2803-2	280 m 中段	铅锌黄铁矿石	黄铁矿	-0.42
BS2805-2	280 m 中段	铅锌黄铁矿石	黄铁矿	0.54
BS15003-2	150 m 中段	铅锌黄铁矿石	黄铁矿	4.53
BS15003-2	150 m 中段	铅锌黄铁矿石	黄铁矿	4.56
HMC-46		黄铁矿石	黄铁矿	-1.5
HMC-48		黄铁铅锌矿石	黄铁矿	2.0
HMC-51		铅锌矿石	方铅矿	-3.4
HMC-52		黄铁矿石	黄铁矿	-13.7
HMC-54		黄铁铅锌矿石	黄铁矿	11.4
HMC-57		铅锌矿石	闪锌矿	11.6
HMC-62		铅锌黄铁矿石	方铅矿	12.9
HMC-63		铅锌矿石	闪锌矿	10.2
HMC-64		铅锌矿石	闪锌矿	4.3

注：编号BS开头的样品来自本项目测试，编号HMC开头的样品来自祝新友等，2017。

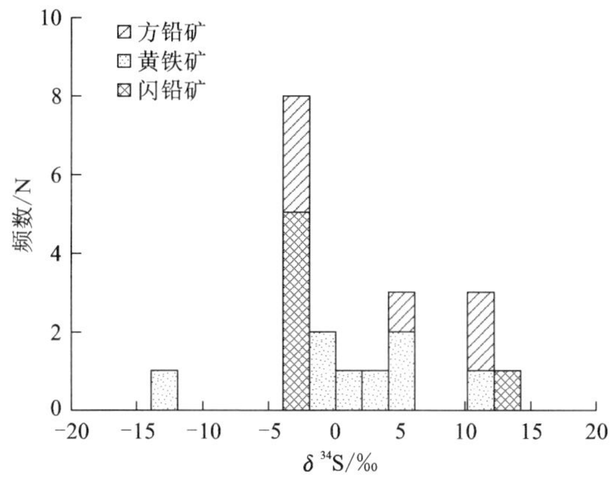

图 4-7　北山矿床 S 同位素频率直方图

二、铅同位素地球化学特征

分析获得北山铅锌矿床硫化物矿石及围岩的 Pb 同位素测试数据 10 件，列于表 4-9，统计表中不同金属硫化物 Pb 同位素组成特征如下：

黄铁矿单矿物 $n(^{206}Pb)/n(^{204}Pb)$、$n(^{207}Pb)/n(^{204}Pb)$、$n(^{208}Pb)/n(^{204}Pb)$ 比值分别为 18.098~18.117、15.731~15.765、38.514~38.588，极差分别为 0.019、0.034、0.074，平均值分别为 18.110、15.746、38.545；

方铅矿单矿物 $n(^{206}Pb)/n(^{204}PbPb)$、$n(^{207}Pb)/n(^{204}Pb)$、$n(^{208}Pb)/n(^{204}Pb)$ 比值分别为 18.126~18.176、15.752~15.811、38.587~38.783，极差分别为 0.050、0.059、0.196，平均值分别为 18.155、15.785、38.695；

围岩的 $n(^{206}Pb)/n(^{204}Pb)$、$n(^{207}Pb)/n(^{204}Pb)$、$n(^{208}Pb)/n(^{204}Pb)$ 比值分别为 18.006~18.087、15.578~15.620、38.092~38.244，极差分别为 0.081、0.042、0.152，平均值分别为 18.056、15.604、38.192。

矿石的铅同位素组成范围差异不大，富含放射成因铅，μ 值较高(9.76~9.92)；围岩铅同位素组成变化较小，放射成因铅相对较低，μ 值较低(9.47~9.54)，围岩铅含量均低于矿石。

不同类型矿石的铅同位素组成比较接近，且相当稳定，数据较集中，源区相关特征参数 μ、ω、Th/U 变化也很小，暗示矿床成矿金属的来源较为均一。

表 4-9　北山矿床矿石铅同位素组成及相关参数特征

样号	测试对象	$n(^{206}Pb)/n(^{204}Pb)$	$n(^{207}Pb)/n(^{204}Pb)$	$n(^{208}Pb)/n(^{204}Pb)$	μ	ω	Th/U	V1
BS2801-1	方铅矿	18.173	15.808	38.783	9.91	41.40	4.04	95.59
BS2801-2	方铅矿	18.176	15.811	38.778	9.92	41.39	4.04	95.65
BS2802-1	方铅矿	18.126	15.752	38.587	9.80	40.26	3.98	87.19
BS2802-2	方铅矿	18.145	15.768	38.631	9.83	40.50	3.99	89.15
BS2803-2	黄铁矿	18.117	15.731	38.514	9.76	39.79	3.95	83.81
BS2805-2	黄铁矿	18.116	15.741	38.534	9.78	39.98	3.96	85.21
BS15003-2	黄铁矿	18.098	15.765	38.588	9.83	40.57	3.99	89.13
BS02	灰岩	18.075	15.620	38.244	9.54	37.78	3.83	68.53
BS04	含碳泥质灰岩	18.006	15.578	38.092	9.47	37.12	3.79	63.01
BS05	白云岩	18.087	15.615	38.239	9.53	37.64	3.82	67.63

样号	测试对象	$n(^{206}Pb)/n(^{204}Pb)$	$n(^{207}Pb)/n(^{204}Pb)$	$n(^{208}Pb)/n(^{204}Pb)$	V2	$\Delta\alpha$	$\Delta\beta$	$\Delta\gamma$
BS2801-1	方铅矿	18.173	15.808	38.783	64.93	93.05	33.85	60.81
BS2801-2	方铅矿	18.176	15.811	38.778	65.28	93.34	34.05	60.74
BS2802-1	方铅矿	18.126	15.752	38.587	61.86	87.68	29.99	54.09
BS2802-2	方铅矿	18.145	15.768	38.631	62.94	89.23	31.07	55.51
BS2803-2	黄铁矿	18.117	15.731	38.514	60.80	85.68	28.51	51.31
BS2805-2	黄铁矿	18.116	15.741	38.534	61.41	86.63	29.24	52.4
BS15003-2	黄铁矿	18.098	15.765	38.588	62.59	88.88	31.06	55.66
BS02	灰岩	18.075	15.620	38.244	53.96	74.99	20.67	39.53
BS04	含碳泥质灰岩	18.006	15.578	38.092	51.25	70.88	17.93	35.4
BS05	白云岩	18.087	15.615	38.239	53.75	74.52	20.26	38.75

三、碳氧同位素地球化学特征

共收集北山矿床围岩 C、O 同位素样品 16 件列于表 4-10 中，其中生物(层孔虫)灰岩 5 件、灰岩或含炭质泥质灰岩 5 件、方解石 3 件、白云岩 3 件。

表 4-10 北山矿床围岩 C-O 同位素组成 ‰

样品号	取样位置	样品描述	$\delta^{13}C_{PDB}$	$\delta^{18}O_{PDB}$	$\delta^{18}O_{SMOW}$
P1	铁帽露头点	层孔虫灰岩	4.43	-5.70	25.03
P2	铁帽露头点	层孔虫灰岩	4.83	-5.22	25.53
P14	ZK8 中 126 m	层孔虫灰岩	0.60	-10.10	20.50
P16	ZK8 中 228 m	层孔虫灰岩	2.14	-6.29	24.43
BT2	ZK8 中 268 m	层孔虫灰岩	0.74	-6.60	24.11
P3	北山山腰公路拐弯处	泥晶灰岩	2.22	-7.81	22.86
P30	ZK1901 中 420.6 m	灰岩	0.77	-7.14	23.55
P54	ZK4011 中 273 m	泥质灰岩	0.45	-12.74	17.78
BT3	北山山腰公里拐弯处	泥晶灰岩	0.93	-7.18	23.51
BT1	ZK8 中 100.14 m	白云质灰岩	0.17	-13.07	17.44
P13	ZK8 中 94.3 m	白云岩	0.33	-12.33	18.20
P17	ZK8 中 228.4 m	白云岩	-22.21	-11.06	19.51
P14	ZK6209 中 396.5 m	白云岩	0.80	-9.03	21.60
P5	3 号线坑道内方解石脉	方解石	0.40	-6.56	24.15
P15	ZK8 中 208 m 方解石脉	方解石	-2.38	-9.98	20.62
P25	ZK1901 中 373 m 方解石脉	方解石	0.45	-9.37	21.25

注：$\delta^{13}C_{PDB}$ 值、$\delta^{18}O_{PDB}$ 值数据引自石焕琪等(1986)。

不同岩石的样品的 C-O 同位素组成具有一定差异，表现为：层孔虫灰岩 $\delta^{13}C_{PDB}$ 数值、$\delta^{18}O_{PDB}$ 数值变化分别介于 0.60 ‰~4.83‰、-5.22 ‰~-10.10‰；灰岩 $\delta^{13}C_{PDB}$ 数值、$\delta^{18}O_{PDB}$ 数值变化分别为 0.17‰ ~ 2.22‰、-7.14 ‰ ~ -13.07‰；白云岩 $\delta^{13}C_{PDB}$ 数值、$\delta^{18}O_{PDB}$ 数值变化分别为-22.21‰~0.80‰、-9.03‰~-12.23‰；方解石 $\delta^{13}C_{PDB}$ 数值、$\delta^{18}O_{PDB}$ 数值变化分别为-2.38‰~0.45‰、-9.98‰~-6.56‰。

总体上，$\delta^{13}C_{PDB}$ 数值除个别(样品 P17)极低值(-22.21‰)外，绝大多数变化介于-2.38 ‰至-4.83‰之间，$\delta^{18}O_{PDB}$ 数值变化介于-13.07 ‰至-5.22‰之间。灰岩的 $\delta^{13}C$ 数值较高，均为正值，白云岩和方解石的偏负值，偏低，说明白云石化方解石有使 $\delta^{13}C$ 数值降低，即轻碳富集的趋势，矿化均与白云石和方解石化有关。正常海相碳酸盐岩的 $\delta^{18}O_{PDB}$ 数值变化介于 0‰至-20‰之间，北山矿床碳酸

盐岩的 $\delta^{18}O_{PDB}$ 数值正好处于该范围内，并且按白云岩→灰岩→层孔虫灰岩→方解石的顺序，$\delta^{18}O_{PDB}$ 数值呈现越来越大的趋势，说明重结晶、白云石化具有富集氢氧同位素的作用，即导致 $\delta^{18}O_{PDB}$ 数值降低。

四、金属矿物电子探针分析

北山矿床金属矿物以黄铁矿、方铅矿、闪锌矿为主。对矿区内主矿体金属矿物样品进行电子探针矿物微区分析，电子探针仪器型号为日本电子(JEOL) JXA-8230，加速电压为 20 kV，电子束流为 3.0×10^{-8} A，束斑直径为 2.0 μm，分析精度为 0.01%。

1. 黄铁矿

黄铁矿电子探针分析结果(表 4-11)显示：黄铁矿中 Fe 含量在 43.729%至 45.769%之间，平均含量为 45.065%，S 的含量在 51.161%至 53.889%之间，平均含量 52.927%，其理论值为 Fe46.55%，S53.45(李荣胜等，2008)。黄铁矿可分为三种类型，Ⅰ型为不规则团块状星点分布的黄铁矿，Ⅱ型为块状黄铁矿，Ⅲ型为网脉状黄铁矿。黄铁矿电子探针分析结果(表 4-11)表明，Ⅰ型黄铁矿中的 Zn 含量在 0.003%至 2.421%之间，平均含量为 0.796%，Ni 的含量为 0~0.011%，平均含量 0.003%，Co 为 0.068%~0.085%，平均含量 0.077%，As 为 0~0.12%，平均含量 0.03%，Pb 为 0~3.397%，平均 0.642%，Cu 为 0~0.02%，平均 0.005%；Ⅱ型黄铁矿中 Zn 含量为 0~0.697%，平均含量为 0.219%，Ni 的含量为 0~0.003%，平均含量 0.001%，Co 为 0.073%~0.114%，平均含量 0.088%，As 为 0~0.018%，平均 0.012%，Pb 为 0~1.11%，平均 0.292%，Cu 为 0~0.033%，平均 0.011%；Ⅲ型黄铁矿中 Zn 含量为 0~0.2%，平均含量 0.07%，Ni 的含量为 0~0.014%，平均含量 0.006%。Co 为 0.067%~0.1%，平均含量 0.079%，As 为 0~0.042%，平均 0.01%，Pb 为 0.062%~3.048%，平均 0.922%，Cu 为 0~0.097%，平均 0.035%。

通常，黄铁矿的 $n(Co)/n(Ni)$ 比值对研究矿床成因、反映成矿温度及成矿介质有着一定的作用(童潜明等，1986)。沉积型黄铁矿具有低 Co、Ni 含量的特征(Bajwah etal，1987)，在成矿温度较高时，Co 元素要比 Ni 元素更早地进入黄铁矿，使黄铁矿富集 Co，钴镍比值大于 1，反之，当成矿温度较低时，Ni 元素优先 Co 进入黄铁矿，$n(Co)/n(Ni)$ 比小于 1。在本书中，大部分 Ni 含量过低导致未检测到，只能根据其他指标判断成矿温度。

表 4-11　黄铁矿电子探针分析结果　　%

	点号	As	S	Pb	Cu	Au	Ge	Sn	Ag
Ⅰ型	1	0.001	51.672	3.397	0	0	0	0	0.023
	2	0	53.097	0.376	0	0.073	0	0	0
	3	0.055	53.157	0.261	0	0	0	0	0.015
	4	0	52.795	0.24	0.02	0.07	0	0	0.006
	5	0.03	53.319	0.167	0.013	0	0	0.016	0.017
	6	0	53.136	0.052	0	0	0.015	0.005	0.032
	7	0.12	53.346	0	0	0	0.01	0	0
	点号	Fe	Co	Ni	Zn	Mn	Cd	Ga	Total
Ⅰ型	1	43.729	0.068	0.011	0.276	0	0.008	0.035	99.22
	2	44.967	0.071	0.003	1.8	0	0	0.059	100.446
	3	45.111	0.082	0	0.092	0	0	0.036	98.809
	4	45.329	0.068	0	0.24	0	0	0.035	98.803
	5	45.363	0.081	0	0.741	0.003	0.025	0.007	99.782
	6	45.481	0.085	0.005	0.003	0	0	0.01	98.824
	7	44.556	0.084	0	2.421	0	0.044	0.059	100.64
	点号	As	S	Pb	Cu	Au	Ge	Sn	Ag
Ⅱ型	8	0.04	52.982	0	0.033	0.16	0.057	0	0
	9	0.06	53.142	0.047	0.024	0	0	0.001	0
	10	0	52.99	0.136	0.021	0.026	0	0.01	0.013
	11	0	53.154	0	0.017	0	0.007	0	0
	12	0.018	52.756	0.236	0.014	0.049	0.022	0.003	0.015
	13	0	52.793	0.334	0.004	0	0	0	0.01
	14	0	53.454	0.025	0.001	0	0.001	0.023	0
	15	0	52.739	1.11	0	0.065	0.024	0.004	0.019
	16	0	52.526	1.032	0	0	0	0.001	0
	17	0	52.975	0	0	0	0	0	0.006

续表

	点号	Fe	Co	Ni	Zn	Mn	Cd	Ga	Total
Ⅱ型	8	45.769	0.094	0.003	0	0	0.046	0.031	99.215
	9	45.564	0.073	0	0.035	0	0.016	0.027	98.989
	10	45.487	0.098	0	0	0	0	0.028	98.809
	11	45.523	0.08	0	0	0	0.013	0.01	98.804
	12	45.382	0.084	0	0	0.005	0	0.044	98.628
	13	44.965	0.095	0	0.283	0	0.003	0.037	98.524
	14	44.937	0.095	0	0.697	0	0.008	0.037	99.278
	15	44.772	0.114	0	0.117	0.006	0.021	0.014	99.005
	16	44.991	0.073	0	0	0	0.04	0.03	98.693
	17	45.205	0.075	0	0.031	0	0.01	0.039	98.341
Ⅲ型	点号	As	S	Pb	Cu	Au	Ge	Sn	Ag
	18	0	53.255	0.062	0.097	0.136	0.043	0	0.062
	19	0.011	52.039	3.048	0.047	0	0	0.021	0.004
	20	0.007	52.631	0.99	0.043	0	0	0.001	0.025
	21	0	53.889	0.092	0.014	0	0.022	0.013	0
	22	0.042	52.402	1.27	0.011	0.067	0	0	0
	23	0	53.08	0.069	0	0	0	0.004	0.011
Ⅲ型	点号	Fe	Co	Ni	Zn	Mn	Cd	Ga	Total
	18	45.122	0.1	0.006	0.2	0	0	0	99.083
	19	44.166	0.083	0	0	0.026	0.054	0.04	99.539
	20	44.929	0.077	0.001	0	0	0.027	0	98.731
	21	45.491	0.073	0.014	0.017	0.004	0	0	99.629
	22	44.634	0.067	0.005	0.022	0	0	0.025	98.545
	23	45.02	0.076	0.008	0.182	0	0.077	0.026	98.553

2. 方铅矿

方铅矿电子探针分析结果(表 4-12)显示：方铅矿中 Pb 含量在 84.786%至 87.240%之间，平均含量为 86.0091%，S 的含量为 12.743%~13.288%，平均含量 13.049%，理论值为 Pb 86.60%，S 13.40%[16]，Ga 含量为 0.257%~0.750%，

平均含量为0.559%，Sb含量为0~0.219%，平均0.079%，Fe含量为0.003%~0.257%，平均为0.069%，Cd含量为0.074%~0.194%，平均为0.122%。北山铅锌矿中的多组数据的Pb与S的比值大于理论$n(Pb)/n(S)$的比值，该结果说明北山方铅矿表现出S亏损，Pb富集的特征。此外有少部分数据显示为Pb亏损，S富集的特征。该结果表明含矿热液在成矿过程中，围岩受到成矿流体影响发生不同程度的转变(李季霖等，2017)。测试数据中，Zn含量为0%~1.42%，在显微镜下还可以观察到方铅矿交代闪锌矿，表明闪锌矿的结晶时间早于方铅矿，并且在方铅矿结晶的同时也有闪锌矿的形成。

表4-12 方铅矿电子探针分析结果 %

点号	Se	S	Pb	Sb	Cu	Sn	Ag	Fe	Zn	Cd	Ga	Total
1	0	13.171	85.633	0.073	0	0	0.059	0.075	1.42	0.074	0.669	101.174
2	0	12.743	84.839	0.121	0	0	0.101	0.024	0	0.094	0.735	98.657
3	0.22	12.927	85.047	0.122	0.019	0	0	0.011	0	0.119	0.257	98.722
4	0	13.288	86.471	0.195	0.022	0	0	0.215	0.018	0.133	0.284	100.626
5	0.025	13.189	87.24	0	0.003	0.027	0	0.02	0.052	0.079	0.75	101.385
6	0.172	12.951	85.252	0.097	0.016	0	0	0.028	0.051	0.108	0.702	99.377
7	0	13.165	86.687	0	0	0.033	0	0.257	0.033	0.11	0.702	100.987
8	0	12.994	87.046	0.061	0.017	0	0	0.017	0	0.083	0.694	100.912
9	0.319	12.921	86.165	0	0.029	0.027	0	0.003	0	0.194	0.67	100.328
10	0.074	13.261	86.706	0.219	0.04	0	0.321	0.025	0	0.16	0.678	101.484
11	0.025	12.983	86.019	0.024	0	0.025	0	0.109	0	0.102	0.705	99.992
12	0	12.795	84.786	0.082	0	0.036	0	0.067	0.146	0.093	0.288	98.293
13	0	13.096	86.602	0.012	0.05	0	0	0.097	0.021	0.173	0.688	100.739
14	0	13.096	86.281	0.062	0.031	0	0	0.034	0.543	0.122	0.268	100.437
15	0.149	13.158	85.36	0.111	0	0	0	0.046	0.18	0.192	0.297	99.493

3. 闪锌矿

闪锌矿电子探针分析结果(表4-13)显示：闪锌矿中Zn含量在62.886%至66.841%之间，平均含量约为65.813%；S的含量为31.594%~32.224%，平均含量为31.956%，理论值Zn 67.10%，S 32.90%[16]，Fe含量为0.275%~2.599%，平均为0.731%，Cd为0.065%~0.977%，平均为0.616%，Pb为0~0.395%，平

均为 0.123%。相对于理论值，北山矿表现为 S 亏损，Zn 富集的特征。

表 4-13 闪锌矿电子探针分析结果 %

点号	Se	S	Pb	Sb	Au	Co	Ni	Zn	Fe	Mn	Cd	Ga	Total
1	0.187	31.837	0.395	0	0.014	0.007	0.009	64.531	1.412	0.01	0.065	0.059	98.098
2	0	32.224	0.064	0	0	0.015	0.016	66.438	0.275	0.005	0.852	0.069	99.958
3	0.094	31.594	0.013	0	0.061	0	0.008	66.039	0.779	0.002	0.289	0.043	99.431
4	0.047	32.087	0.251	0.124	0.116	0	0.011	66.169	0.391	0	0.767	0.034	99.512
5	0	31.874	0.327	0.034	0.025	0.018	0	66.841	0.724	0	0.174	0.044	100.031
6	0	32.209	0.072	0.079	0.127	0.014	0	65.534	0.641	0	0.946	0.011	98.967
7	0	32.203	0.344	0.022	0.181	0.016	0	66.202	0.431	0.001	0.903	0.073	99.96
8	0.188	31.784	0.055	0.09	0	0.02	0	66.217	0.509	0	0.377	0.061	99.186
9	0	32.079	0.004	0	0.154	0.005	0.019	62.886	2.599	0	0.898	0.045	99
10	0.141	32.097	0.115	0.079	0.195	0.011	0	64.996	1.34	0.002	0.875	0.101	100.273
11	0	31.978	0.082	0	0.047	0.004	0	66.081	0.37	0.014	0.977	0	99.562
12	0	31.724	0.069	0	0	0	0.015	65.826	0.421	0	0.309	0.002	98.366
13	0	31.703	0.09	0.043	0.15	0.017	0	66.492	0.339	0.008	0.776	0.091	100.089
14	0	31.965	0	0	0.128	0.003	0.002	66.051	0.433	0.016	0.459	0	99.052
15	0	31.809	0	0	0.078	0.005	0.01	66.781	0.506	0	0.338	0	100.271
16	0	32.121	0.082	0	0.179	0.016	0	65.928	0.53	0	0.858	0	99.221

五、成矿流体特征

镜下观测发现，矿区透明矿物方解石和闪锌矿中流体包裹体小而少，仅有个别成矿期后的方解石脉石中发现有大小为 4~10 μm 的包裹体[照片 4-1(a)]。在闪锌矿中偶见 5~12 μm 的包裹体[照片 4-1(b)]。

流体包裹体一般成群或单个出现，多为单相，极个别为气、液相，其形状不规则，呈短柱状，或椭球状。部分矿物的包体成分分析结果显示，阳离子以 K^+、Na^+、Ca^{2+}为主，$n(K^+)/n(Na^+)$为 0.27~2.10，$n(Ca^{2+})/n(Mg^{2+})$为 2.67~2.40，$n(F^-)/n(Cl^-)$为 0.0009~0.0287，阴离子中 Cl^- 占绝对优势，说明流体的盐度较高。

黄铁矿、闪锌矿爆破温度为 217~317℃，矿床的成矿温度可划分为两组，即

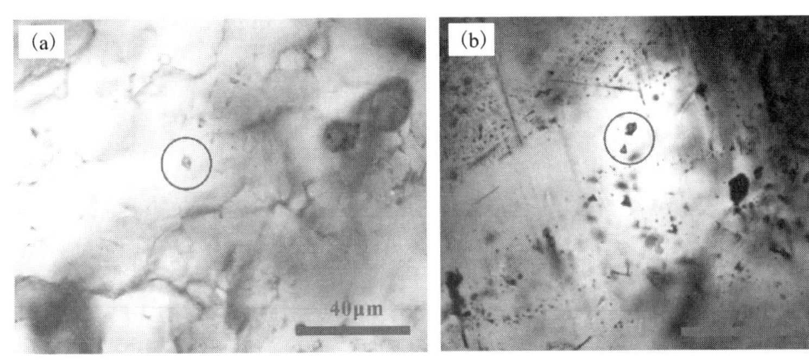

照片 4-1　北山矿床包裹体特征

(a)方解石中的包裹体；(b)闪锌矿中的包裹体，圆圈内为气液两相包裹体

铅锌矿一组，成矿温度 300℃左右，成矿的温度较高；黄铁矿一组，成矿温度 200℃左右，成矿温度较低(石焕琪等，1986)，但矿物爆破温度往往大于其均一温度，同时成矿温度据沥青反射率计算为 235℃，显示沥青受过高温改造，是在多水高温介质条件下搬运迁移后形成的(石焕琪等，1986)。因此，北山矿床的成矿流体具有中等盐度、低温度的特征。

六、矿床成矿机制

1. 硫同位素示踪

北山矿床成矿期金属硫化物样品的硫同位素组成 $\delta^{34}S_{黄铁矿}$、$\delta^{34}S_{闪锌矿}$、$\delta^{34}S_{方铅矿}$数值的平均值分别为 0.93‰、2.68‰、-0.49‰，未达到黄铁矿→闪锌矿→方铅矿硫同位素富集顺序(郑永飞和陈江峰，2000)，说明矿床形成过程中硫同位素并未达到热力学上硫化物组合之间的分馏平衡，故不能直接计算同位素平衡温度。

矿石硫同位素组成较为分散，其根本原因是硫的分馏机制。前文已述及，硫酸盐的还原分馏机制主要有热力学还原作用(TSR)和生物还原作用(BSR)两种。硫酸盐的 TSR 分馏效应一般不超过 22‰，但 BSR 分馏就大得多，可导致$\sum SO_4^{2-}$与$\sum H_2S$之间高达 60‰的分馏值(Ohmoto and Rye，1979)。矿区黄铁矿硫同位素组成差别较大，出现负极大值-13.70‰和正极大值 11.40‰，表明其部分还原硫归因于 BSR 作用，并经历了较为复杂的过程，而矿区容矿层下部岩石为一套生物礁滩相碳酸盐岩，生物含量十分丰富(20%～80%)，并含氯仿“A”沥青(平均含量 15.68×10^{-6})等有机质(石焕琪等，1988)，显示还原性流体直接参与了成矿过程。因此，综合认为矿石硫主要来自还原性流体中的 H_2S，同时有少量地层硫的加入。

2. 铅同位素示踪

在 $n(^{206}Pb)/n(^{204}Pb)-n(^{207}Pb)/n(^{204}Pb)$ 构造判别模式图（图 4-8）和 $n(^{206}Pb)/n(^{204}Pb)—n(^{208}Pb)/n(^{204}Pb)$ 构造判别模式图（图 4-9）中，矿床金属硫化物样品数值投影点落入上地壳铅及造山带铅范围内，表明成矿金属铅来源较浅，幔源物质加入的可能性不大。

在 $\Delta\gamma-\Delta\beta$ 成因分类图解（图 4-10）中，矿石铅分布在上地壳范围，也证明矿床铅物质来自地壳。矿床围岩铅（碳酸盐岩）的数据在图 4-8、图 4-9 中均落在了造山带与地幔范围内，在 $\Delta\gamma-\Delta\beta$ 成因分类图解（图 4-10）中落入壳幔混合区，富集低放射性成因铅，表明不同层位灰岩和白云岩中的铅具有一致的来源，均来自壳幔混合铅源，推测很可能铅元素是早泥盆世形成的、从源区 U-Th-Pb 体系中分离出来，随后进入海水，在中上泥盆统沉积、成岩期间进入地层的。

铅同位素构造判别模式图和成因分类图均显示，矿石与围岩的铅同位素组成存在一定差别，但二者同时具有一定线性关系，仍然指示二者具有相似的来源。

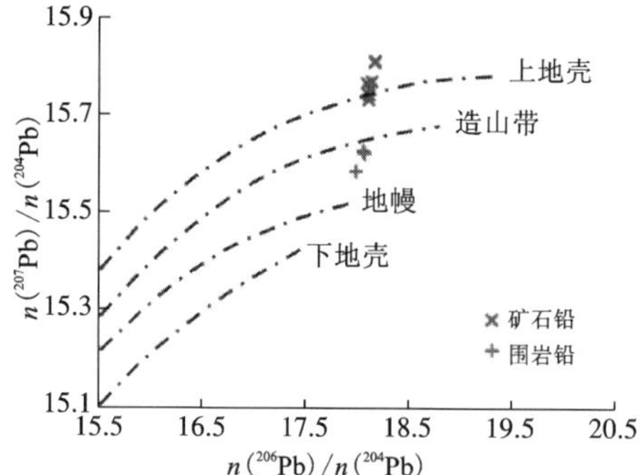

图 4-8　北山矿床铅同位素 $n(^{206}Pb)/n(^{204}Pb)-n(^{207}Pb)/n(^{204}Pb)$ 图解（底图据 Zartman and Doe，1981，围岩铅数据据石焕琪等，1986）

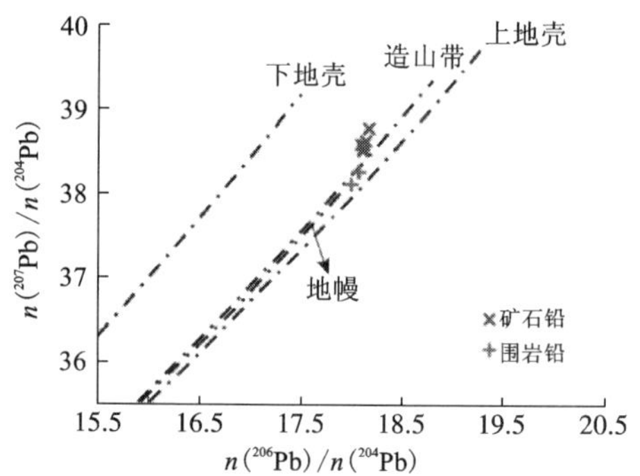

图 4-9　北山矿床铅同位素 $n(^{206}Pb)/n(^{204}Pb)-n(^{208}Pb)/n(^{204}Pb)$ 图解（底图据 Zartman and Doe，1981，围岩铅数据据石焕琪等，1986）

3. 碳氧同位素示踪

在 C-O 同位素图解（图 4-11）中，大部分样品落在海水硫酸盐的范围内，少数位于碳酸盐岩溶解线附近，说明碳主要来自沉积地层，少部分来自成矿流体溶解围岩碳酸盐重结晶，而白云岩中较大负 $\delta^{13}C_{PDB}$ 值指示有机碳发生 TSR 作用。这也与北山矿床中发现沥青等有机质的现象相吻合。

矿床热液方解石数据靠近碳酸盐岩溶解线下方，并有一个样品向有机碳漂移，表明热液方解石主要形成于成矿流体溶解围岩碳酸盐重结晶，并有少部分有机碳的加入。因此，C-O 同位素特征研究揭示了成矿流体溶解围岩中碳酸盐和 TSR 氧化有机质的混合作用过程，虽然围岩碳酸盐岩是热液方解石的主要物源，但是有机质参与了铅锌成矿作用。

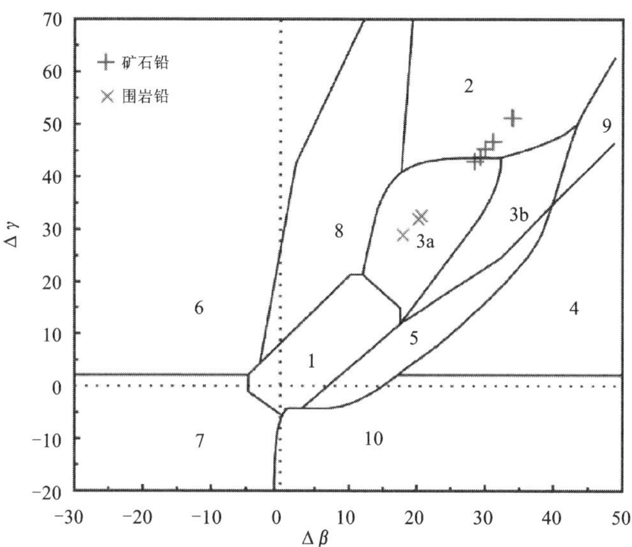

图 4-10 北山矿床铅同位素 $\Delta\gamma$-$\Delta\beta$ 成因分类图解

（底图据朱炳泉，1998），图例见图 4-4

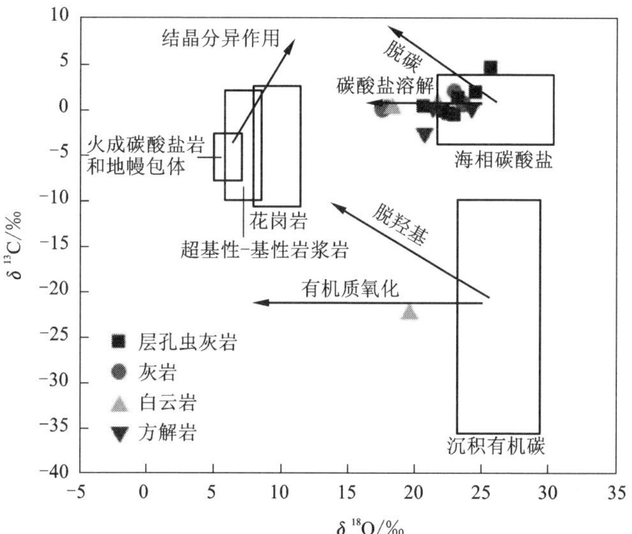

图 4-11 北山矿床 C-O 同位素图解

（底图据 Liu etal，2011）

在C-O同位素组成图解(图4-12)中，MCR代表海相碳酸盐岩，MDL代表低温成岩的海相碳酸盐岩，H代表深部热卤水中的二氧化碳，(H-M)代表热卤水中二氧化碳交代海洋碳酸盐岩，MCL代表大气降水方解石线，(SR-Me-SC)代表碳酸盐还原带至细菌发酵带至深埋胶结带(Astin and Scotchman.，1988)。该图显示大多数样品落在MCR→(H-M)的过渡范围，说明灰岩、白云岩围岩受到了后期深部热卤水改造作用，热卤水交代了碳酸盐胶结物方解石，降低了$\delta^{13}C_{PDB}$值。另外，有一个样品点P17白云岩$\delta^{13}C_{PDB}$值和$\delta^{18}O_{PDB}$值都为负值，投影点落在热水沉积范围向细菌发酵带漂移的范围，显示热卤水对碳酸盐岩胶结物白云石的控制作用。

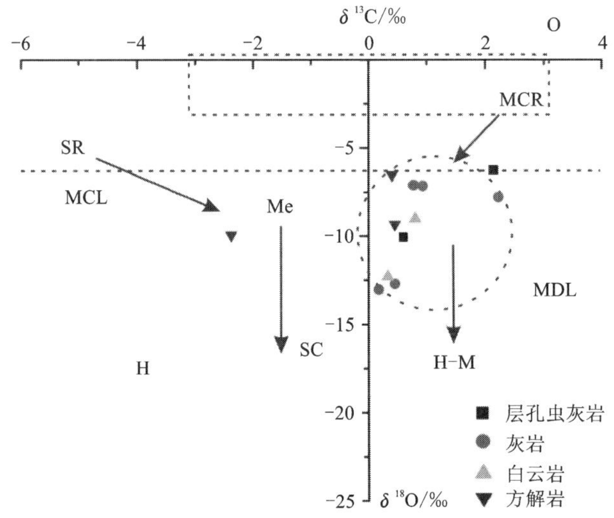

图4-12　北山矿床C-O同位素组成图解

(底图据Astin and Scotchman.，1988)

4. 电子探针分析结果指示

黄铁矿的S/Fe比值理论上近似为2，常因类质同相而出现差异，一般将S/Fe比值小于2的称为亏硫型，且亏硫型黄铁矿在高温条件下更容易产生(王碧青，2015)。研究表明热液型黄铁矿表现为亏硫，在沉积条件下表现为近似或大于理论值(徐国风等，1980)。北山铅锌矿中黄铁矿原子数$x(S)/x(Fe)=2.02\sim2.09$，呈现出富硫的特征，表明北山矿可能形成于相对低温的沉积环境，黄铁矿中的S可能来源于地壳。

图4-13中可以看出：北山方铅矿矿体的S含量分布比较集中，说明北山方铅矿成矿元素的富集成矿过程相对比较稳定，温度变化不大，硫、氧逸度相对稳定。

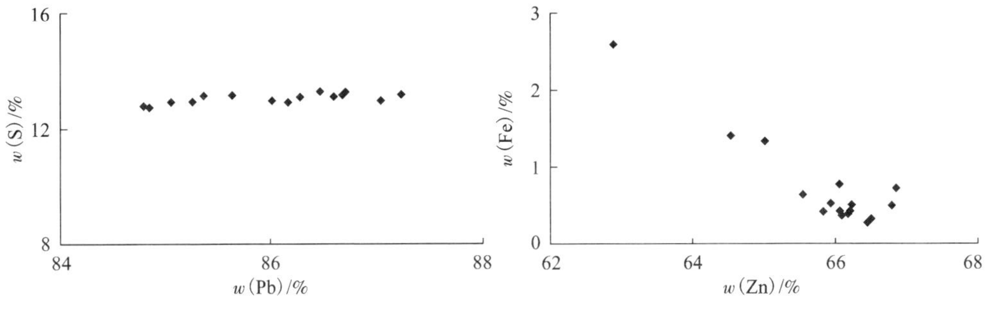

图 4-13 北山方铅矿的 w(Pb)-w(S)图　　**图 4-14 北山铅锌矿的 w(Zn)-w(Fe)图**

Fe 离子与 Zn 离子化学性质、半径以及晶格能都极为相似，因此在闪锌矿中，一般认为 Fe 是以类质同象的形式置换 Zn，根据图 4-14 可以知出，Zn 和 Fe 大致呈负相关关系，Zn 含量越高，Fe 含量越低。研究表明，闪锌矿中的 Fe 含量与成矿温度具有一定的相关性，成矿温度越低，Fe 含量越低(Kullerud，1953；刘铁庚等，2010)。样品中 Fe 的含量结果显示北山铅锌矿形成于低温条件下。

Cd 元素在闪锌矿中的存在形式则区别于 Fe，并非简单的置换闪锌矿中的 Zn，两者更像是一种依存或正相关关系(图 4-15)，即 Cd 含量随着 Zn 含量的升高而升高。研究发现，通过 Zn 和 Cd 的比值可以判断矿体的形成温度以及硫的逸散程度。一般认为，当 w(Zn)/w(Cd)>500 为高温环境，反之属于中低温环境。北山铅锌矿的 w(Zn)/w(Cd) 比值绝大多数<500，平均为 188.556，是中低温的特点。

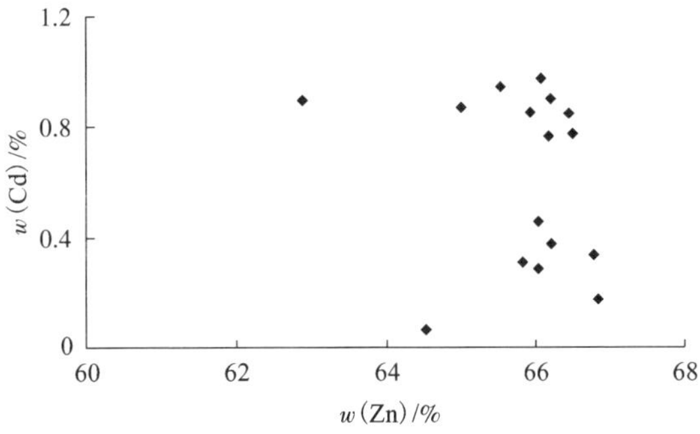

图 4-15 北山铅锌矿的 w(Zn)-w(Cd)图

北山矿床矿石硫主要来自还原性流体中的 H_2S，同时有少量地层硫掺入，S 同位素的分馏机制为生物分馏作用(BSR)。铅同位素特征指示铅源主要来自地壳。C-O 同位素特征研究揭示了围岩碳酸盐岩是热液方解石的主要物源，但是有机质参与了铅锌成矿作用。成矿流体特征表明其主要来自低温高盐度的盆地热卤水。金属矿物电子探针结果分析表明矿床形成于中低温环境。

北山铅锌矿床可能的成矿过程为：早期封存在沉积地层中的深部热卤水，沿断裂上升，沿途萃取地层中的 Fe、Pb、Zn 等成矿物质形成富含金属的 $\sum SO_4^{2-}$ 氧化性流体，随后构造运动使岩层褶皱发生层滑作用，在生物礁顶白云岩与泥灰岩的层间滑脱面上形成了有利的岩溶构造空间，当成矿流体到达生物礁顶附近时，在中低温环境下，启动了 BSR 作用，产生 H_2S 等还原组分，同时又有生物礁相地层中还原性的有机质参与，加速导致金属硫化物在开放的层滑溶洞空间中卸载沉淀成矿。

第四节　泗顶铅锌矿床

一、稀土元素地球化学特征

微量元素及稀土元素会根据矿液中成矿元素的运移及沉淀而有一定的分配规律，这是成矿作用过程的最直接的记录，对于探讨岩石成因、成矿物质来源等具有独特的优势（王中刚等，1989）。

泗顶矿床用于微量及稀土元素分析的样品采自 250 m、280 m、290 m 及 300 m 中段的围岩和矿石，共采集新鲜样品 12 件（铅锌矿石 8 件和围岩 4 件），测试数据及标准化处理（Boynton，1984）结果见表 4-14、表 4-15，相应的微量及稀土配分模式见图 4-15、图 4-15、图 4-15、图 4-17。

表 4-14　泗顶矿床微量元素组成　　10^{-6}

样号	S1	S2	S3	S4	S5	S6	S7	S8	S9	S10	S11	S12
Ba	11.0	40.6	3.6	8.3	20.8	35.7	8.9	8.4	17.5	199	205	43.5
Cr	10	20	10	10	10	10	10	10	10	10	10	10
Cs	1.19	1.39	0.02	0.19	0.97	0.14	0.25	0.43	0.13	0.31	0.33	1.75
Ga	2.2	2.2	1.6	0.4	2.5	0.2	0.1	1.3	0.1	1.4	0.1	0.1
Hf	0.4	0.5	0.2	0.2	0.2	0.2	0.2	0.2	0.2	0.2	0.2	0.3
Nb	1.4	1.3	0.3	0.3	0.6	0.2	0.2	0.4	0.2	0.4	0.3	0.9
Rb	9.9	18.8	0.7	3.3	11.6	2.6	3.7	4.2	3.3	4.6	5.6	11.9
Sn	1	—	1	—	—	—	—	—	—	—	—	—

续表

样号	S1	S2	S3	S4	S5	S6	S7	S8	S9	S10	S11	S12
Sr	4.2	23.1	10.1	17.6	31.6	45.4	42.2	15.6	262	241	210	107.5
Ta	0.1	0.1	0.1	0.1	0.1	0.1	0.1	0.1	0.1	0.1	0.1	0.1
Th	1.38	1.49	0.34	0.26	0.87	0.24	0.38	0.5	0.36	0.5	0.51	1.6
U	1.45	0.75	1.22	0.15	0.4	0.13	0.09	0.3	0.34	0.91	2.93	0.51
V	19	8	10	—	9	—	—	5	—	8	7	7
W	—	—	1	—	—	—	—	1	—	—	—	—
Zr	14	17	3	5	8	5	3	5	4	6	4	11

注：S1~S8 为矿石样，S9~S12 为围岩灰岩样，"—"表示低于检测值。

表 4-15　泗顶矿床稀土元素组成　　$\times10^{-6}$

样号	S1	S2	S3	S4	S5	S6	S7	S8	S9	S10	S11	S12
La	2.80	3.70	0.50	0.50	1.30	0.80	0.70	0.80	4.80	3.20	4.70	8.90
Ce	3.30	6.40	1.10	1.00	3.20	2.10	2.00	1.80	10.50	6.50	10.60	22.40
Pr	0.26	0.71	0.14	0.13	0.42	0.30	0.34	0.23	1.47	0.71	1.37	2.87
Nd	0.90	2.50	0.60	0.60	2.20	1.60	1.90	1.10	6.90	2.90	6.50	11.90
Sm	0.20	0.58	0.20	0.26	0.87	0.50	0.82	0.33	2.28	0.65	2.23	2.96
Eu	0.03	0.07	0.03	0.04	0.14	0.07	0.15	0.03	0.59	0.15	0.63	0.57
Gd	0.17	0.45	0.24	0.24	0.94	0.52	0.99	0.38	3.22	0.74	2.87	2.26
Tb	0.03	0.08	0.04	0.04	0.16	0.06	0.15	0.06	0.54	0.12	0.53	0.35
Dy	0.17	0.50	0.23	0.19	0.92	0.35	0.89	0.31	2.90	0.67	2.82	1.87
Ho	0.04	0.10	0.05	0.04	0.18	0.07	0.17	0.06	0.53	0.13	0.51	0.37
Er	0.12	0.26	0.13	0.10	0.47	0.19	0.46	0.15	1.45	0.34	1.34	1.03
Tm	0.02	0.27	0.12	0.10	0.42	0.18	0.42	0.12	1.24	0.30	1.22	0.84
Yb	2.80	3.70	0.50	0.50	1.30	0.80	0.70	0.80	4.80	3.20	4.70	8.90
Lu	3.30	6.40	1.10	1.00	3.20	2.10	2.00	1.80	10.50	6.50	10.60	22.40
Y	1.00	2.40	1.30	1.10	4.30	2.00	4.40	1.60	15.00	3.50	13.80	9.30
∑REE	8.20	15.70	3.42	3.28	11.35	6.80	9.12	5.44	36.81	16.50	35.69	56.58
∑LREE	7.49	13.96	2.57	2.53	8.13	5.37	5.91	4.32	26.54	14.11	26.03	49.60

续表

样号	S1	S2	S3	S4	S5	S6	S7	S8	S9	S10	S11	S12
∑HREE	0.71	1.74	0.85	0.75	3.22	1.43	3.21	1.12	10.27	2.39	9.66	6.98
LREE/HREE	10.55	8.02	3.02	3.37	2.52	3.76	1.84	3.86	2.58	5.90	2.69	7.11
δCe	0.73	0.89	0.99	0.92	1.04	1.03	0.98	1.00	0.94	1.00	0.99	1.06
δEu	0.49	0.40	0.42	0.48	0.47	0.42	0.51	0.52	0.67	0.66	0.76	0.65
(La/Yb)N	13.48	9.24	2.81	3.37	2.09	3.00	1.12	4.49	2.61	7.19	2.60	7.14
(La/Sm)N	8.81	4.01	1.57	1.21	0.94	1.01	0.54	1.52	1.32	3.10	1.33	1.89
(Gd/Yb)N	0.06	0.12	0.48	0.48	0.72	0.65	1.41	0.48	0.67	0.23	0.61	0.25

注：S1~S8为矿石样，S9~S12为围岩灰岩样。

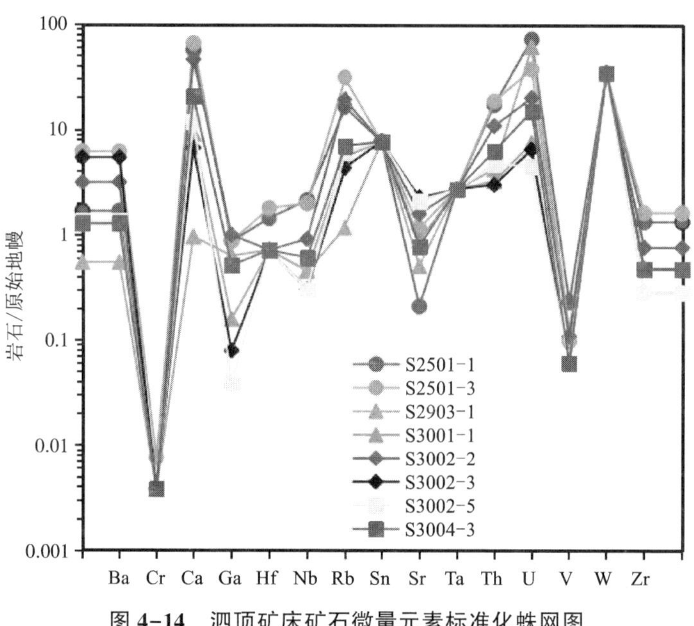

图 4-14　泗顶矿床矿石微量元素标准化蛛网图

表4-15及图4-13、图4-14显示矿床微量元素特征如下：

矿石相对富集Cs、Rb、U、W，相对亏损Cr、Ga、Nb、Sn、V，围岩灰岩相对富集Cs、Rb、U、W，相对亏损Cs、Ga、Nb、Ta、V，二者富集、亏损的特征一致，说明围岩灰岩的组分有利于微量元素富集，矿化作用并没有改变微量元素蛛网图的基本形态，暗示矿石和围岩具有一致的物质来源。

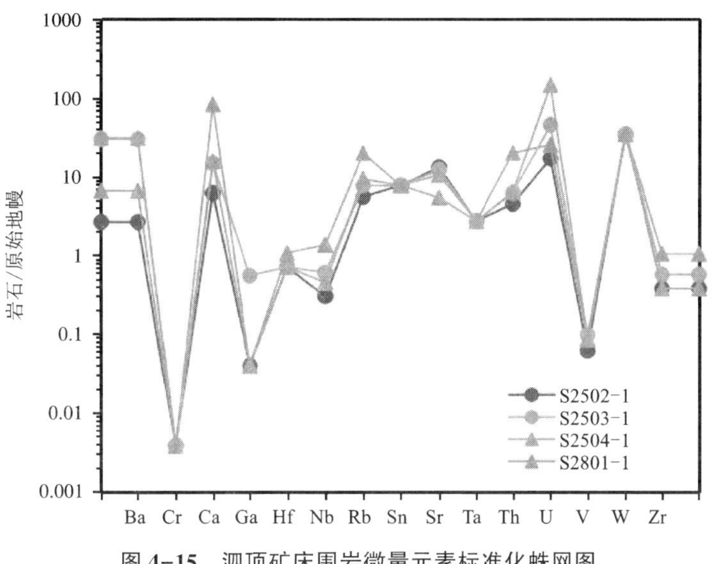

图 4-15　泗顶矿床围岩微量元素标准化蛛网图

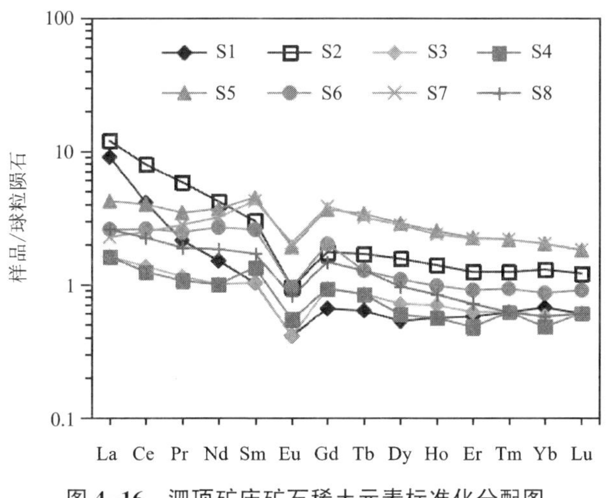

图 4-16　泗顶矿床矿石稀土元素标准化分配图

表 4-15 及图 4-15、图 4-16 显示矿床稀土元素特征如下：

(1)矿石稀土总量∑REE 很低，介于 3.28×10^{-6} 至 15.70×10^{-6} 之间，∑LREE、∑HREE 分别介于 2.53×10^{-6} 至 13.96×10^{-6}、0.71×10^{-6} 至 3.22×10^{-6} 之间，轻重稀土比值 LREE/HREE 为 1.84～10.55，平均为 4.62；$(La/Yb)_N$ 为

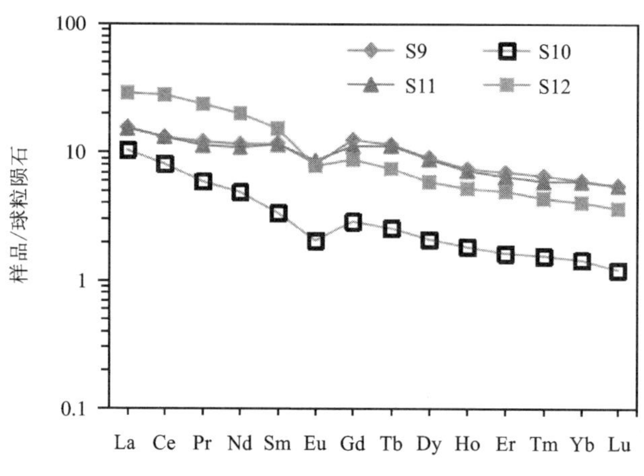

图 4-17 泗顶矿区围岩稀土元素标准化分配图

1.12~13.48，平均为 4.95，表明轻重稀土分馏较明显；δEu 为 0.40~0.52，平均为 0.46，δCe 为 0.73~1.04，平均为 0.95，显示明显的 Eu 负异常和微弱的 Ce 负异常。(La/Sm)N 为 0.54~8.81，指示轻稀土 LREE 分异相对较强，(Gd/Yb)N 为 0.06~1.41，指示重稀土 HREE 分异相对较弱。矿石稀土配分模式为轻稀土富集海鸥型。

(2)围岩稀土总量亦较低，介于 16.5×10^{-6} 至 56.58×10^{-6} 之间，∑LREE 介于 14.11×10^{-6} 至 49.60×10^{-6} 之间，∑HREE 介于 2.39×10^{-6} 至 10.27×10^{-6} 之间，轻重稀土比值 LREE/HREE 为 2.58~7.11，平均为 4.57；(La/Yb)N 为 2.60~7.19，平均为 4.89，表明轻重稀土分馏较明显；δEu 为 0.65~0.76，平均为 0.69，δCe 为 0.94~1.06，平均为 1.00，显示中等的 Eu 负异常，而 Ce 负异常基本消失。(La/Sm)N 为 1.32~3.10，指示轻稀土 LREE 分异相对较强，(Gd/Yb)N 为 0.23~0.67，指示重稀土 HREE 分异相对较弱。围岩稀土配分模式为轻稀土富集海鸥型。

(3)上述两者相比，矿石的稀土总量明显低于围岩，但两者却具有相似的异常特征，如均相对富集轻稀土、负 Eu 异常与部分微弱的 Ce 负异常、轻重稀土分馏较明显及海鸥型模式，说明它们在成因上关系密切，属于同源的产物。

二、硫同位素地球化学特征

收集已有的矿石硫同位素数据及本次补充分析的围岩硫同位素数据，列于表 4-16，并绘制 S 同位素频数直方图 4-17。

表 4-16　泗顶矿床 S 同位素组成

样品号	样品描述	测定矿物	$\delta^{34}S/‰$
HMC-25	铅锌矿石	黄铁矿	-6.2
HMC-29	块状黄铁矿矿石	黄铁矿	-5.0
HMC-30	块状黄铁矿矿石	黄铁矿	-7.2
HMC-31	黄铁铅锌矿石	方铅矿	-7.2
HMC-35	闪锌矿矿脉	闪锌矿	-8.2
HMC-37	黄铁铅锌矿石	黄铁矿	2.3
HMC-38	黄铁铅锌矿石	方铅矿	-7.8
HMC-39	黄铁铅锌矿石	闪锌矿	-8.6
HMC-42	黄铁矿石英脉	黄铁矿	-17.1
HMC-44	黄铁矿石英脉	黄铁矿	-10.4
S2502-1	250 m 中段近矿灰岩	全岩粉末	-1.5
S2503-1	250 m 中段近矿灰岩	全岩粉末	2.0
S2504-1	250 m 中段近矿灰岩	全岩粉末	-3.4

注：编号 HMC 开头的样品来自祝新友等，2017；编号 S 开头的样品为本项目样品。

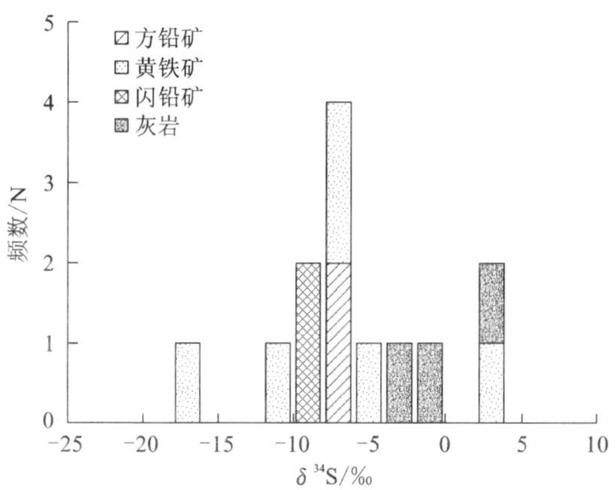

图 4-17　泗顶矿床 S 同位素频数直方图

由表 4-13 及图 4-17 可知：

全部矿石 $\delta^{34}S$ 数值为-17.1‰~2.3‰，平均值为-7.5‰，$\delta^{34}S_{闪锌矿}$ 为-8.6‰~

-8.2‰，平均值为-8.4‰；$\delta^{34}S_{方铅矿}$为-7.8‰～-7.2‰，平均值为-7.5‰；$\delta^{34}S_{黄铁矿}$为-17.1‰～2.3‰，平均值为-7.3‰。

围岩$\delta^{34}S$数值为-3.4‰～2.0‰，平均值为-1.0‰。硫同位素频数图4-15中$\delta^{34}S$值集中分布于-15‰至15‰之间，总体波动范围不大。

三、铅同位素地球化学特征

分析测定与收集的样品Pb同位素数据及其相关特征参数36组，列于表4-17，结果显示：

表4-17 泗顶矿床铅同位素组成及相关参数特征表

样号	测试对象	$n(^{206}Pb)/n(^{204}Pb)$	$n(^{207}Pb)/n(^{204}Pb)$	$n(^{208}Pb)/n(^{204}Pb)$	μ	ω	$n(Th)/n(U)$	V1
HMC-25	黄铁矿	18.287	15.715	38.476	9.71	38.45	3.83	76.75
HMC-29	黄铁矿	18.299	15.719	38.554	9.71	38.76	3.86	78.68
HMC-30	黄铁矿	18.118	15.664	38.379	9.63	38.53	3.87	74.55
HMC-31	方铅矿	18.248	15.695	38.372	9.67	38.04	3.81	73.52
HMC-35	闪锌矿	18.281	15.723	38.466	9.72	38.52	3.84	77.39
HMC-37	黄铁矿	18.274	15.720	38.455	9.72	38.49	3.83	77.05
HMC-38	方铅矿	18.248	15.690	38.357	9.66	37.93	3.80	72.71
HMC-39	闪锌矿	18.290	15.705	38.412	9.69	38.07	3.80	74.22
HMC-42	黄铁矿	18.397	15.725	38.522	9.71	38.11	3.80	75.75
HMC-44	黄铁矿	18.289	15.714	38.468	9.70	38.40	3.83	76.42
S2502-1	灰岩	18.730	15.910	39.520	10.04	42.18	4.07	107.41
S2503-1	灰岩	17.650	15.600	37.820	9.57	38.26	3.87	68.51
S2504-1	灰岩	18.720	15.890	39.510	10.00	41.99	4.06	105.66
S2801-1	灰岩	18.770	15.850	39.590	9.92	41.62	4.06	102.69
S3001-1	闪锌矿	18.762	15.965	39.714	10.15	43.36	4.13	116.11
S3001-3	闪锌矿	18.702	15.879	39.405	9.98	41.55	4.03	102.63
S3001-4	闪锌矿	18.693	15.875	39.411	9.98	41.59	4.03	102.66
S3002-1	闪锌矿	18.683	15.855	39.349	9.94	41.19	4.01	99.65
S3004-1	闪锌矿	18.695	15.894	39.495	10.01	42.12	4.07	106.33

续表

S3004-2	闪锌矿	18.692	15.874	39.426	9.97	41.65	4.04	102.96
S3005-1	闪锌矿	18.663	15.847	39.351	9.92	41.24	4.02	99.52
S3005-2	闪锌矿	18.658	15.851	39.401	9.93	41.52	4.05	101.22
S2501-1	闪锌矿	18.669	15.875	39.305	9.98	41.29	4.00	100.73
S2504-2	闪锌矿	18.660	15.813	39.229	9.86	40.41	3.97	93.60
S2902-1	闪锌矿	18.670	15.843	39.294	9.91	40.92	4.00	97.59

样号	测试对象	$n(^{206}Pb)/n(^{204}Pb)$	$n(^{207}Pb)/n(^{204}Pb)$	$n(^{208}Pb)/n(^{204}Pb)$	μ	ω	$n(Th)/n(U)$	$V1$
HMC-25	黄铁矿	18.287	15.715	38.476	62.05	84.37	26.66	44.09
HMC-29	黄铁矿	18.299	15.719	38.554	61.67	84.77	26.90	46.04
HMC-30	黄铁矿	18.118	15.664	38.379	56.69	79.27	23.67	44.14
HMC-31	方铅矿	18.248	15.695	38.372	61.04	82.40	25.38	41.45
HMC-35	闪锌矿	18.281	15.723	38.466	62.76	85.13	27.26	44.42
HMC-37	黄铁矿	18.274	15.720	38.455	62.54	84.83	27.07	44.19
HMC-38	方铅矿	18.248	15.690	38.357	60.78	81.92	25.02	40.78
HMC-39	闪锌矿	18.290	15.705	38.412	61.97	83.42	25.93	41.74
HMC-42	黄铁矿	18.397	15.725	38.522	63.81	85.51	26.97	42.40
HMC-44	黄铁矿	18.289	15.714	38.468	62.08	84.28	26.58	43.76
S2502-1	灰岩	18.730	15.910	39.520	72.54	103.84	38.97	68.68
S2503-1	灰岩	17.650	15.600	37.820	52.01	72.95	21.16	40.50
S2504-1	灰岩	18.720	15.890	39.510	70.87	101.93	37.58	67.68
S2801-1	灰岩	18.770	15.850	39.590	67.38	98.28	34.57	66.15
S3001-1	闪锌矿	18.762	15.965	39.714	75.35	109.10	42.77	75.80
S3001-3	闪锌矿	18.702	15.879	39.405	70.88	100.84	36.86	64.82
S3001-4	闪锌矿	18.693	15.875	39.411	70.36	100.44	36.60	65.05
S3002-1	闪锌矿	18.683	15.855	39.349	69.26	98.52	35.22	62.64
S3004-1	闪锌矿	18.695	15.894	39.495	71.02	102.24	37.95	68.26
S3004-2	闪锌矿	18.692	15.874	39.426	70.10	100.35	36.54	65.44
S3005-1	闪锌矿	18.663	15.847	39.351	68.30	97.71	34.72	62.90

续表

S3005-2	闪锌矿	18.658	15.851	39.401	68.00	98.07	35.02	64.62
S2501-1	闪锌矿	18.669	15.875	39.305	71.21	100.38	36.69	62.94
S2504-2	闪锌矿	18.660	15.813	39.229	66.80	94.47	32.31	57.90
S2902-1	闪锌矿	18.670	15.843	39.294	68.70	97.35	34.41	60.93
S2903-2	闪锌矿	18.681	15.852	39.325	69.25	98.23	35.01	61.90

注：样号 H 开头数据引自祝新友等(2017)，其他来自本书研究。

黄铁矿单矿物 $n(^{206}Pb)/n(^{204}Pb)$、$n(^{207}Pb)/n(^{204}Pb)$、$n(^{208}Pb)/n(^{204}Pb)$比值分别为 18.118~18.397、15.664~15.725、38.379~38.554，极差分别是 0.179、0.061、0.175，平均值分别是 18.110、15.710、38.476；

方铅矿单矿物 $n(^{206}Pb)/n(^{204}Pb)$、$n(^{207}Pb)/n(^{204}Pb)$、$n(^{208}Pb)/n(^{204}Pb)$比值分别为 18.248~18.248、15.690~15.695、38.357~38.372，极差分别是 0、0.005、0.015，平均值分别是 18.248、15.693、38.365，显示铀铅富集、钍铅微弱亏损特征；

矿石铅 μ 介于 9.63 至 10.15 之间，平均值为 9.84，明显高于正常铅 μ 值范围(8.686 至 9.238)，ω 介于 37.93 至 43.36 之间，平均值 40.06，明显高于正常铅 ω 值(35.55±0.59)，Th/U 值为 3.80 至 4.13，平均为 3.94，略高于正常铅(3.92±0.09)；

围岩全岩铅同位素组成变化较小，$n(^{206}Pb)/n(^{204}Pb)$、$n(^{207}Pb)/n(^{204}Pb)$、$n(^{208}Pb)/n(^{204}Pb)$比值分别为 17.65~18.77、15.60~15.91、37.82~39.59，极差分别是 1.12、0.31、1.77，平均值分别是 18.47、15.81、39.11，其中一个样品(S2503-1)的源区特征参数变化较大；

围岩铅 μ 介于 9.57 至 10.04 之间，平均值为 9.88，高于正常铅 μ 值，ω 值介于 38.26 至 42.18 之间，平均 41.01，明显高于正常铅 ω 值，$n(Th)/n(U)$值为 3.87~4.07，平均为 4.01，明显高于正常铅的范围。

以上统计分析表明该矿床铅源物质成熟度较高，具有上地壳或沉积物的特点。

四、碳氧同位素地球化学特征

选取泗顶矿床铅锌矿石中的脉石矿物方解石进行 C-O 同位素分析测试，见表 4-18，结果显示矿床方解石的 $\delta^{13}C_{PDB}$ 数值变化范围较窄，介于-5.0‰至-1.1‰之间，平均值为-2.6‰，离差 3.9‰，$\delta^{18}O_{SMOW}$ 数值变化亦小，介于 19.0‰至 25.1‰之间，均值为 22.3‰，离差为 5.1‰，反映该矿床中形成碳酸盐胶结物

CO_2 的来源相似。

表 4-18　泗顶矿床围岩 C-O 同位素组成

样品号	取样位置	样品描述	δ^{13}_{CPDB}/‰	$\delta^{18}O_{SMOW}$/‰
S3001-2	300 中段	脉石方解石	-1.3	17.7
S3002-1	300 中段	脉石方解石	-4.7	14.9
S3002-3	300 中段	脉石方解石	-2.3	16.1
S3002-4	300 中段	脉石方解石	-5.0	13.2
S3003-2	300 中段	脉石方解石	-1.3	18.3
S3003-3	300 中段	脉石方解石	-1.1	18.4

五、成矿流体特征

矿床中矿物包裹体细小，含量少，可供测定温度的包裹体更少，镜下观测发现方解石、闪锌矿包裹体以液相、气液两相(照片 4-2)为主，大小多在 2 至 8 μm 之间，少数为大于 12 μm 的气液两相包裹体，包裹体气液比变化为 5%~30%，集中于 10%~20%，个别样品中还可见极少量含子晶包裹体[照片 4-2(b)]。成矿溶液中含气相较少，成分可能为 CO_2。包裹体以无序分布、孤立、簇状、离散或成群等状态产出。通过英国 Linkam THNSG600 型冷热台对矿床 8 件样品进行包裹体均一温度测试，结果见表 4-19。

表 4-19　泗顶矿床矿物包裹体均一温度测试统计表　℃

序号	样号	类型	主矿物	点数	变化范围	平均值
1	FI1	VL	方解石	7	128.3~251.4	206.1
2	FI2	VL	方解石	5	164.5~260.6	210.4
3	FI3	VL	方解石	6	157.2~220.7	181.3
4	FI4	VL	方解石	5	140.5~233.0	185.0
5	FI5	VL	方解石	9	131.6~256.4	202.5
6	FI6	VL	闪锌矿	4	190.0~239.3	209.1
7	FI7	VL	闪锌矿	8	180.0~322.0	268.0
8	FI8	VL	闪锌矿	5	170.7~292.3	250.5

注：V—气相，L—液相。

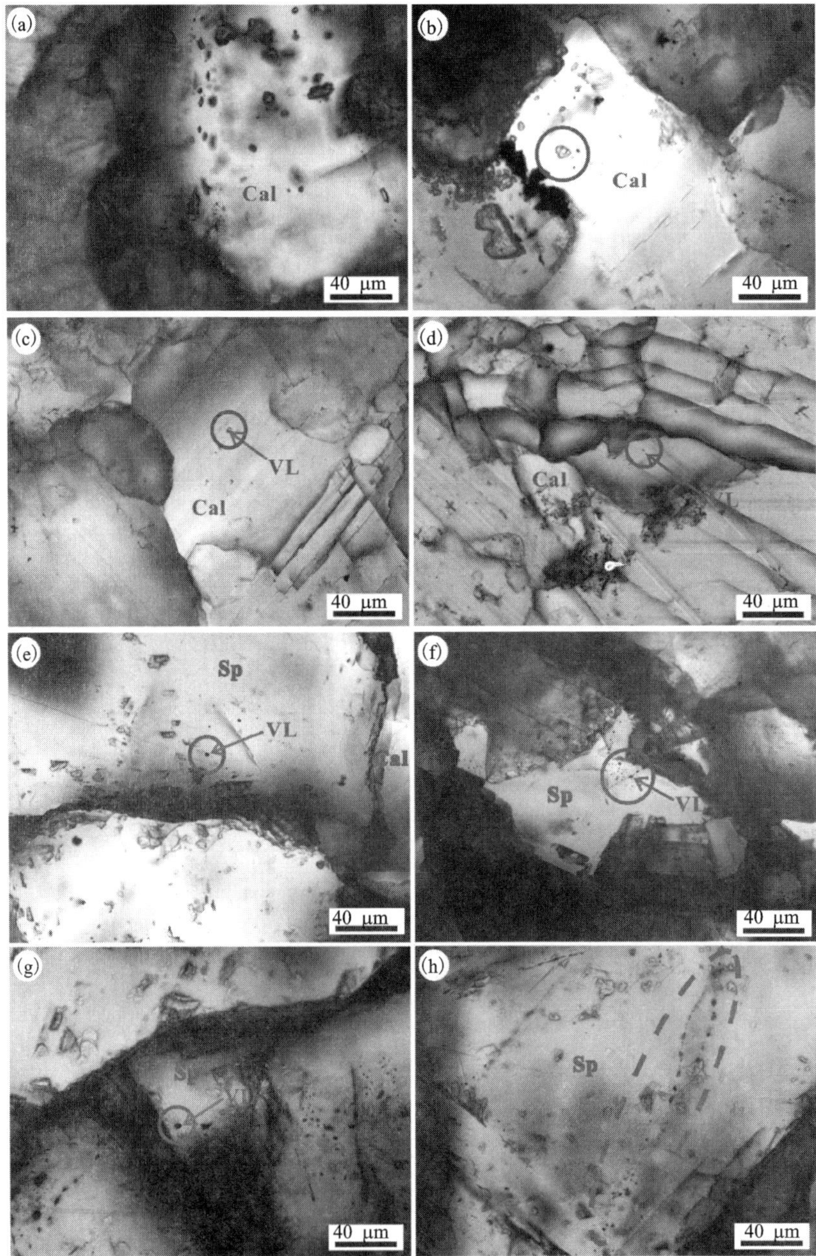

照片 4-2　泗顶矿床方解石(Cal)与闪锌矿(Sp)中流体包裹体特征

(a)无序状液相包裹体；(b)离散状液相包裹体，圈内为含子晶的三相包裹体；(c)、(d)、(e)、(g)孤立状气液两相包裹体；(f)簇状包裹体，大者为气液两相包裹体；(h)成群状液相包裹体

从表 4-19 可知，5 件方解石中流体包裹体均一温度为 128.3~260.6℃，平均值为 197.1℃；3 件闪锌矿流体包裹体均一温度为 170.7~322.0℃，平均值为 242.5℃，后者的均一温度略高于前者，温度变化集中在 140~240℃。

对包裹体气液成分的测定（表 4-20）可知，包裹体中气相组分以 H_2O（85.5%~99.6%）为主，其次为 CO_2（0.30%~11.07%）；阳离子组分以 K^+、Na^+、Ca^{2+} 和 Mg^{2+} 为主，阴离子主要为 Cl^-、F^-，流体为 $Na^+-Ca^{2+}-Cl^-$ 体系。

表 4-20　泗顶矿床流体包裹体组分　　%

样号	矿物	气相成分				液相成分					
		H_2O	CO_2	H_2	CO	K^+	Na^+	Ca^{2+}	Mg^{2+}	F^-	Cl^-
FI6	闪锌矿	98.5	1.18	0.01	2.50	5.54	50.92	10.10	6.55	0.73	36.17
FI7	闪锌矿	99.6	0.40	0.01	0.08	1.47	3.95	33.56	30.2	0.13	5.08
FI8	闪锌矿	85.50	10.07	0.06	0.20	2.89	6.15	28.86	53.10	0.16	6.85

综上，泗顶矿床流体体系为 $Na^+-Ca^{2+}-Cl^-$ 体系，均一温度为 140~240℃，盐度为 11.4%~22.5% $NaCl_{eqv}$（曾允孚等，1986），属中低温、中等盐度成矿流体。

六、矿床成矿机制

1. 微量及稀土元素对成矿物质来源的指示

泗顶矿床矿石与围岩灰岩的微量元素具有一致的蛛网图形态，说明二者的物质来源相似，与矿区中上泥盆统不仅是容矿地层还是矿源层的情况相符。微量元素的 $w(U)/w(Th)$ 比值是区分成矿物质是正常海水沉积还是热水沉积[$w(U)/w(Th)>1$]的重要标志（Rona，1987）。矿石样品 $w(U)/w(Th)$ 比值为 0.24~3.59，介于正常海水沉积和热水沉积的交叉范围，表明成矿流体的组分发生了迁移和改变。

矿石与围岩的稀土元素具有相对富集轻稀土、Eu 负异常与部分微弱的 Ce 负异常、海鸥模式的共同特征，说明它们之间有一定的亲缘关系。

稀土元素特征研究表明，正常沉积碳酸盐岩 REE 中显示 Eu 负异常或无异常，喷流卤水的矿石样品具有 Eu 正异常（薛静等，2011）。矿石 δEu 为 0.40~0.52，围岩（灰岩）δEu 为 0.65~0.76，二者均表现为明显的 Eu 负异常，说明 Eu 负异常的来源是继承了源岩的稀土组成特点或者成矿流体在淋滤源岩过程中获得。矿石 Eu 负异常同时还反映了成矿流体来源于还原性流体。

杨楚雄等（1985）通过对泗顶矿区中上泥盆统碳酸盐相的特征与成矿的关系研究中指出，晚泥盆世的海侵超覆后，形成了广阔而长期的潮坪沉积，并在潮坪的前方有砂坝与生物滩起着障壁作用，致使海水循环不畅，处于还原性环境，蒸发浓缩的海水与大气降水掺合，形成还原性卤水，而海水和大气降水具 Ce 负异常，这也与泗顶矿床矿石和围岩具有的弱 Ce 负异常的特征相吻合。卤水从上而下渗流，淋滤碳酸盐岩，形成了明显的 Eu 负异常。因此，矿石与围岩的稀土元素特征指示了浓缩海水与淡水掺和的还原性卤水参与了成矿过程，这也是上述矿石微量元素 $w(U)/w(Th)$ 比值变化的原因。

2. 硫同位素示踪

泗顶矿床矿石中平均值 $\delta^{34}S_{黄铁矿}=-7.3‰$、$\delta^{34}S_{闪锌矿}=-8.4‰$、$\delta^{34}S_{方铅矿}=-7.5‰$，远未达到 200℃ 时黄铁矿与闪锌矿、方铅矿间的热力学分馏（分别为 1.5‰和 5.1‰）水平，因此，矿床矿石硫化物间并未达到真正意义上的热力学平衡。

矿床硫同位素分布介于-17.1%至 2.3%之间，变化范围较大，且大部分样品具有较大的负 $\delta^{34}S$ 值，而南岭地区与岩浆活动有关的岩浆期后热液型铅锌矿床的硫同位素组成主要分布于-5‰至+5‰之间（陈好寿，1997），但是泗顶矿区无论深部还是地表至今均没有发现岩浆活动的痕迹，因而排除岩浆热液提供硫源的可能。

已有研究表明，细菌还原硫酸盐（BSR）能形成很大的硫同位素分馏，还原硫也多具较大的负 $\delta^{34}S$ 数值（Anderson etal，1998），但发生的温度一般在 120℃ 以下，低于泗顶铅锌矿床的成矿温度。四川盆地气田内普遍含有 H_2S 气体和有机质硫，其中 H_2S 具有宽的 $\delta^{34}S$ 数值范围和正的 $\delta^{34}S$ 数值，而沥青等有机质硫 $\delta^{34}S$ 数值通常偏负（Cai etal，2010）。在泗顶矿区的矿体内曾发现有许多残余的沥青质等有机质（曾允孚等，1986），推测其在成矿前可能存在一个古老油气藏圈闭，封存着经含硫有机质热裂解作用或是 TSR 作用而成的 H_2S 和沥青硫。矿床成矿早阶段发育有大量的胶状闪锌矿，这种闪锌矿是携带金属元素的成矿流体与充足的还原硫快速反应沉淀的结果。受限于反应产生还原硫的速率，TSR 作用不会形成这种胶状的闪锌矿，而往往形成晶形较好的金属硫化物。因而古老的油气藏中的 H_2S 和（或）沥青硫可能为成矿早阶段铅锌矿成矿提供了主要的硫源。

3. 铅同位素示踪

从铅同位素构造判别模式图[图 4-18（a）]可以看出，所有的样品落入上地壳与造山带演化线范围，表明泗顶铅锌矿床的矿石铅来自较高成熟度的物源区，总体相当于上地壳。在模式图 4-18（b）中，铅同位素投影点均落入上地壳与造山带演化线附近，但是泗顶矿区地层产状平缓，受区域构造运动影响较小，因而这类现象可是亏损铀的下地壳与富集铀的上地壳混合或相互作用的产物（Zartman and Doe，1981）。

在 $\Delta\gamma-\Delta\beta$ 成因分类图解（图 4-19）中，矿石铅和围岩铅均分布在上地壳铅范围与壳幔混合范围，泗顶矿区并无岩浆岩活动，因而推测成矿物质主要来自富铀铅、贫钍铅的碳酸盐岩地层。

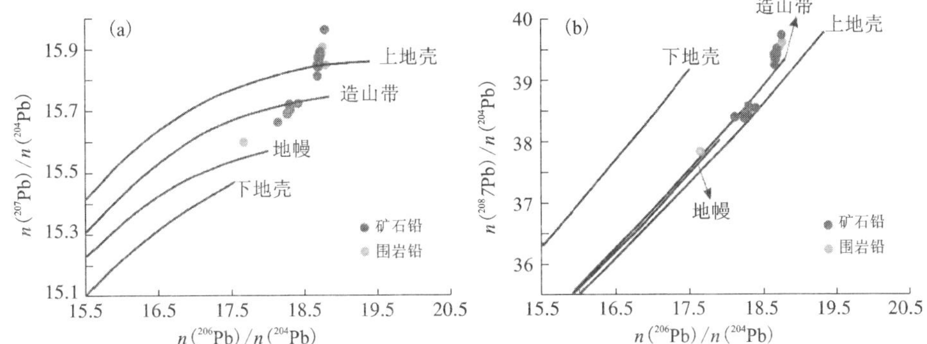

图 4-18 泗顶矿床 Pb 同位素特征图(底图据 Zartman and Doe，1981)

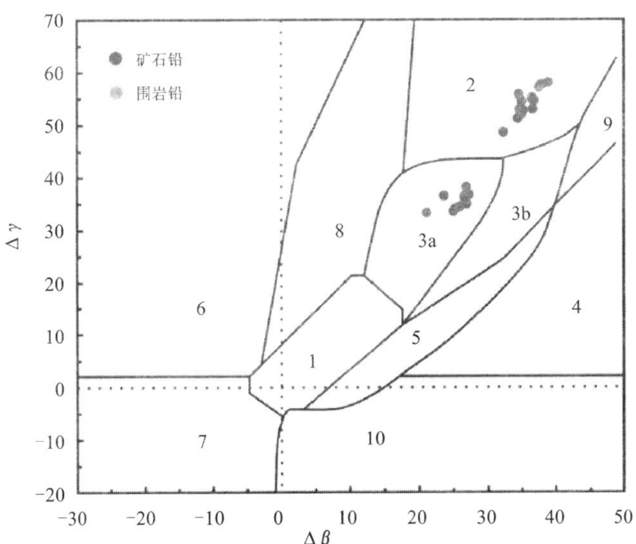

图 4-19 泗顶矿床铅同位素 $\Delta\gamma$–$\Delta\beta$ 成因分类图解

(底图据朱炳泉，1998)，图例见图 4-4

4. 碳氧同位素示踪

热液中的 CO_2 主要来自沉积碳酸盐岩的分解、地层有机质的降解以及深部地幔(唐永永等，2011)。将前表 4-15 中的数据投影到 C-O 同位素与重要地质储库对比中，如图 4-20 所示。

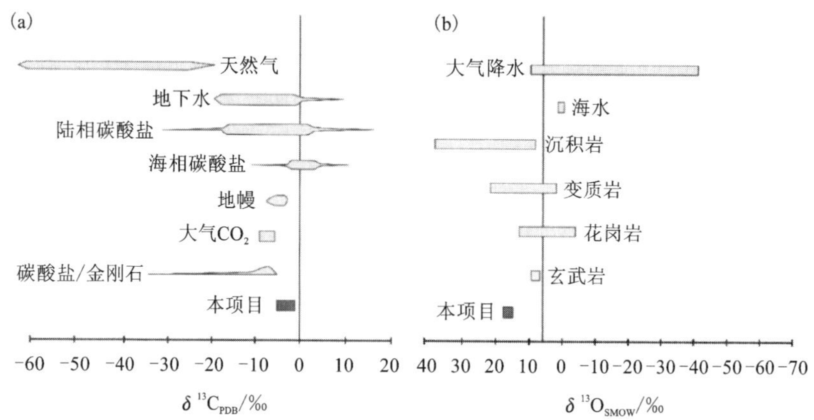

图 4-20 泗顶 C-O 同位素与重要地质储库对比

(底图(a)据 Clark and Fritz, 1997; 底图(b)据 Hoefs, 1997)

矿床热液方解石碳同位素 $\delta^{13}C_{PDB}$ 数值介于-5.0‰至-1.1‰之间, 兼具碳酸盐和有机碳的特征[表 4-15、图 4-20(a)], 说明热液中的 CO_2 起源于沉积碳酸盐岩和地层有机物的分解, 而氧同位素组成 $\delta^{18}O_{SMOW}$ 数值介于 13.2‰至 18.4‰之间, 与 250~300℃ 氧同位素平衡状态 $\delta^{18}O_{SMOW}$ = 12.96‰~17.71‰的理论计算范围基本一致, 说明氧来自沉积地层[表 4-15、图 4-20(b)]。

在 C-O 同位素图解(图 4-21)中, C-O 同位素数据投影点靠近碳酸盐岩溶解线下方, 并有少量样品偏向沉积有机碳脱羟基线, 表明热液方解石主要形成于成矿流体溶解围岩碳酸盐重结晶的过程, 并可能有少部分的有机碳加入(负 $\delta^{13}C_{PDB}$ 值), 成矿过程中二者不可避免地混合, 使得热液方解石 $\delta^{13}C_{PDB}$ 和 $\delta^{18}O_{SMOW}$ 值介于其中。

C-O 同位素特征研究揭示了成矿流体溶解围岩中碳酸盐和 TSR 氧化有机质的混合作用过程, 虽然围岩碳酸盐岩是热液方解石的主要物源, 但有机质参与了铅锌成矿作用。因此, 综合分析认为泗顶矿床碳、氧主要来源于碳酸盐岩围岩, 成矿过程中有有机碳流体的混入。

泗顶矿床矿石与围岩的稀土元素特征指示了成矿流体浓缩海水与淡水掺和的还原性卤水。S 同位素分馏机制主要为 BSR 作用。成矿物质主要来自上地壳, 可能有部分来自深部地壳。

泗顶矿床可能的成矿机制为: 矿区早期由于受到基底隆升, 触发了寒武系与泥盆系不整合界面之上的碳酸盐岩中灰岩与泥灰岩间的层滑作用, 形成了层间虚

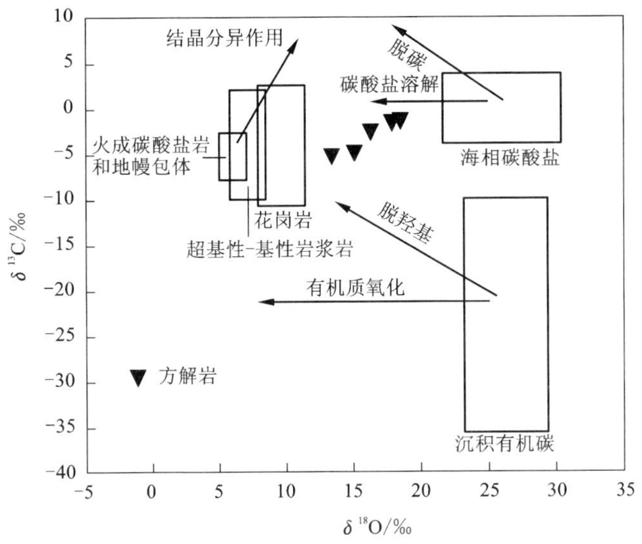

图 4-21　泗顶矿床 C-O 同位素图解(底图据 Liu etal, 2011)

脱圈闭空间，并进一步形成古油气藏，由于层滑拉张持续作用，在地层中形成大量高角度断裂(如 F_1、F_3、F_5 等)，古油气藏如"昙花一现"随即遭到破坏，此时来自上地壳携带金属的 $\sum SO_4^{2-}$ 的中低温盆地流体运移到泗顶矿区后，流经古油气藏部位，与封存其中由 BSR 作用产生的 H_2S 和沥青硫发生还原作用，导致金属硫化物的沉淀而形成高品位、块状矿的大型铅锌矿床。

第五节　江永铅锌矿床

一、微量及稀土元素地球化学特征

用于微量及稀土元素分析的样品采自江永铅锌矿床 160 m、200 m、240 m 和 280 m 中段的岩石、矿石新鲜面，其中花岗闪长岩样 3 件，铅锌矿石样 9 件，送广州澳实分析检测有限公司实验室分析，测试结果见表 4-21、表 4-22，并作图 4-22、图 4-23、图 4-24、图 4-25。

表 4-21　江永矿床铅锌矿石和花岗闪长岩微量元素组成 10^{-6}

样号	Ba	Cr	Cs	Ga	Hf	Nb	Rb	Sn	Sr
160Jy1	1.9	10	0.10	18.9	—	0.3	0.4	311	3.6
160Jy6	22.8	20	3.83	14.6	0.4	1.6	30.5	49	5.3
160Jy7	15.1	20	1.08	4.0	0.3	1.0	11.5	26	12.1
160Jy8	13.3	10	0.83	12.4	—	0.5	3.2	44	16.1
200Jy1	47.3	130	1.26	6.4	0.2	0.9	14.3	392	18.4
200Jy6	1.7	40	0.45	35.5	0.5	1.7	0.4	860	19.3
240Jy3	1.9	20	0.25	18.7	0.2	0.9	0.4	595	24.3
280Jy3	2.9	20	0.22	12.9	—	0.4	3.3	144	7.2
160Jy5	698	50	12.30	18.4	4.0	15.1	187.5	12	306
160Jy9	789	60	10.25	19.4	4.5	17.4	204	5	356
200Jy7	716	80	11.30	18.8	5.3	15.8	190.5	9	355

样号	Ta	Th	U	V	W	Y	Zr	U/Th	序号
160Jy1	0.1	0.24	1.10	—	7	0.7	2	4.58	1
160Jy6	0.2	2.22	3.62	17	46	1.1	15	1.63	2
160Jy7	0.1	0.91	2.30	18	6	1.6	10	2.53	3
160Jy8	0.1	0.73	1.95	10	4	0.7	4	2.67	4
200Jy1	0.1	0.81	2.92	9	2	1.2	7	3.60	5
200Jy6	0.2	0.99	2.35	32	14	0.7	16	2.37	6
240Jy3	0.1	0.54	0.97	14	6	0.6	8	1.80	7
280Jy3	—	0.27	0.86	9	2	—	3	3.19	8
160Jy5	1.6	13.55	6.58	74	2	24.0	138	0.49	9
160Jy9	1.6	12.90	5.54	109	2	28.0	172	0.43	10
200Jy7	1.7	16.00	9.14	81	2	25.8	184	0.57	11

注："—"表示含量低于检测下限，序号 1~8 为铅锌矿石样，9~11 为花岗闪长岩样。

表 4-22　江永矿床铅锌矿石和花岗闪长岩样品稀土元素组成　10^{-6}

序号	1	2	3	4	5	6	7	8	9	10	11
样号	160Jy1	160Jy6	160Jy7	160Jy8	200Jy1	200Jy6	240Jy3	280Jy3	160Jy5	160Jy9	200Jy7
La	—	1	1.1	0.5	2	1.3	0.9	—	25.2	28.4	26.9
Ce	0.6	1.6	2.2	1	3.5	2	1.4	—	51.2	58.4	53.1
Pr	0.07	0.17	0.26	0.11	0.32	0.22	0.13	0.06	5.35	6.07	5.51
Nd	0.3	0.7	1.1	0.5	1.2	0.8	0.5	0.2	20.9	24.3	21.3
Sm	0.09	0.16	0.27	0.12	0.22	0.17	0.12	—	4.39	5.26	4.4
Eu	0.06	0.03	0.17	0.1	0.07	0.07	0.09	—	1.08	1.17	1.16
Gd	0.09	0.16	0.26	0.13	0.18	0.12	0.1	—	4.26	4.95	4.52
Tb	0.02	0.03	0.04	0.02	0.03	0.02	0.02	—	0.64	0.74	0.71
Dy	0.1	0.18	0.23	0.11	0.17	0.1	0.09	—	3.77	4.28	4.11
Ho	0.03	0.04	0.05	0.03	0.04	0.03	0.02	0.01	0.83	0.92	0.89
Er	0.07	0.12	0.14	0.07	0.11	0.09	0.06	—	2.43	2.66	2.58
Tm	0.01	0.02	0.02	0.01	0.02	0.01	0.01	—	0.37	0.41	0.4
Yb	0.06	0.11	0.12	0.08	0.11	0.08	0.07	—	2.42	2.78	2.68
Lu	0.01	0.02	0.02	0.01	0.02	0.01	0.01	—	0.38	0.43	0.42
Y	0.7	1.1	1.6	0.7	1.2	0.7	0.6	—	24.0	28.0	25.8
∑REE	1.51	4.34	5.98	2.79	7.99	5.02	3.52	0.27	123.22	140.77	128.68
LREE	1.12	3.66	5.1	2.33	7.31	4.56	3.14	0.26	108.12	123.6	112.37
HREE	0.39	0.68	0.88	0.46	0.68	0.46	0.38	0.01	15.1	17.17	16.31
LREE/HREE	2.87	5.38	5.8	5.07	10.75	9.91	8.26	26	7.16	7.2	6.89
n(La)/n(Yb)	0	6.52	6.58	4.48	13.04	11.66	9.22	8.01	7.47	7.33	7.2
δEu	2.02	0.57	1.93	2.43	1.04	1.42	2.44	0.94	0.75	0.69	0.79
δCe	2.66	0.87	0.97	1.0	0.97	0.84	0.89	0	1.03	1.04	1.01

注:“—”表示含量低于检测下限,序号 1~8 为铅锌矿石样,9~11 为花岗闪长岩样。

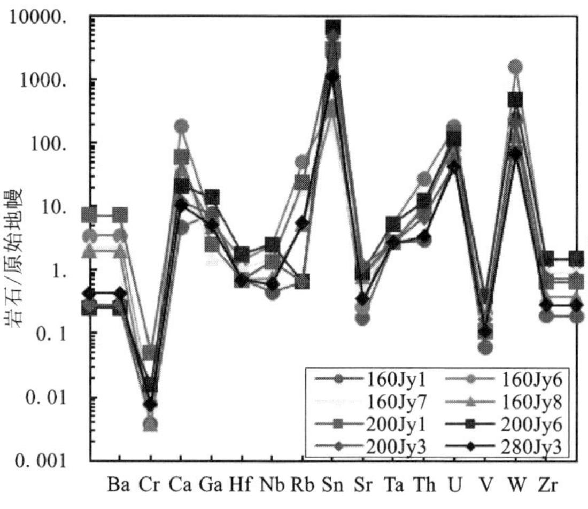

图 4-22　矿石微量元素蛛网图

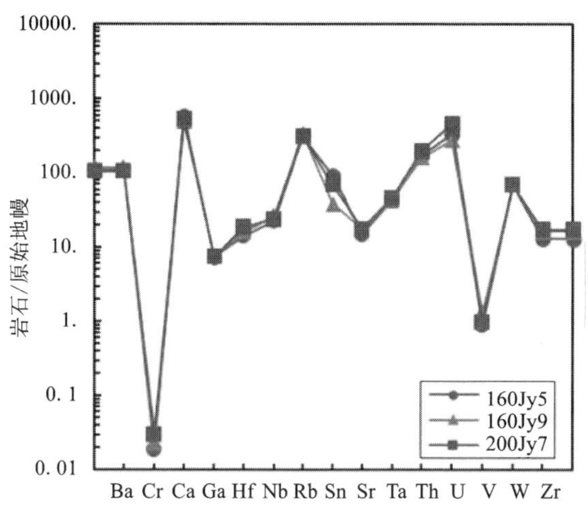

图 4-23　花岗闪长岩微量元素蛛网图

从矿石和花岗闪长岩的微量元素组成(表 4-20)及图 4-22、图 4-23 可知：

花岗闪长岩亏损 Cs、Hf、Ta、Y，相对富集 Ba、Rb、Sr、V、Zr 等壳源特征元素，表明岩浆冷却时受到了地壳污染；矿石相对亏损 Cr、Ga、Sn、V、Zr，且 Hf、Ho、Lu、Pr、Ta 和 Yb 含量较低，与快速堆积的热液沉积物特征相似(薛静等，2012)，显示成矿热液具有快速堆积、快速埋藏的特征；

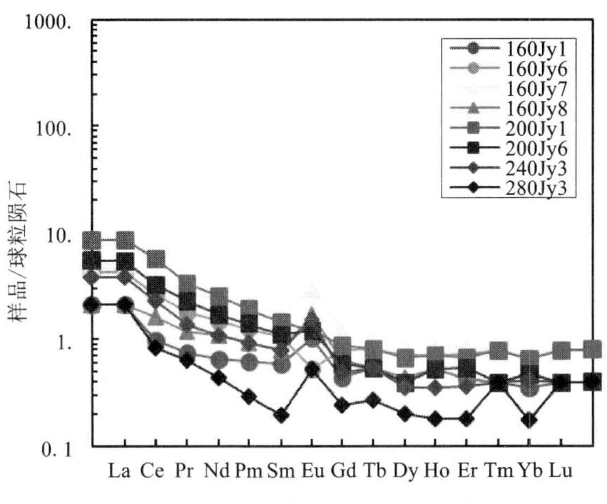

图 4-24　矿石稀土元素配分模式图

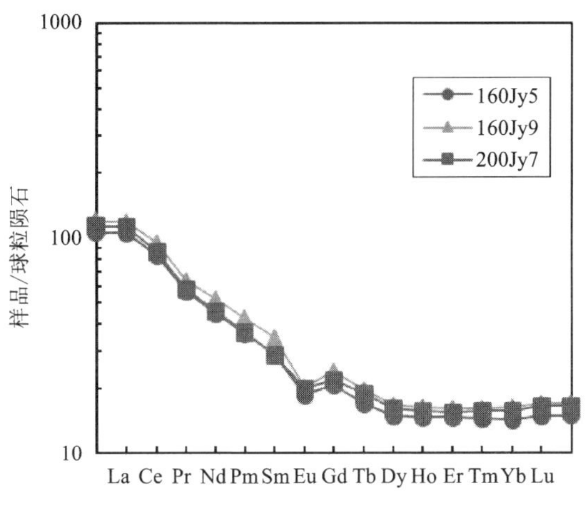

图 4-25　花岗闪长岩稀土元素配分模式

从矿石和花岗闪长岩的稀土元素组成(表 4-21)及图 4-24、图 4-25 可知：

矿石稀土元素总量小($\sum REE=0.27\times10^{-6}\sim5.98\times10^{-6}$)，配分曲线右倾，轻稀土相对富集，轻稀土元素的分馏程度大[$n(La)/n(Sm)=2.63\sim10.76$]，Eu 正异常明显，Ce 异常不明显；花岗闪长岩稀土总量大($\sum REE=123.22\times10^{-6}\sim140.77\times10^{-6}$)，配分曲线右倾，轻稀土相对富集，轻稀土元素的分馏程度大[$n(La)/n(Sm)=3.49\sim3.95$]，Eu 负异常明显，Ce 为弱负异常，反映江永矿床具有热水沉积成因的基本特征(丁振举等，2000)。

二、硫同位素地球化学特征

通过收集和测定的江永铅锌矿床中闪锌矿、方铅矿、黄铁矿、磁黄铁矿以及花岗闪长岩围岩的硫同位素结果列于表4-23，作硫同位素频数直方图4-26，结果显示全部矿石 $\delta^{34}S$ 值变化范围介于0.1‰至3.6‰之间，平均值为2.0‰，$\delta^{34}S_{闪锌矿}$数值介于1.7‰至3.6‰之间，平均值为2.7‰；$\delta^{34}S_{方铅矿}$数值介于0.1‰至1.6‰之间，平均值为1.0‰；$\delta^{34}S_{黄铁矿}$数值介于1.6‰至3.5‰之间，平均值为2.3‰；$\delta^{34}S_{磁黄铁矿}$数值介于0.5‰至3.1‰，平均值为1.4‰。花岗闪长岩 $\delta^{34}S$ 值变化介于3.4‰至4.6‰之间，平均值为4.1‰。图4-26中 $\delta^{34}S$ 值集中分布于1‰至4‰，总体变化幅度窄。

表4-23　江永矿床S同位素组成

样号	取样位置	样品描述	测定矿物	$\delta^{34}S$/‰
160Jy1	160中段	铅锌矿石	闪锌矿	2.9
160Jy6	160中段	铅锌黄铁矿石	黄铁矿	2.4
160Jy7	160中段	铅锌黄铁矿石	黄铁矿	1.9
160Jy8	160中段	铅锌矿石	闪锌矿	3.5
200Jy1	200中段	铅锌矿石	闪锌矿	3.4
200Jy6	200中段	铅锌矿石	方铅矿	1.1
240Jy3	240中段	铅锌矿石	方铅矿	1.1
280Jy3	280中段	铅锌矿石	方铅矿	1.6
J1601	160中段	黄铁矿石	黄铁矿	2.0
J1604	160中段	黄铁矿石	黄铁矿	2.4
J2001	200中段	黄铁矿石	黄铁矿	2.3
160Jy5	160中段	花岗闪长岩	全岩粉末	3.4
160Jy9	160中段	花岗闪长岩	全岩粉末	4.4
200Jy7	200中段	花岗闪长岩	全岩粉末	4.6
11D39-1-4	200中段	铅锌黄铁矿石	黄铁矿	3.5
11D39-1-6	200中段	铅锌黄铁矿石	磁黄铁矿	0.8
11D39-1-7-2	200中段	铅锌矿石	闪锌矿	1.9
11D39-1-8-2	200中段	铅锌矿石	闪锌矿	1.7

续表

样号	取样位置	样品描述	测定矿物	$\delta^{34}S$/‰
11D39-1-11-2	200 中段	铅锌矿石	闪锌矿	1.7
11D39-1-11-3	200 中段	铅锌矿石	方铅矿	0.1
11D39-1-13-1	200 中段	铅锌矿石	闪锌矿	3.6
11D39-1-13-2	200 中段	铅锌黄铁矿石	磁黄铁矿	3.1
11D39-2-2	280 中段	铅锌黄铁矿石	磁黄铁矿	1.4
11D39-2-3-1	280 中段	铅锌黄铁矿石	磁黄铁矿	1.3
11D39-3-3	480 中段	铅锌黄铁矿石	磁黄铁矿	1.1
11D39-4-1	506 中段	铅锌黄铁矿石	黄铁矿	1.6
11D39-4-2	506 中段	铅锌黄铁矿石	磁黄铁矿	0.5

注：编号 11D 开头的样品来自张遵遵等，2017；其他来自本项目。

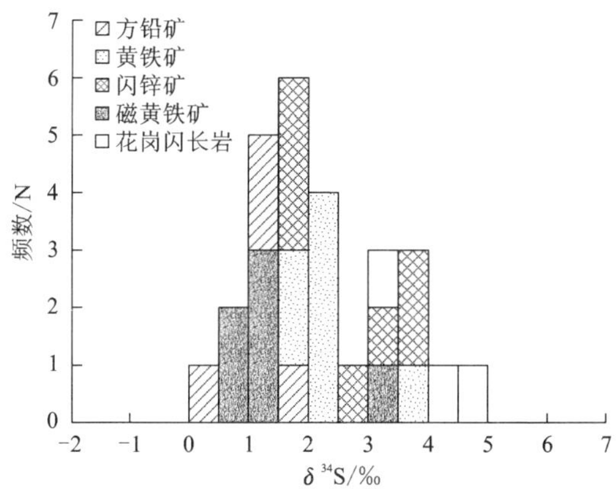

图 4-26 江永矿床硫同位素频率直方图

三、铅同位素地球化学特征

收集和测定样品 Pb 同位素分析结果列于表 4-24，统计特征如下：

闪锌矿单矿物 $n(^{206}Pb)/n(^{204}Pb)$ = 18.776～18.960，均值 18.898，$n(^{207}Pb)/n(^{204}Pb)$ = 15.734～15.853，均值 15.796，$n(^{208}Pb)/n(^{204}Pb)$ = 39.075～39.439，均值 39.275；

表 4-24　江永矿床矿石与岩体铅同位素组成及相关参数特征表

样号	测试对象	$n(^{206}Pb)/n(^{204}Pb)$	$n(^{207}Pb)/n(^{204}Pb)$	$n(^{208}Pb)/n(^{204}Pb)$	μ	ω	Th/U	$V1$
160Jy1	闪锌矿	18.954	15.835	39.349	9.87	39.44	3.87	97.54
160Jy6	黄铁矿	18.895	15.811	39.297	9.83	39.33	3.87	94.74
160Jy7	黄铁矿	18.914	15.805	39.324	9.81	39.27	3.87	95.88
160Jy8	闪锌矿	18.946	15.809	39.317	9.82	39.11	3.85	96.53
200Jy1	闪锌矿	18.960	15.853	39.395	9.90	39.77	3.89	98.77
200Jy6	方铅矿	19.007	15.828	39.402	9.85	39.29	3.86	100.17
240Jy3	方铅矿	19.008	15.825	39.389	9.84	39.21	3.86	99.87
280Jy3	方铅矿	18.978	15.828	39.354	9.85	39.26	3.86	98.26
160Jy5	花岗闪长岩	18.76	15.750	39.050	9.72	38.50	3.83	80.89
160Jy9	花岗闪长岩	18.71	15.680	38.830	9.59	37.23	3.76	70.54
200Jy7	花岗闪长岩	18.67	15.680	38.850	9.59	37.52	3.79	72.11
11D39-1-4	黄铁矿	18.816	15.738	39.060	9.69	38.12	3.81	78.51
11D39-1-6	磁黄铁矿	18.953	15.832	39.414	9.86	39.68	3.89	91.91
11D39-1-7-2	闪锌矿	18.856	15.734	39.075	9.68	37.93	3.79	77.42
11D39-1-8-2	闪锌矿	18.936	15.844	39.439	9.89	39.99	3.91	94.05
11D39-1-11-2	闪锌矿	18.860	15.737	39.079	9.69	37.95	3.79	77.68
11D39-1-11-3	方铅矿	18.855	15.734	39.079	9.68	37.95	3.79	77.54
11D39-1-13-2	闪锌矿	18.776	15.761	39.269	9.74	39.40	3.91	86.72
11D39-2-2	磁黄铁矿	18.923	15.816	39.346	9.83	39.42	3.88	89.62
11D39-2-3-1	磁黄铁矿	18.945	15.847	39.448	9.89	40.00	3.91	94.31
11D39-3-3	磁黄铁矿	18.880	15.724	39.017	9.66	37.47	3.75	75.77
11D39-4-1	磁黄铁矿	18.880	15.749	39.187	9.71	38.38	3.83	80.83

续表

11D39-4-2	黄铁矿	18.880	15.753	39.162	9.72	38.32	3.82	80.60
11D39-4-3	磁黄铁矿	18.932	15.809	39.319	9.82	39.19	3.86	88.10
14TSL-40-1	花岗闪长岩	19.121	15.750	39.338	9.69	37.70	3.77	89.57
14TSL-40-7	花岗闪长岩	19.146	15.764	39.208	9.72	37.20	3.70	87.10
14TSL-41-1	花岗闪长岩	19.149	15.804	39.570	9.79	38.95	3.85	95.84
14TSL-41-2	花岗闪长岩	18.940	15.778	39.347	9.76	38.96	3.86	85.72

样号	测试对象	$n(^{206}Pb)/n(^{204}Pb)$	$n(^{207}Pb)/n(^{204}Pb)$	$n(^{208}Pb)/n(^{204}Pb)$	V2	$\Delta\alpha$	$\Delta\beta$	$\Delta\gamma$
160Jy1	闪锌矿	18.954	15.835	39.349	76.06	104.72	33.37	57.25
160Jy6	黄铁矿	18.895	15.811	39.297	73.18	101.25	31.77	55.84
160Jy7	黄铁矿	18.914	15.805	39.324	73.67	102.35	31.39	56.56
160Jy8	闪锌矿	18.946	15.809	39.317	75.43	104.23	31.66	56.37
200Jy1	闪锌矿	18.960	15.853	39.395	76.22	105.01	34.55	58.48
200Jy6	方铅矿	19.007	15.828	39.402	77.91	107.81	32.87	58.67
240Jy3	方铅矿	19.008	15.825	39.389	78.04	107.86	32.71	58.31
280Jy3	方铅矿	18.978	15.828	39.354	76.98	106.08	32.86	57.39
160Jy5	花岗闪长岩	18.76	15.750	39.050	64.98	88.70	27.55	46.57
160Jy9	花岗闪长岩	18.71	15.680	38.830	60.90	81.81	22.77	38.41
200Jy7	花岗闪长岩	18.67	15.680	38.850	60.12	81.73	22.89	40.22
11D39-1-4	黄铁矿	18.816	15.738	39.060	64.66	87.68	26.54	44.42
11D39-1-6	磁黄铁矿	18.953	15.832	39.414	70.47	97.09	32.75	54.73
11D39-1-7-2	闪锌矿	18.856	15.734	39.075	64.74	87.40	26.15	43.34
11D39-1-8-2	闪锌矿	18.936	15.844	39.439	70.94	98.18	33.64	56.58
11D39-1-11-2	闪锌矿	18.860	15.737	39.079	65.00	87.70	26.35	43.49
11D39-1-11-3	方铅矿	18.855	15.734	39.079	64.68	87.40	26.16	43.48
11D39-1-13-2	闪锌矿	18.776	15.761	39.269	63.68	89.79	28.27	52.53
11D39-2-2	磁黄铁矿	18.923	15.816	39.346	69.47	95.47	31.71	52.98
11D39-2-3-1	磁黄铁矿	18.945	15.847	39.448	71.22	98.50	33.83	56.71
11D39-3-3	磁黄铁矿	18.880	15.724	39.017	65.75	87.87	25.46	41.27

续表

样号	测试对象	$n(^{206}Pb)/n(^{204}Pb)$	$n(^{207}Pb)/n(^{204}Pb)$	$n(^{208}Pb)/n(^{204}Pb)$	$V2$	$\Delta\alpha$	$\Delta\beta$	$\Delta\gamma$
11D39-4-1	磁黄铁矿	18.880	15.749	39.187	65.08	88.91	27.14	46.40
11D39-4-2	黄铁矿	18.880	15.753	39.162	65.69	89.30	27.42	45.96
11D39-4-3	磁黄铁矿	18.932	15.809	39.319	69.33	94.83	31.20	51.59
14TSL-40-1	花岗闪长岩	19.121	15.750	39.338	74.48	101.76	27.15	49.83
14TSL-40-7	花岗闪长岩	19.146	15.764	39.208	77.45	103.20	28.06	46.37
14TSL-41-1	花岗闪长岩	19.149	15.804	39.570	74.50	103.37	30.67	56.03
14TSL-41-2	花岗闪长岩	18.940	15.778	39.347	66.58	91.87	29.00	50.39

注：11D39 开头样品数据引自张遵遵等(2017)，14TSL 开头样品数据引自蔡应雄等(2015)，其他来自本项目。

方铅矿单矿物 $n(^{206}Pb)/n(^{204}Pb)$= 18.855~19.008，均值 18.962，$n(^{207}Pb)/n(^{204}Pb)$= 15.734~15.828，均值 15.804，$n(^{208}Pb)/n(^{204}Pb)$ = 39.079~39.402，均值 39.306；

黄铁矿单矿物 $n(^{206}Pb)/n(^{204}Pb)$= 18.816~18.914，均值 18.877，$n(^{207}Pb)/n(^{204}Pb)$= 15.738~15.811，均值 15.777，$n(^{208}Pb)/n(^{204}Pb)$ = 39.060~39.324，均值 39.211；

磁黄铁矿单矿物 $n(^{206}Pb)/n(^{204}Pb)$ = 18.880 ~ 18.953，均值 18.919，$n(^{207}Pb)/n(^{204}Pb)$= 15.724~15.847，均值 15.796，$n(^{208}Pb)/n(^{204}Pb)$= 39.017~39.448，均值 39.289；

花岗闪长岩全岩 $n(^{206}Pb)/n(^{204}Pb)$ = 18.670 ~ 19.149，均值 18.928，$n(^{207}Pb)/n(^{204}Pb)$= 15.680~15.804，均值 15.743，$n(^{208}Pb)/n(^{204}Pb)$= 38.830~39.570，均值 39.170。

矿石铅和岩石铅同位素组成范围差异不大，两者均富含放射成因铅，μ 较高。

四、成矿流体特征

本书对江永铅锌矿床闪锌矿及与其共生的方解石进行了流体包裹体的研究，镜下观测显示它们的形态多呈椭圆状[照片 4-3(a)、(c)]、水滴状[照片 4-3(e)]、米粒状[照片 4-3(f)]、菱形或长方形[照片 4-3(b)、(d)]以及不规则状，以孤立状、簇状及无序状等状态产出(照片 4-3)。流体包裹体以原生包裹体为主，次生、假次生包裹体较少，类型以富液相水溶液包裹体和单相水溶液包裹体为主，单相 CO_2 气体包裹体少见。流体包裹体显微测温结果列于表 4-25。

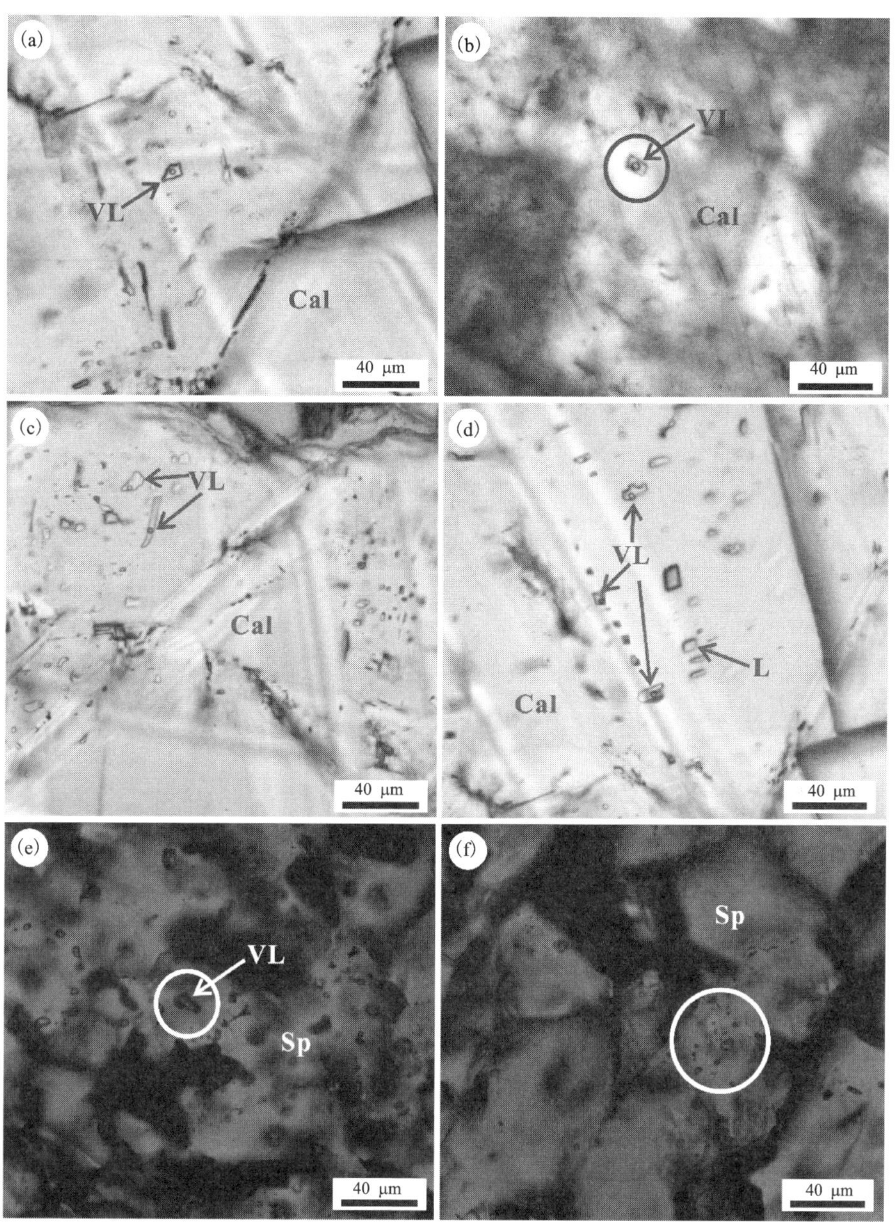

照片 4-3　江永矿床流体包裹体特征

(a)无序状包裹体；(b)、(e)孤立状包裹体；(c)、(d)、(f)—簇状包裹体；
Cal—方解石；Sp—闪锌矿；VL—气液两相包裹体；L—纯液相包裹体

表 4-25　江永矿床流体包裹体显微测温结果

样号	寄主矿物	产状	大小/μm	V/L/%	均一温度/℃	冰点温度/℃	盐度 w/%
JY01	方解石	I	5~10	5~10	110.3~131.1L	-24.4~-20.5	22.71~24.11
JY02	方解石	I	4~8	5~20	126.2~180.7L	-24.1~-22.2	23.48~24.08
JY05	方解石	C	5~15	10~30	211.5~253.7L	-18.2~-1.1	1.90~21.10
JY06	方解石	C	3~10	10~20	117.8~229.5L	-5.9	9.08
JY10	方解石	RD	3~10	5~20	130.4~189.9L	-24.5~-20.5	22.70~24.20
JY11	方解石	RD	3~10	5~10	203.0~205.20L	-23.7~-23.6	23.87~23.91
JY13	方解石	C	4~12	5~30	126.0~306.0L	-7.7~-0.25	0.46~11.34
JY15	闪锌矿	I	3~10	5~20	129.0~204.3L	-21.5~-21.1	23.20~24.33
JY17	闪锌矿	I	4~12	10~20	125.2~210.2L	-26.0~-14.5	18.10~24.65
JY20	闪锌矿	C	4~10	5~20	114.1~177.6L	-25.3~-19.9	21.29~24.40

注：I—孤立状，C—簇状，RD—无序状，L—均一到液相，盐度计算公式据 Chi and Ni(2007)。

表 4-22 显示方解石中流体包裹体均一温度变化介于 110.3 至 306.0℃之间，峰值介于 140.0 至 260.0℃之间，闪锌矿中流体包裹体均一温度范围介于 114.1 至 210.0℃之间，峰值介于 140.0 至 260.0℃之间，显示中低温流体的特征。闪锌矿流体包裹体的初熔温度接近-52℃，冰点温度范围为-26.1~-14.4℃，以此判断成矿流体为 $H_2O-NaCl-CaCl_2$ 体系(Chi and Ni, 2007)。采用 $H_2O-NaCl-CaCl_2$ 体系计算盐度(Chi and Ni, 2007)，获得方解石和闪锌矿中流体包裹体盐度分别为 0.46%~24.11% $NaCl_{eqv}$、18.10%~24.65% $NaCl_{eqv}$，显示中高盐度盆地热卤水的特征。

因此，江永矿床流体包裹体特征显示其成矿流体具有中低温、中高盐度的特征。

五、矿床成矿机制

1. 微量及稀土元素对成矿物质来源的指示

微量元素的 $n(U)/n(Th)$ 比是区分成矿物质是正常海水沉积还是热水沉积 [$n(U)/n(Th)>1$] 的重要标志(Rona, 1987)。矿石样品 $n(U)/n(Th)$ 为 1.63~4.58，并且 Zr 的含量介于 2×10^{-6} 至 16×10^{-6} 之间，与热水沉积的含金属热液沉积物的 Zr 含量(一般 $<50\times10^{-6}$)的特征一致(杨瑞东等，2009)，表明矿石为热水沉积成因。

稀土元素中的特征元素 Ce、Eu 的异常能反映出矿物形成的环境，如靠近大陆边缘的以及开阔洋盆中的海水分别显示无 Ce 负异常和强烈的 Ce 负异常(丁振举等，2000)，喷流沉积形成的矿石具有显著的正异常(Klinkhammer，1994)。江永矿床矿石稀土元素特征是明显的 Eu 正异常、无 Ce 负异常，说明矿石物质来源不是现代海水，而是沉积盆地的热卤水。矿区花岗闪长岩的 REE 组成代表了岩浆热水沉积的特点，它与矿石之间具有轻稀土富集、配分曲线亦右倾、无 Ce 负异常的共同特征，表明二者具有相同的物质来源。

因此，微量及稀土元素地球化学特征指示江永矿床的成矿物质来源于盆地卤水与岩浆热液。

2. 硫同位素示踪

江永矿床的矿石 $\delta^{34}S$ 数值均为正值，变化范围小(0.1‰~3.6‰)，属于热力学还原作用(TSR)的产物，但是矿石硫同位素组成并不满足郑永飞和陈江峰(2000)提出的热液矿床中硫同位素在共生矿物之间的富集顺序：$\delta^{34}S_{硫酸盐}>\delta^{34}S_{辉钼矿}>\delta^{34}S_{黄铁矿}>\delta^{34}S_{闪锌矿}>\delta^{34}S_{磁黄铁矿}>\delta^{34}S_{黄铜矿}>\delta^{34}S_{斑铜矿}>\delta^{34}S_{方铅矿}$，说明铅锌等金属硫化物的形成过程中硫同位素并未达到分馏平衡，故不能直接计算同位素平衡温度(Ohmoto，1986)，这也间接说明矿床热液中的硫源相对较复杂。

硫同位素组成的差异性主要受硫的不同来源的影响(Hoefs，2009)，如图 4-27 所示：$\delta^{34}S$ 数值在陨石中介于-1‰至+1‰的狭窄范围；在幔源(玄武岩)中介于-3‰至+3‰之间(Ohmoto，1986)；在花岗岩中变化范围增加到-3‰至+7‰(Ohmoto and Goldhaber，1997)，平均值为 4‰(Taylor，1987)；在变质岩中波动幅度较大(-20‰~+20‰)；在海水中稳定于+20‰左右(Claypool etal，1980)；在沉积岩中往往变化很大，多为较大的正值或负值(郑永飞和陈江峰，2000)。陈好寿(1997)通过系统的硫同位素研究，总结出南岭地区岩浆期后热液型铅锌矿床的 $\delta^{34}S$ 数值分布于-5‰~+5‰。

江永矿床矿石 $\delta^{34}S$ 数值变化范围为 0.1‰~3.6‰，平均值 2.0‰，花岗闪长岩石 $\delta^{34}S$ 值变化范围为 3.4‰~4.6‰，平均值 4.1‰，二者介于幔源硫、岩浆期后热液及沉积岩硫同位素组成范围，结合稀土元素对成矿物质源的指示，可知矿床热液中的硫，来源于壳、幔物质混熔形成的岩浆和沉积地层。

3. 铅同位素示踪

在铅同位素构造判别模式图 4-28 中，江永矿床的矿石和岩体的铅同位素投影点落点分布在上地壳及造山带铅演化曲线附近区域，在 $\Delta\gamma-\Delta\beta$ 成因分类图解(图 4-29)中，它们落入上地壳和壳幔混合中岩浆作用的范围内，与区域构造、铜山岭花岗闪长岩侵位活动有关，暗示它们可能受控同一体系——上地壳，并且有岩浆热液铅源的加入。

江永铅锌矿床稀土、微量元素特征及 S-Pb 同位素组成特征一致指示成矿物

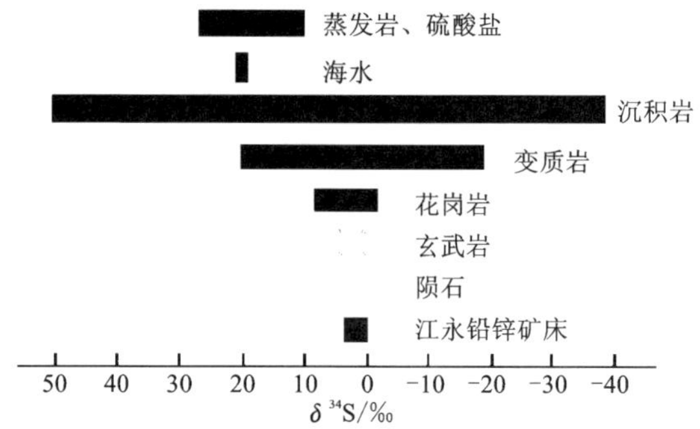

图 4-27 江永矿床硫同位素组成与其他硫源对比

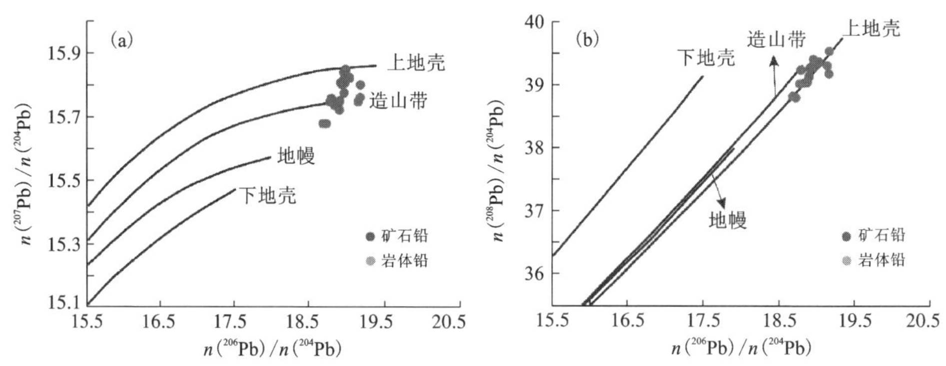

图 4-28 江永矿床 Pb 同位素特征图(底图据 Zartman and Doe，**1981**)

质来自上地壳地层中的中低温、中高盐度热卤水和铜山岭岩浆岩。S 同位素分馏不平衡，其差异性是热力学还原作用(TSR)下的宏观表现。

矿床的成矿过程可能为：矿区褶皱-层滑产生裂隙后发展成层滑-溶洞构造，地层中富含硫的还原性盆地热卤水沿着断裂、裂隙自下而上迁移，沿途萃取铅锌等成矿物质，并加热碳酸盐岩围岩，在 TSR 热力学还原作用下，形成硫同位素分馏，促使部分金属硫化物在溶洞开放空间沉淀形成铅锌矿化体，后期铜山岭岩体底辟上侵活动，带来大量富含金属的氧化性流体，与先前的还原性流体混合，加速了金属硫化物的沉积，形成溶洞充填型厚富的铅锌矿体。

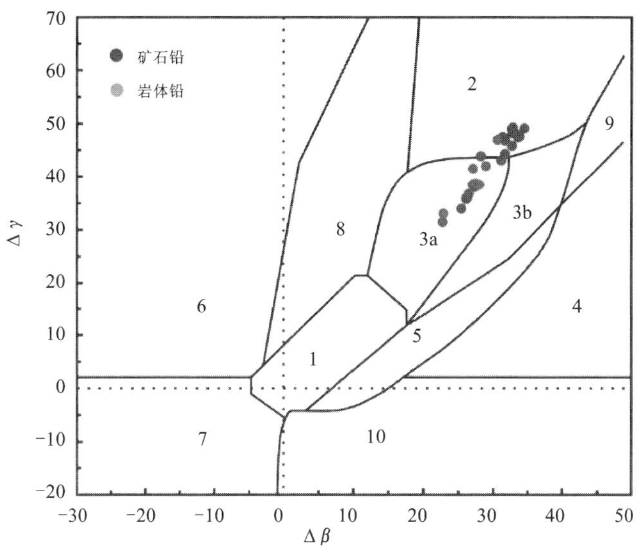

图 4-29　江永矿床铅同位素 $\Delta\gamma$-$\Delta\beta$ 成因分类图解
（底图据朱炳泉，1998），图例见图 4-4

第六节　黄沙坪铅锌钨钼多金属矿床

一、硫铅同位素地球化学特征

黄沙坪矿床是湘南著名的铅锌钨钼多金属大型矿床，矿体类型繁多，以铅锌和钨钼矿体最为重要，成矿阶段分矽卡岩期和金属硫化物期。前人已经开展了诸多同位素地球化学研究，本项目主要收集和测定了金属硫化物期的 S 同位素 88 件，铅同位素 41 件，其同位素组成列于表 4-26。

表 4-26　黄沙坪矿床 S-Pb 同位素组成

样号	采样位置	测定对象	$\delta^{34}S$/‰	$n(^{206}Pb)/n(^{204}Pb)$	$n(^{207}Pb)/n(^{204}Pb)$	$n(^{208}Pb)/n(^{204}Pb)$
硫化物矿石						
H601-1	−16 m 中段	黄铁矿	8.29	18.491	15.768	38.972
H601-2	−16 m 中段	黄铁矿	8.28			
H9605(1)	−96 m 中段	方铅矿	4.87	18.600	15.749	39.011

续表

样号	采样位置	测定对象	$\delta^{34}S/‰$	$n(^{206}Pb)/n(^{204}Pb)$	$n(^{207}Pb)/n(^{204}Pb)$	$n(^{208}Pb)/n(^{204}Pb)$
H9606(2)	-96 m 中段	黄铁矿	6.88	18.769	15.984	39.771
H9606(3)	-96 m 中段	方铅矿	4.17	18.601	15.767	39.088
H1363(2)	-136 m 中段	方铅矿	13.77	18.635	15.809	39.219
H1365(1)	-136 m 中段	闪锌矿	15.39	18.848	15.981	39.244
H1365(2)	-136 m 中段	闪锌矿	15.59			
硫化物矿石						
11HSP86	-96 m 中段	磁黄铁矿	4.4	18.616	15.804	39.208
11HSP90	-96 m 中段	磁黄铁矿	4.4			
11HSP86	-96 m 中段	闪锌矿	4.7			
11HSP90	-96 m 中段	闪锌矿	5.3	18.596	15.769	39.094
11HSP88	-96 m 中段	磁黄铁矿	5.4			
12HSP18	-96 m 中段	闪锌矿	5.8			
11HSP100	-96 m 中段	闪锌矿	5.9			
11HSP99	-96 m 中段	磁黄铁矿	6.0	18.542	15.711	38.902
11HSP98	-96 m 中段	闪锌矿	6.2	18.566	15.738	38.992
11HSP98	-96 m 中段	磁黄铁矿	6.3			
11HSP97	-96 m 中段	磁黄铁矿	6.4			
11HSP99	-96 m 中段	闪锌矿	6.5			
11HSP96	-96 m 中段	磁黄铁矿	6.6			
12HSP22	-96 m 中段	闪锌矿		18.596	15.773	39.106
12HSP32-1	-56 m 中段	方铅矿	9.7	18.545	15.722	38.937
12HSP32-2	-56 m 中段	方铅矿	13.4	18.525	15.688	38.828
12HSP33	-56 m 中段	方铅矿	13.7	18.572	15.746	39.019
12HSP29	-56 m 中段	方铅矿	13.9	18.560	15.732	38.968
11HSP124	20 m 中段	方铅矿	8.3	18.526	15.686	38.821
11HSP135	20 m 中段	方铅矿	9.2	18.560	15.729	38.965
11HSP124	20 m 中段	磁黄铁矿	9.2	18.652	15.845	39.345
11HSP115	20 m 中段	方铅矿	9.3			

续表

样号	采样位置	测定对象	$\delta^{34}S/‰$	$n(^{206}Pb)/n(^{204}Pb)$	$n(^{207}Pb)/n(^{204}Pb)$	$n(^{208}Pb)/n(^{204}Pb)$
11HSP115	20 m 中段	黄铁矿	10.3	18.613	15.797	39.184
11HSP127	20 m 中段	方铅矿	10.9			
11HSP137	20 m 中段	方铅矿	10.9			
11HSP52	20 m 中段	闪锌矿	11.0			
11HSP137	20 m 中段	黄铁矿	12.2			
11HSP127	20 m 中段	磁黄铁矿	12.8			
11HSP125	20 m 中段	磁黄铁矿	13.0			
11HSP123	20 m 中段	方铅矿	13.3			
11HSP114	20 m 中段	磁黄铁矿	13.4			
11HSP116	20 m 中段	黄铁矿	13.7	18.566	15.737	38.991
11HSP118	20 m 中段	方铅矿	13.8			
11HSP123	20 m 中段	磁黄铁矿	15.1			
12HSP13	20 m 中段	黄铁矿	15.3	18.544	15.719	38.928
12HSP13	20 m 中段	闪锌矿	15.3			
11HSP59	20 m 中段	闪锌矿	16.3			
围岩灰岩						
1212HSP02	石磴子组	黄铁矿	-22.6			
1212HSP01	石磴子组	黄铁矿	-21.2	18.395	15.608	38.356
1212HSP08	石磴子组	黄铁矿	-11.1	18.484	15.645	38.188
1212HSP09	石磴子组	黄铁矿	-9.3	18.415	15.631	38.193
1212HSP07	石磴子组	黄铁矿	-7.7	18.460	15.642	38.233
1212HSP12	石磴子组	黄铁矿	-2.5	18.370	15.607	38.122
花岗岩类						
1212HSP17	石英斑岩	黄铁矿	4.3	18.547	15.695	38.989
11HSP-94	石英斑岩	黄铁矿	4.7			
1212HSP14	石英斑岩	黄铁矿	9.8	18.525	15.712	38.887
1212HSP36	石英斑岩	黄铁矿	10.0			
1212HSP30	石英斑岩	黄铁矿	10.5	18.547	15.712	38.904

续表

样号	采样位置	测定对象	$\delta^{34}S$/‰	$n(^{206}Pb)/n(^{204}Pb)$	$n(^{207}Pb)/n(^{204}Pb)$	$n(^{208}Pb)/n(^{204}Pb)$
11HSP-47	石英斑岩	黄铁矿	11. 2			
11HSP-159	花岗斑岩	黄铁矿	0. 2			
11HSP-160	花岗斑岩	黄铁矿	15. 1			
11HSP-107	花岗斑岩	黄铁矿	16. 5			
花岗岩类						
HSPJ-1-1	165 m 中段	石英斑岩	4. 8			
HSPJ-2-1	165 m 中段	石英斑岩	7. 3			
HSPJ-2-2	165 m 中段	石英斑岩	7. 4			
HSPJ-5	165 m 中段	石英斑岩	4. 1			
HSPJ-8	165 m 中段	石英斑岩	7. 5			
HSPJ-9	165 m 中段	石英斑岩	4. 8			
HSPJ-11	56 m 中段	花岗斑岩	10. 9			
HSPJ-12-1	56 m 中段	花岗斑岩	9. 4			
HSPJ-12-2	56 m 中段	花岗斑岩	7. 5			
HSPJ-12-3	56 m 中段	花岗斑岩	6. 4			
HSPJ-13-1	56 m 中段	花岗斑岩	5. 8			
HSPJ-13-2	56 m 中段	花岗斑岩	4. 9			
HSPJ-13-3	56 m 中段	花岗斑岩	11. 4			
硫化物矿石						
HSC-03	-56 m 中段	闪锌矿	10. 7	18. 563	15. 737	38. 991
HSC-03	-56 m 中段	方铅矿	7. 6			
HSC-10	-56 m 中段	辉钼矿	14. 0	18. 498	15. 730	38. 882
HSC-13	-56 m 中段	黄铁矿	11. 0	18. 567	15. 740	39. 003
HSC-13	-56 m 中段	闪锌矿	10. 7			
HSC-14	31 号矿体	黄铁矿	8. 7			
HSC-16	20 m 中段	辉钼矿	14. 2	18. 584	15. 672	38. 978
HSC-17	20 m 中段	方铅矿	15. 0	18. 570	15. 745	39. 017
HSC-18	20 m 中段	闪锌矿	8. 9	18. 552	15. 731	38. 979

续表

样号	采样位置	测定对象	$\delta^{34}S$/‰	$n(^{206}Pb)/n(^{204}Pb)$	$n(^{207}Pb)/n(^{204}Pb)$	$n(^{208}Pb)/n(^{204}Pb)$
HSC-21	20 m 中段	闪锌矿	3.8			
HSC-22	20 m 中段	方铅矿	3.0	18.596	15.792	39.178
HSC-27	56 m 中段	闪锌矿	16.2	18.572	15.749	39.032
HSC-28	56 m 中段	辉钼矿	17.1	18.658	15.683	38.842
HSC-29	56 m 中段 46 号矿体	方铅矿	9.2	18.545	15.723	38.951
HSC-39	20 m 中段	闪锌矿	17.4	18.535	15.706	38.889
HSC-76	56 m 中段	闪锌矿	5.5	18.603	15.785	39.155

注：编号 H 开头样品来自本项目，编号含 HSP 样品来自 Ding etal，2016；编号 HSPJ 开头样品来自原垭斌等，2014；编号 HSC 开头样品来自祝新友等，2012。

由表 4-26 可知，全部矿石 $\delta^{34}S$ 数值变化范围为 2.3‰~17.5‰，平均值 10.6‰，其中 $\delta^{34}S_{闪锌矿}$ 平均值 11.8‰；$\delta^{34}S_{方铅矿}$ 平均值 9.9‰；$\delta^{34}S_{黄铁矿}$ 平均值 10.5‰；$\delta^{34}S_{磁黄铁矿}$ 平均值 8.3‰，$\delta^{34}S_{黄铜矿}$ 平均值 4.5‰，$\delta^{34}S_{辉钼矿}$ 平均值 15.1‰，$\delta^{34}S_{毒砂}$ 平均值 14.0‰；石凳子组灰岩中 $\delta^{34}S_{黄铁矿}$ 数值变化范围为-22.6‰~-2.5‰，平均值-12.4‰；石英斑岩中 $\delta^{34}S_{黄铁矿}$ 数值变化范围为 4.1‰~11.2‰，平均值 7.2‰，花岗斑岩中 $\delta^{34}S_{黄铁矿}$ 数值变化范围为 0.2‰~16.5‰，平均值 8.8‰。硫同位素直方图 4-30 中矿石 $\delta^{34}S$ 数值集中分布于 5‰~15‰，围岩硫 $\delta^{34}S$ 数值集中分布于-10‰~10‰，呈似塔式分布。

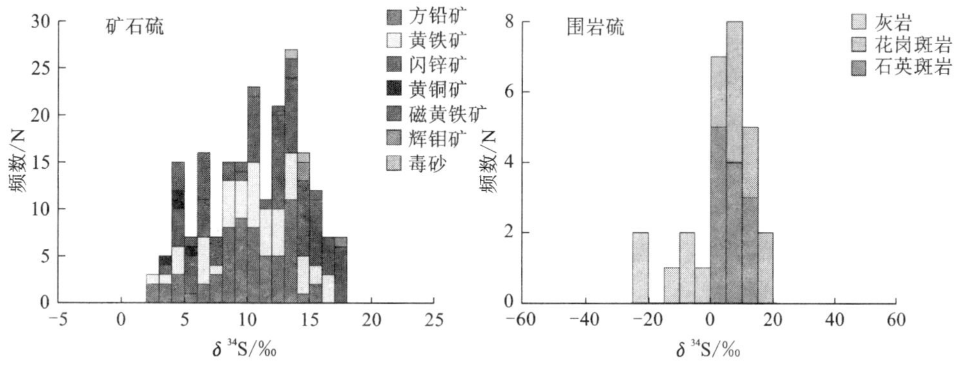

图 4-30　黄沙坪矿床硫同位素频数直方图

黄沙坪矿床中金属硫化物 $n(^{206}Pb)/n(^{204}Pb)$ = 18.491 ~ 18.848，均值 18.587，$n(^{207}Pb)/n(^{204}Pb)$ = 15.672~15.984，均值 15.759，$n(^{208}Pb)/n(^{204}Pb)$ = 38.821~39.771，均值 39.045，显示铅同位素组成较为均一，以富集放射性成因铅为主，具有明显的壳源特征。石凳子组灰岩围岩 $n(^{206}Pb)/n(^{204}Pb)$ = 18.370~18.484，均值 18.425，$n(^{207}Pb)/n(^{204}Pb)$ = 15.607 ~ 15.645，均值 15.627，$n(^{208}Pb)/n(^{204}Pb)$ = 38.122~39.356，均值 38.218；石英斑岩 $n(^{206}Pb)/n(^{204}Pb)$ = 18.525~18.547，均值 18.540，$n(^{207}Pb)/n(^{204}Pb)$ = 15.695~15.712，均值 = 15.706，$n(^{208}Pb)/n(^{204}Pb)$ = 38.887~38.989，均值 38.927。对比矿石和岩石的铅同位素组成，发现二者范围差异不大，均富含放射成因铅。

二、碳氧同位素地球化学特征

收集 12 件碳、氧同位素测定的结果列于表 4-27。

表 4-27　黄沙坪矿床 C-O 同位素组成

取样位置	产状特征	测定对象	$\delta^{13}C_{PDB}$/‰	$\delta^{18}O_{SMOW}$/‰
273 m 中段	矽卡岩	方解石	-4.4~-4.8	10.3~12.5
273 m 中段	毒砂-闪锌矿	方解石	-4.7	12.4
273 m 中段	矿化晚期方解石脉	方解石	-7.2~-0.4	13.0~15.0
273 m 中段	矿化晚期方解石脉	方解石	-2.9~-1.1	10.9~14.8
273 m 中段	51 号矿体围岩	方解石	-1.4	13.7
273 m 中段	301 号矿体围岩	方解石	-1.2	14.0
273 m 中段	52 号岩体接触带	方解石	-2.8	13.5
273 m 中段	51 号岩体接触带	方解石	-2.5	14.7
273 m 中段	51 号岩体接触带	方解石	-2.5	14.8
273 m 中段	岩体接触带	方解石	2.0	19.5
地表	岩体接触带	灰岩	0.94	22.8
地表	沉积岩	灰岩	3.0	22.7

注：表中数据引自刘悟辉(2007)。

由表 4-23 可知，黄沙坪 $\delta^{13}C_{PDB}$ 数值变化范围介于 0.1‰至 3.9‰之间，$\delta^{18}O_{SMOW}$ 数值变化范围介于 15.7‰至 23.5‰之间，成矿晚期的方解石的 $\delta^{13}C_{PDB}$ 数值为-7.2‰~1.1‰，$\delta^{18}O_{SMOW}$ 数值为 10.3‰~15.0‰，灰岩的 $\delta^{13}C_{PDB}$ 数值为 0.94‰~3.0‰，$\delta^{18}O_{SMOW}$ 数值为 22.8‰~22.7‰。在垂直方向上，从地表灰岩→

岩体接触带，$\delta^{13}C_{PDB}$、$\delta^{18}O_{SMOW}$ 数值降低；273 m 中段，从矿体→岩体接触带→围岩，$\delta^{13}C_{PDB}$、$\delta^{18}O_{SMOW}$ 数值升高，C-O 同位素组成表现出愈靠热液体，$\delta^{13}C_{PDB}$、$\delta^{18}O_{SMOW}$ 数值愈低的分布特征，表明其与岩浆源关系密切。

三、成矿流体特征

黄沙坪矿床透明矿物萤石十分发育，其包裹体特征见表 4-28（黄诚等，2013），结果显示钨钼矽卡岩期中萤石流体包裹体的均一温度介于 150 至 380.9℃之间，集中在 200 至 310℃之间，盐度变化介于 3.55%至 40.6% $NaCl_{eqv}$ 之间，发育含石盐子晶包裹体和富液相包裹体，显示流体发生了沸腾作用；铅锌金属硫化物期萤石流体包裹体的均一温度介于 134.6 至 306.7℃之间，集中在 150 至 240℃之间，盐度变化介于 0.88%至 15.31% $NaCl_{eqv}$ 之间，发育富液相包裹体，流体沸腾作用不明显，说明从矽卡岩期到金属硫化物期，流体包裹体类型由二相共存变为一相为主，成矿流体从中高温度、高盐度特征演化成中低温、低盐度特征。

表 4-28 黄沙坪矿床流体包裹体均一温度、盐度特征

成矿期	采样位置	主矿物	FI 类型	T_h/℃	盐度[$w(NaCl_{eqv})$]/%
钨钼矽卡岩期	56 中段、-176 中段	紫色萤石	富液相	174.5~310.2(232.6)	5.11~19.13(11.6)
		紫色萤石	含子晶	200~251.8(226.4)	34.7~40.6(37.7)
		紫色萤石	含子晶	310.7	36.8
		绿色萤石	富液相	160.1~303.2(259.1)	7.86~14.77(10.8)
		无色萤石	富液相	150~380.9(247.4)	3.55~15.76(9.56)
铅锌硫化物期	20 中段、-136 中段	绿色萤石	富液相	134.6~234.5(187.2)	1.91~8.28(6.26)
		绿色萤石	富液相	167.3~313.2(231.4)	9.74~16.58(14.6)
		无色萤石	富液相	148~306.7(198.5)	0.88~11.7(6.41)
		无色萤石	富液相	202~274.5(238.6)	11.89~15.31(14.27)

注：FI—流体包裹体；T_h—均一温度；(数值)为平均值；表中数据引自黄诚等(2013)。

四、矿床成矿机制

1. 硫铅同位素对成矿物质来源的示踪

研究表明，典型 S 型花岗岩 $\delta^{34}S$ 数值范围为 1.6‰~15.0‰(Poulson etal，1991)，黄沙坪矿区石英斑岩和花岗斑岩的硫同位素 $\delta^{34}S$ 组成变化范围较小，集中分布于 4.1‰至 11.4 之间，显示其具有正常的 S 型花岗岩的硫同位素组成特征

(Ishihara etal, 2003)。矿石硫化物的 $\delta^{34}S$ 数值绝大多数为正值，在 2.3‰至 17.5‰的大范围区间内变化，与石英斑岩和花岗斑岩中的 $\delta^{34}S$ 数值变化范围不一致，并且前者明显高于后者(图 4-30)，暗示矿区成矿流体中的硫不完全来自岩浆，部分硫来自地层中硫酸盐或膏盐层。

黄沙坪矿床硫化物以富集放射性成因铅为特色，在铅同位素构造判别模式图 4-31 中，样品投影点形成了三个明显的分布区域，其中岩体铅同位素与大部分矿石铅同位素数据落在图 4-31 Ⅱ区，说明金属铅部分来自岩浆；石磴子组灰岩地层铅同位素数据落在 4-32 Ⅲ区低放射性成因铅范围，它与矿石铅具有一定的线性关系，说明地层围岩也贡献了部分铅源；少量矿石铅同位素数据分布在图 4-31 Ⅰ区高放射性成因铅范围，与江南古陆古元古代基底火成岩系的铅同位素组成形似(Ding etal, 2016)，说明江南古陆古元古代基底也间接提供了少量的铅源。

因此，黄沙坪矿床的成矿物质主要来自岩浆，次为地层，间接来自古陆基底。

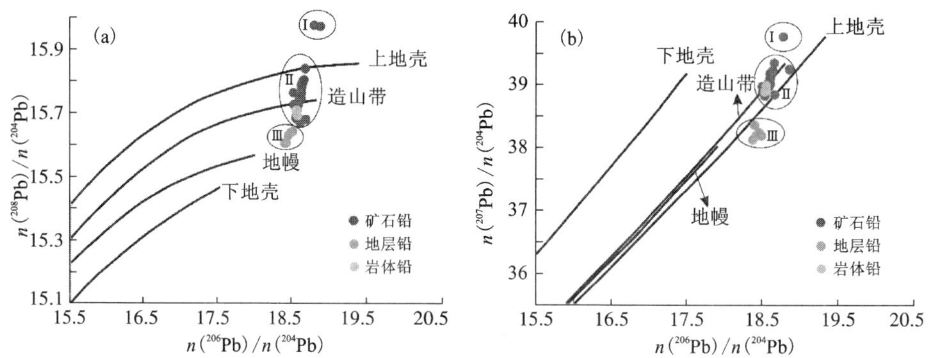

图 4-31 黄沙坪矿床 Pb 同位素特征图(底图据 Zartman and Doe, 1981)

2. 碳氧同位素示踪

根据前人的碳氧同位素数据作黄沙坪矿床 C-O 同位素图解(图 4-32)所示：矿床灰岩 C-O 同位素组成数据投影分布在碳酸盐岩溶解的范围，说明碳主要来自沉积地层；矿床热液方解石数据投影位于碳酸盐岩溶解与沉积岩混染和低温蚀变的过渡范围，说明成矿热液来自岩浆热液，并在冷却过程中溶解了部分地层中的灰岩，因此，矿石中 C-O 元素主要来自地层，部分来自岩浆。

黄沙坪矿床 S 同位素特征表明矿区成矿流体中的硫不完全来自岩浆，地层中硫酸盐或膏盐层(氧化性流体)也提供了部分硫源。Pb 同位素特征表明金属铅部分来自岩浆，部分来自地层，间接来自江南古陆古元古代基底。C-O 同位素特征揭示了碳氧主要来自围岩碳酸盐岩的溶解，少量来自岩浆。流体包裹体特征显示铅锌矿体的形成是早期中高温高盐度流体向低温低盐度流体演化的产物。

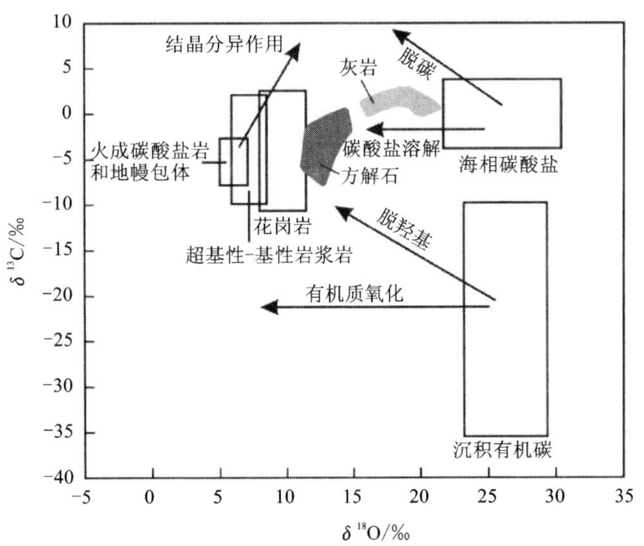

图 4-32 黄沙坪矿床 C-O 同位素图解

（数据引自刘悟辉，2007；底图据 Liu etal，2011）

矿床的形成过程可能为：隐伏在黄沙坪矿床深部的岩浆受构造动力向上侵位，并不断分异出流体，在上升途中一方面萃取了围岩和基底地层中的铅锌等金属物质，一方面溶解了部分地层中的灰岩，由于温度、压力降低，流体发生沸腾作用引发了早期的矽卡岩钨钼成矿，随着温度、压力继续降低，流体演变为中低温、低盐度的还原性流体，此时由于褶皱-层滑-断裂作用形成了开放的构造体系，来自地层中硫酸盐或膏盐层的氧化性流体与富含金属的还原性流体在有利的构造部位相遇、混合、沉淀，形成了铅锌矿体。

第七节 康家湾铅锌矿床

一、稀土元素地球化学特征

在本书第三章中已论述，康家湾矿床是层滑-角砾岩型构造形成的矿床，因此，采集不同中段的矿石和角砾岩样品进行稀土元素分析，从地球化学的角度探讨角砾岩与成矿的关系，微量、稀土元素分析结果列于表 4-26、表 4-27，并绘制蛛网图 4-33、配分模式图 4-34。

表 4-29 矿石与围岩角砾样品微量元素组成

10^{-6}

样号	K1005	K1006	K1008(2-2)	K1103(2)	K1104	K1203	K1001	K1003	K1101(1)	K1105(1)	K1202(2)	K1202(1)
样品描述	块状铅锌矿	块状铅锌矿	块状铅锌矿	块状铅锌矿	块状锌矿	块状黄铁矿	岩溶角砾岩	岩溶角砾岩	岩溶角砾岩	垮塌角砾岩	层间硅化角砾岩	层间硅化角砾岩
Ba	4.0	1.5	1.6	1.8	1.6	38.8	23.9	17.5	34.9	17.5	25.6	5.7
Cr	10	20	10	20	20	90	240	150	90	40	190	130
Cs	0.03	0.39	0.12	0.04	0.11	3.15	0.47	0.51	0.41	1.78	1.39	0.18
Ga	0.7	19.0	5.2	7.1	14.6	3.9	—	—	—	1.3	1.8	—
Hf	—	—	—	—	—	1.5	0.5	0.3	0.2	0.5	0.5	0.2
Nb	—	—	—	—	0.2	3.8	0.5	0.4	—	1.2	1.1	—
Rb	0.6	8.2	1.4	0.4	1.7	42.4	4.0	3.8	4.1	13.5	20.6	1.2
Sn	11	40	11	14	11	5	1	1	1	1	3	—
Sr	0.9	9.6	1.1	1.1	1.1	16.7	11.4	12.6	11.5	57.5	9.4	2.2
Ta	—	—	—	—	—	0.3	—	—	—	—	0.1	—
Th	0.06	—	0.15	0.17	0.19	3.75	0.72	0.66	0.16	1.76	1.16	0.07
U	0.57	1.17	1.37	2.69	2.03	6.96	3.83	2.35	2.66	11.30	10.60	2.20
V	—	19	—	7	10	57	39	35	9	61	46	5
W	1	1	—	1	1	4	1	1	—	2	3	1
Zr	2	—	—	2	3	53	21	13	8	17	20	8

注：样品采自十、十一和十二中段，“—”表示含量低于检测下限。

表 4-30　矿石和围岩角砾样品稀土元素组成

10^{-6}

样号	K1005	K1006	K1008(2-2)	K1103(2)	K1104	K1203	K1001	K1003	K1101(1)	K1105(1)	K1202(2)	K1202(1)
样品描述	块状铅锌矿	块状铅锌矿	块状铅锌矿	块状铅锌矿	块状铅锌矿	块状黄铁矿	岩溶角砾岩	岩溶角砾岩	岩溶角砾岩	垮塌角砾岩	层间硅化角砾岩	层间硅化角砾岩
La	—	0.6	0.7	2.0	2.9	22.9	0.8	1.0	1.5	3.5	7.8	3.5
Ce	0.7	1.1	1.0	3.1	4.3	38.7	1.4	1.8	2.0	6.3	11.9	4.8
Pr	0.10	0.12	0.10	0.34	0.40	4.00	0.14	0.17	0.16	0.70	1.23	0.39
Nd	0.5	0.4	0.4	1.1	1.5	12.8	0.6	0.6	0.5	2.5	4.1	1.0
Sm	0.14	0.10	0.07	0.19	0.28	1.98	0.15	0.12	0.09	0.53	0.72	0.15
Eu	0.05	0.04	—	0.03	0.03	0.34	0.03	0.03	—	0.12	0.17	—
Gd	0.24	0.10	0.06	0.15	0.20	1.44	0.13	0.17	0.15	0.57	0.60	0.12
Tb	0.04	0.02	—	0.02	0.03	0.24	0.02	0.03	0.03	0.10	0.09	0.02
Dy	0.24	0.09	—	0.08	0.14	1.25	0.15	0.17	0.19	0.62	0.58	0.14
Ho	0.05	0.02	0.01	0.02	0.03	0.25	0.03	0.04	0.05	0.13	0.12	0.03
Er	0.14	0.06	—	0.06	0.07	0.71	0.09	0.13	0.14	0.37	0.32	0.08
Tm	0.02	0.01	—	0.01	0.01	0.10	0.01	0.02	0.02	0.06	0.05	0.01

样号	K1005	K1006	K1008(2-2)	K1103(2)	K1104	K1203	K1001	K1003	K1101(1)	K1105(1)	K1202(2)	K1202(1)
Yb	0.13	0.06	0.03	0.06	0.06	0.61	0.08	0.12	0.12	0.36	0.32	0.07
Lu	0.02	0.01	—	0.01	0.01	0.09	0.01	0.02	0.02	0.06	0.05	0.01
Y	2.1	0.5	—	0.5	0.6	6.9	1.3	1.3	1.5	4.3	3.5	0.9
ΣREE	2.87	2.73	2.51	7.17	9.96	85.41	3.64	4.42	5.00	15.92	28.05	10.35
LREE	1.99	2.36	2.30	6.76	9.41	80.72	3.12	3.72	4.28	13.65	25.92	9.87
HREE	0.88	0.37	0.21	0.41	0.55	4.69	0.52	0.70	0.72	2.27	2.13	0.48
LREE/HREE	2.26	6.38	10.95	16.49	17.11	17.21	6.00	5.31	5.94	6.01	12.17	20.56
LaN/YbN	2.76	7.17	16.74	23.91	34.67	26.93	7.17	5.98	8.97	6.97	17.48	35.86
δEu	0.83	1.21	1.38	0.52	0.37	0.59	0.64	0.64	0.78	0.66	0.77	0.66
δCe	0.72	0.95	0.82	0.84	0.85	0.91	0.94	0.98	0.82	0.93	0.85	0.83

注：样品采自十、十一和十二中段，“—”表示含量低于检测下限。

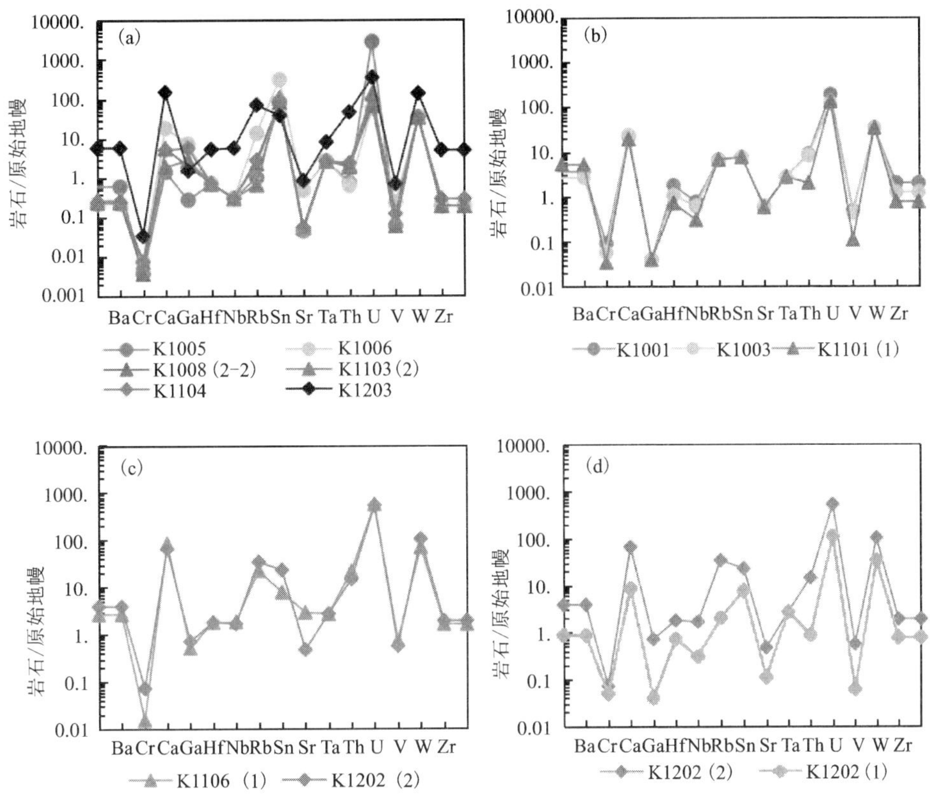

图 4-33　康家湾矿床矿石与角砾岩微量元素蛛网图

(a)铅锌矿石；(b)岩溶角砾岩；(c)垮塌角砾岩(蓝色点线)；(d)层间硅化角砾岩

由微量元素组成表 4-26 及其蛛网图 4-33 可知，矿石相对富集 Cr、Sn、V，相对亏损 Zr、Ba、V、W、Hf、Nb、Ta；角砾岩则相对富集 Ba、Rb、Cr、Sr、V、Zr，相对亏损 Cs、Sn、Ga、Th、Hf、Nb、Ta，显示出壳源元素特征，且二者均富集亲氧元素 Cr、V，说明当时成岩成矿的地球化学环境为氧化环境。

从稀土元素组成表 4-29 及其配分模式图 4-34 中可知，矿石和角砾岩具有如下特征：

矿石稀土总量 $\sum$REE 为$(2.51\sim85.41)\times10^{-6}$，变化幅度较大，LREE/HREE 为 2.26~17.21，显示轻稀土富集；δEu 平均为 0.88，显示弱铕负异常，δCe 平均为 0.84，显示弱铈负异常，配分模式为显著右倾型；

岩溶角砾岩稀土总量 $\sum$REE 为$(3.64\sim5.00)\times10^{-6}$，变化稳定，LREE/HREE 为 5.31~6.00，显示轻稀土富集，δEu 平均为 0.71，显示弱铕负异常，δCe 平均为 0.9，显示弱铈负异常，配分模式为右倾型。

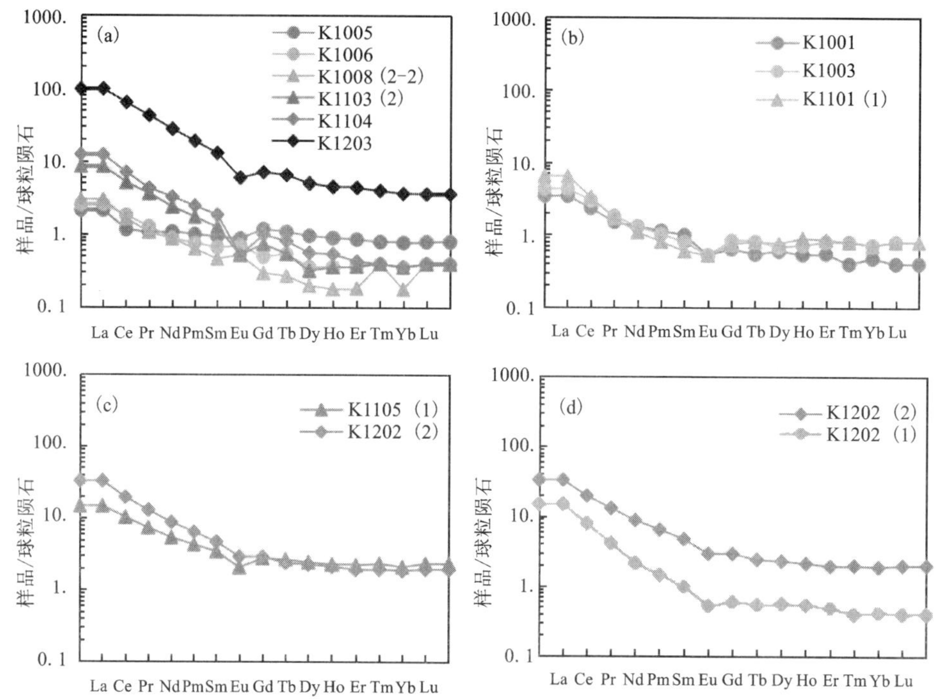

图 4-34　康家湾铅锌矿床矿石与角砾岩稀土元素配分模式图

(a)铅锌矿石；(b)岩溶角砾岩；(c)垮塌角砾岩(蓝色点线)；(d)层间硅化角砾岩

垮塌角砾岩稀土总量∑REE 为 5.92×10^{-6}，与岩溶角砾岩相近，LREE/HREE 为 6.01，轻稀土富集明显；δEu 为 0.66，显示弱铕负异常，δCe 为 0.93，异常不明显，配分模式为平缓右倾型；

层间硅化角砾岩稀土总量∑REE 为 $(10.35\sim28.05)\times10^{-6}$，变化幅度较大；LREE/HREE 为 12.17~25.56，显示轻稀土富集，δEu 平均为 0.72，显示弱铕负异常，δCe 平均为 0.84，显示弱负异常配分模式为平缓右倾型。

二、硫同位素地球化学特征

通过收集和测定的康家湾铅锌矿床中不同矿石金属硫化物单矿物的硫同位素分析结果见表 4-31、图 4-35。

由硫同位素组成表 4-28 及其频数直方图 4-35 可知，矿石 $\delta^{34}S$ 数值变化为-4.30‰~2.10‰，集中分布范围为-3‰~1‰，均值-0.45‰，其中 $\delta^{34}S_{方铅矿}$ 数值变化为-4.30‰~0.80‰，均值-1.57‰；$\delta^{34}S_{黄铁矿}$ 数值变化为-2.01‰~2.10‰，均值-0.33‰；$\delta^{34}S_{闪锌矿}$ 数值变化为-1.10‰~1.17‰，均值 0.26‰，塔式效应不明

显，表明各硫化物之间未达到同位素分馏平衡。

表 4-31 康家湾矿床 S 同位素组成

样号	取样位置	样品描述	测定矿物	$\delta^{34}S/‰$
K1005	10 中段	块状铅锌矿石	方铅矿	-2.31
K1005	10 中段	块状铅锌矿石	方铅矿	-2.26
K1006	10 中段	块状铅锌矿石	闪锌矿	0.62
K1006	10 中段	块状铅锌矿石	方铅矿	-0.51
K1006	10 中段	块状铅锌矿石	黄铁矿	2.00
K1008(2-2)	10 中段	块状铅锌矿石	闪锌矿	0.86
K1103(2)	11 中段	块状铅锌矿石	闪锌矿	1.17
K1104	11 中段	块状铅锌矿石	闪锌矿	0.81
K1203	12 中段	块状黄铁矿石	黄铁矿	-0.25
K1203	12 中段	块状黄铁矿石	黄铁矿	-0.27
KJW010	12 中段	细粒浸染状矿石	黄铁矿	-1.43
KJW012	12 中段	块状矿石	方铅矿	-1.39
KJW013	12 中段	浸染状矿石	黄铁矿	-2.01
KJW014	12 中段	浸染状矿石	黄铁矿	-0.99
KJW015	12 中段	浸染状矿石	黄铁矿	-1.40
KJW018	12 中段	块状矿石	方铅矿	-2.71
KJW019	12 中段	条带状矿石	黄铁矿	-0.90
KJW022	12 中段	浸染状矿石	黄铁矿	-1.31
KJW024	12 中段	浸染状矿石	黄铁矿	-1.12
KJW026	1 号矿体	浸染状矿石	黄铁矿	-0.91
121-1	7 中段	块状矿石	闪锌矿	0.70
121-2	7 中段	块状矿石	闪锌矿	0.30
24#	9 中段	块状矿石	闪锌矿	-0.30
113B	12 中段	块状矿石	闪锌矿	-1.10
113	13 中段	块状矿石	闪锌矿	-0.80
康-1	10 中段	块状矿石	黄铁矿	2.10

续表

样号	取样位置	样品描述	测定矿物	$\delta^{34}S$/‰
康-4	10 中段	块状矿石	方铅矿	0.10
康-4	10 中段	块状矿石	黄铁矿	2.00
康-6	9 中段	块状矿石	方铅矿	-4.30
康-9	9 中段	块状矿石	闪锌矿	0.30
康-10	9 中段	块状矿石	方铅矿	0.80
康-11	9 中段	块状矿石	黄铁矿	-1.70
康-12	9 中段	块状矿石	黄铁矿	1.30

注：编号 K 开头的样品来自本项目，其他来自左昌虎等，2014。

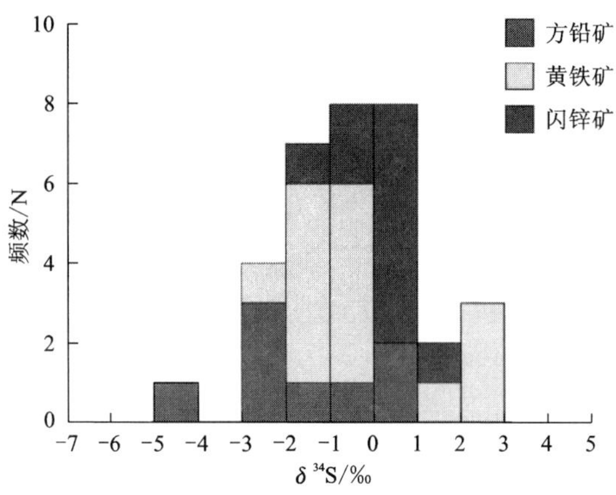

图 4-35　康家湾矿床矿石 $\delta^{34}S$ 频数直方图

三、铅同位素地球化学特征

测定和收集康家湾铅锌矿床的方铅矿、黄铁矿铅同位素分析数据列于表 4-32。由该表可知矿石铅的 $n(^{206}Pb)/n(^{204}Pb)$ 比值变化范围为 18.427～18.573，极差为 0.046，均值为 18.491，$n(^{207}Pb)/n(^{204}Pb)$ 比值变化范围为 15.671～15.741，极差为 0.07，均值为 15.699，$n(^{208}Pb)/n(^{204}Pb)$ 比值变化范围为 38.672～38.964，极差为 0.292，均值为 38.841，显示矿床的矿石铅同位素比值变化幅度较小，组成比较均一，具有富放射成因铅的特征[$n(^{206}Pb)/n(^{204}Pb)>18.00$]。

表 4-32 康家湾矿床铅同位素组成及相关参数特征表

样号	测试对象	$n(^{206}Pb)/n(^{204}Pb)$	$n(^{207}Pb)/n(^{204}Pb)$	$n(^{208}Pb)/n(^{204}Pb)$	μ	ω	$w(Th)/w(U)$	$V1$
K1005	方铅矿	18.526	15.720	38.885	9.69	38.85	3.88	80.56
KJW002	黄铁矿	18.427	15.677	38.762	9.61	38.49	3.88	76.41
KJW004	方铅矿	18.446	15.683	38.776	9.62	38.49	3.87	76.77
KJW007	方铅矿	18.573	15.671	38.964	9.59	38.43	3.88	76.70
KJW010	方铅矿	18.494	15.695	38.778	9.64	38.35	3.85	76.58
KJW012	黄铁矿	18.454	15.696	38.777	9.65	38.58	3.87	77.75
KJW015	花岗闪长岩	18.227	15.670	38.696	9.62	39.31	3.95	79.76
KJW018	花岗闪长岩	18.437	15.661	38.673	9.58	37.91	3.83	72.53
KJW019	花岗闪长岩	18.481	15.682	38.743	9.62	38.15	3.84	74.91
样号	测试对象	$n(^{206}Pb)/n(^{204}Pb)$	$n(^{207}Pb)/n(^{204}Pb)$	$n(^{208}Pb)/n(^{204}Pb)$	$V2$	$\Delta\alpha$	$\Delta\beta$	$\Delta\gamma$
K1005	方铅矿	18.526	15.720	38.885	61.07	85.27	26.16	47.88
KJW002	黄铁矿	18.427	15.677	38.762	57.52	80.95	23.44	45.39
KJW004	方铅矿	18.446	15.683	38.776	58.12	81.56	23.80	45.48
KJW007	方铅矿	18.573	15.671	38.964	56.76	80.64	22.55	45.85
KJW010	方铅矿	18.494	15.695	38.778	59.74	82.80	24.50	44.66
KJW012	黄铁矿	18.454	15.696	38.777	59.30	82.83	24.70	45.96
KJW015	花岗闪长岩	18.227	15.670	38.696	55.03	79.97	23.67	49.60
KJW018	花岗闪长岩	18.437	15.661	38.673	57.30	79.42	22.27	41.81
KJW019	花岗闪长岩	18.481	15.682	38.743	58.87	81.53	23.62	43.43

注：样号 KJW 开头数据引自左昌虎等(2014)，其他来自本项目。

四、碳氧同位素地球化学特征

收集矿床的 C-O 同位素测试数据列于表 4-33，可知含矿方解石的 $\delta^{13}C_{PDB}$ 数值变化范围为-3.70‰~-1.80‰，$\delta^{18}O_{SMOW}$ 数值变化范围为 12.2‰~16.0‰；二叠系灰岩的 $\delta^{13}C_{PDB}$ 数值变化范围为-0.5‰~0.3‰，$\delta^{18}O_{SMOW}$ 数值变化范围为 14.1‰~16.8‰。不难发现二者的 C-O 同位素组成变化是相近的，并且存在重叠的区间，暗示它们的碳、氧同位素来源基本一致。

表 4-33 康家湾矿床 C-O 同位素组成

样号	产状特征	测定对象	$\delta^{13}C_{PDB}$/‰	$\delta^{18}O_{SMOW}$/‰
B8-1	二叠系灰岩	全岩	-0.50	15.70
B10-4	二叠系灰岩	全岩	0.20	14.10
B10-5	二叠系灰岩	全岩	0.30	16.80
B5-1	方解石-黄铁矿脉	方解石	-1.80	12.20
B10-2	方解石-黄铁矿脉	方解石	-3.70	16.00
B10-3	方解石-黄铁矿脉	方解石	-2.10	13.80

注：表中数据引自左昌虎等(2014)。

五、成矿流体特征

矿床与金属硫化物期同期的透明矿物石英中的流体包裹在镜下显示其类型主要为液相、气液两相(照片 4-4)，大小多在 4 至 12 μm 之间，少数为大于 16 μm 的气液两相包裹体，包裹体气液比变化范围为 5%~30%，集中于 10%~20%，还可见极少量含石盐子晶包裹体[照片 4-4(d)]。流体包裹体以无序分布、孤立、离散或成群等状态产出。

表 4-34 康家湾矿床流体包裹体均一温度测试统计表 ℃

序号	样号	类型	主矿物	点数	变化范围	平均值	来源
1	K1007(1)-1	VL	石英	12	108.3~155.6	122.5	本次测试
2	K1007(1)-2	VL	石英	10	115.1~209.2	139.8	
3	K1007(2)-1	VL	石英	7	110.2~155.1	123.3	
4	K1007(2)-2	VL	石英	6	100.5~166.0	127.7	
5	K1007(3)-1	VL	石英	8	290.6~330.4	310.5	
6	K1007(3)-2	VL	石英	6	280.0~321.3	304.1	

注：V—气相，L—液相。

6 件含矿石英样品进行包裹体均一温度测试结果见表 4-34，由该表可见石英中流体包裹体均一温度变化为 100.5~330.4℃，平均值为 195.1℃；温度变化集中在 120~150℃和 300~330℃两个范围。成矿流体的盐度介于 0.2%~19.2% $NaCl_{eqv}$，平均值为 8.8% $NaCl_{eqv}$，属于中低温、低盐度流体(左昌虎等，2014)。

石英包裹体激光拉曼测试显示，包裹体气相组分主要为 H_2O、CO_2，部分包裹

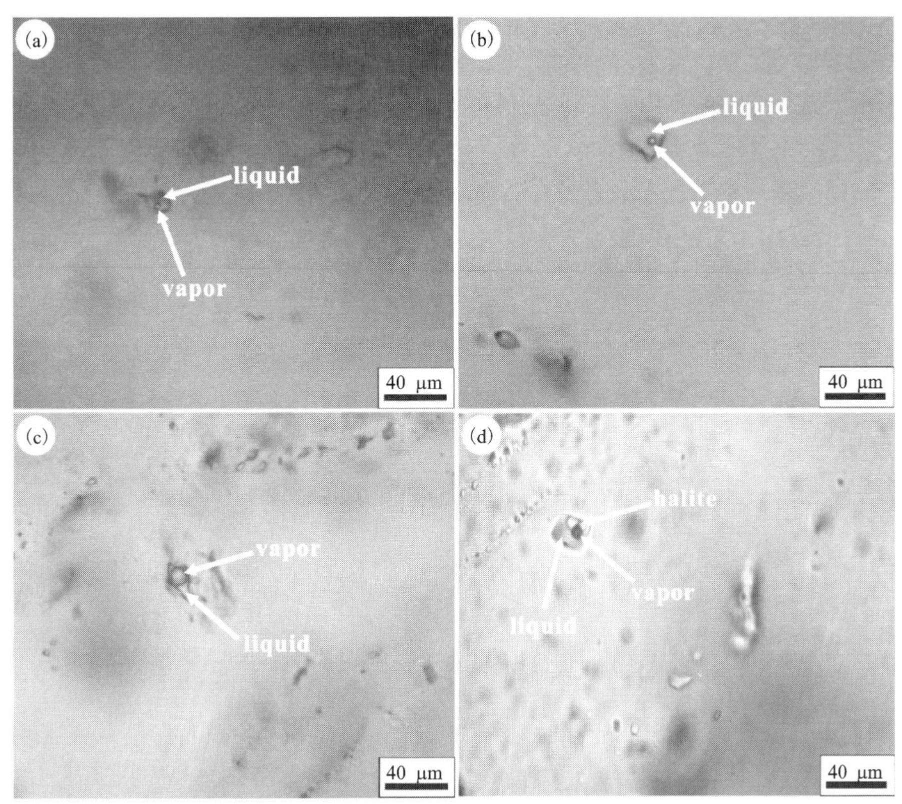

照片 4-4　康家湾矿床含矿石英的流体包裹体特征

(a)、(b)富液相的气液两相水溶液包裹体；(c)富气相的气液两相水溶液包裹体；(d)含石盐子晶的三相包裹体；vapor—气相；liquid—液相

体气相组分中含有 CH_4、N_2，显示成矿流体属于 $H_2O-NaCl$ 体系，并暗示了有机质可能参与了铅锌成矿作用。

六、矿床成矿机制

1. 微量及稀土元素对成矿物质来源的指示

矿石微量元素蛛网图形态与岩溶角砾岩、垮塌角砾岩、层间硅化角砾岩的相似，且都表现为 Cr、Sr、V 标准化值偏低，Cs、U、W 标准化值均高的特点，表明矿石与角砾围岩之间关系密切，推测可能有相同的元素来源或矿物元素来源于围岩角砾岩，围岩角砾岩即为矿源层为矿物的形成奠定一定的物质基础，同时也揭示了在不同的成矿成岩阶段，其物质来源的继承与连续性。

矿石微量元素 $n(\mathrm{U})/n(\mathrm{Th})$ 比值为 1.9~15.8，岩溶角砾岩的 $n(\mathrm{U})/n(\mathrm{Th})$ 比

值为 3.5~16.6，垮塌角砾岩的 $n(U)/n(Th)$ 比值为 6.4，层间硅化角砾岩 $n(U)/n(Th)$ 比值为 9.1~31.4，显示为热水沉积特征[$n(U)/n(Th)>1$]。

矿石和各类角砾围岩的轻重稀土比值 LREE/HREE 均明显大于 1，轻稀土相对富集，稀土分配模式均为轻稀土富集右倾型，说明它们在成因上关系密切。岩溶角砾岩与垮塌角砾岩 $n(La)/n(Yb)$ 比值的变化小，稀土分配曲线较为平缓，二者有相同的物质来源，康家湾背斜的顶部和轴部的灰岩、白云岩易于发生岩溶作用，加之岩溶上部当冲组地层为一套硅质岩，岩性较脆易破裂，在构造—重力的作用下使先期形成的溶洞发生了塌陷形成垮塌角砾岩，因此岩溶角砾岩与垮塌角砾岩有成生联系。层间硅化角砾岩与矿石样品的 $n(La)/n(Yb)$ 比值变化范围大，分配曲线较岩溶角砾岩与垮塌角砾岩的略陡，说明层间硅化角砾岩与矿体的形成关系最为密切，这与康家湾主要矿体赋存在层间硅化角砾岩中的地质情况形成相互印证。

2. 硫同位素示踪

康家湾矿床的矿石 $\delta^{34}S$ 值总体上变化范围($-4.30‰\leqslant\delta^{34}S\leqslant2.10‰$)不大，显示塔式效应，表明矿石中的 $\delta^{34}S$ 比较均一，与南岭地区岩浆活动有关的铅锌矿床硫同位素组成范围($-5‰\leqslant\delta^{34}S\leqslant+5‰$)一致(陈好寿，1997)，说明硫源主要来自深部岩浆，所测数值多数为负值，说明可能受到地壳物质或大气降水混染。

3. 铅同位素示踪

在铅同位素组成构造判别模式图(图 4-36)上，所有的矿石样品落入造山带演化线附近，表明铅物质形成于浅成环境，康家湾地区区域上处于东部强烈的构造变形区，矿区叠瓦状倒转背斜和逆冲推覆构造十分发育，形成铅物质的活化转移的浅源(地壳)环境。在 $\Delta\gamma-\Delta\beta$ 成因分类图解(图 4-35)中，矿石铅和水口山矿田岩体铅数据全部投影在上地壳与地幔混合的俯冲带铅中岩浆作用的范围，二者

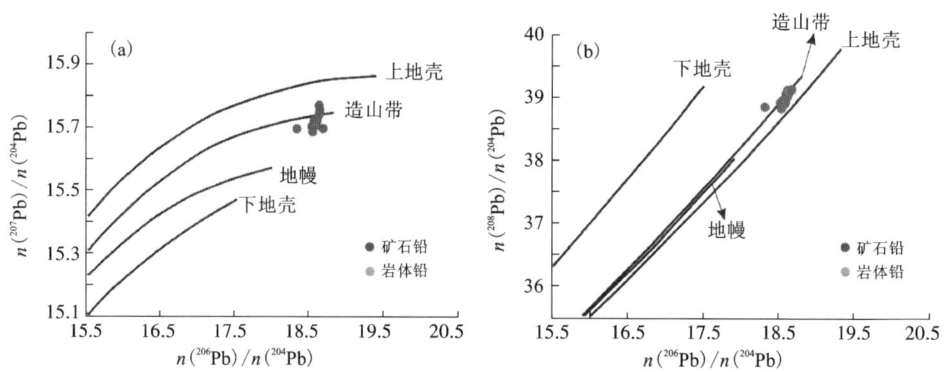

图 4-36 康家湾矿床 Pb 同位素特征图(底图据 Zartman and Doe，1981)

铅同位素组成形似(图 4-36、图 4-37)，说明它们受控于统一铅源体系，具有相同的铅物质来源——壳源。

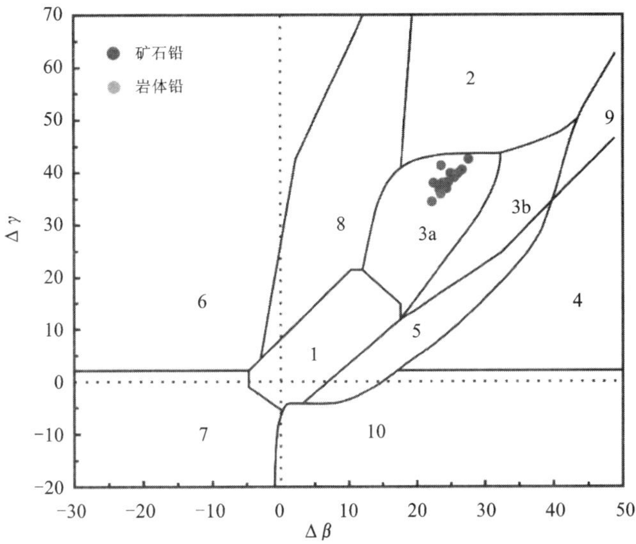

图 4-37 康家湾矿床铅同位素 Δγ-Δβ 成因分类图解

(底图据朱炳泉，1998)，图例见图 4-4

4. 碳氧同位素示踪

碳氧同位素图解(图 4-38)显示，灰岩样品的 C-O 同位素数据分布在碳酸盐溶解区，与热液方解石的 C-O 同位素组分布大致相同，说明成矿热液在冷却过程中溶解了地层中的部分灰岩，但方解石的数值更接近沉积岩混染/高温效应和低温蚀变的范围，说明矿石碳物质主要来源于地层中的灰岩，因此，矿床的碳氧元素主要来自岩碳酸盐岩围岩。

稀土、微量元素特征指示矿区角砾岩与成矿关系密切，反映矿石与围岩角砾岩具有相同的物质来源。S 同位素还原机制为热力学分馏作用(TRS)，其特征表明硫源主要来自深部岩浆，可能受到地壳物质或大气降水的混染。Pb 同位素特征表明铅主要来源于地壳物质。C-O 同位素特征指示 C 源主要来自岩碳酸盐岩围岩。成矿流体为中低温、低盐度的盆地卤水。推测康家湾铅锌矿床的成矿过程为：受强烈的挤压应力引起盆地卤水大规模的运移，萃取了围岩(碳酸盐岩地层)中铅锌等金属组分，形成了富含成矿物质的还原性流体，同时，起源于深部富含金属物质的高温岩浆流体沿基底深大断裂向上运移，加热围岩，启动了 TSR 作用，并分异出氧化性流体，当以上两种流体在层间硅化角砾岩带等应力释放的构造部位相遇时，成矿流体便迅速发生金属硫化物沉淀，形成高品位的大型铅锌矿床。

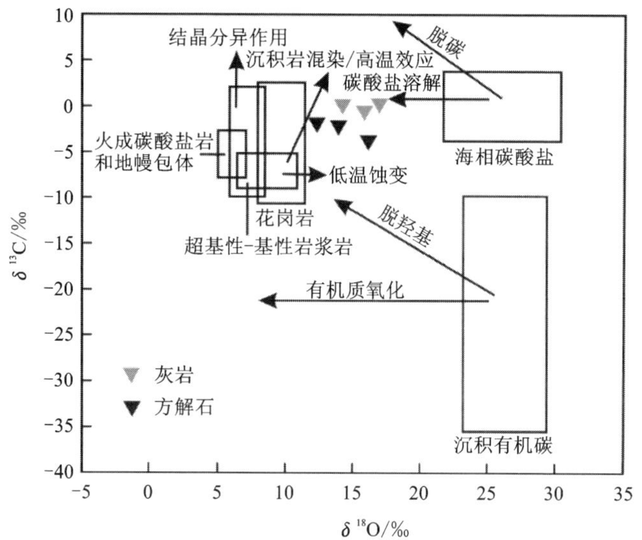

图 4-38　康家湾矿床 C-O 同位素图解(底图据 Liu etal, 2011)

第八节　成矿机制讨论与总结

通过上文系统的矿床地球化学研究，发现研究区内的铅锌矿床具有相似的地质地球化学特征、相似的成因。虽然不同矿床 S、Pb、C、O 等同位素组成相差悬殊，但它们来源的主要类型可能相似，只是具体来源的比例、分馏和沉淀机制不同。成矿流体特征研究表明，区内铅锌矿床大体可分为以长坡-铜坑、江永、黄沙坪及康家湾矿床为代表的中低温热液型和以北山、泗顶矿床为代表的低温热液型。

一、硫的来源及分馏机制

中低温热液矿床，如长坡-铜坑、江永、黄沙坪、康家湾等，$\delta^{34}S$ 数值分布相似，主要在-10‰至+20‰之间变化，并分为两组峰值区间，-10‰～+5‰和+5‰～+20‰，总体呈现出不对称的对数正态分布，显示出矿床的硫的来源和还原机制总体是相对稳定的，大部分的硫具有相似的来源，成矿的硫可能主要来自还原性流体，少量来自氧化性流体。北山、泗顶等低温热液矿床，硫化物的 $\delta^{34}S$ 数值分布在-20‰至+15‰之间，分散的硫同位素组成主要与其分馏机制有关，矿石硫主要来自还原性流体中的 H_2S，同时有少量地层硫的加入，如北山、泗顶矿床中沥青等有机质的大量存在说明了还原性流体参与了成矿过程。

硫来源的不同，是硫同位素的分馏机制不同导致的。在以长坡-铜坑、江永、黄沙坪、康家湾为代表的中低温热液矿床中，成矿温度较高，$\delta^{34}S$ 数值波动范围相对集中，硫的来源是多源的，既有还原性流体，又有氧化性流体，但分馏机制均以热力学方式(TSR)为主，没有明显的生物细菌分馏参与。在以泗顶、北山为代表的低温热液矿床中，硫主要来自还原性流体，硫化物的 $\delta^{34}S$ 数值分布在 -20‰～+15‰之间，且有较多数值小于-10‰，热力学分馏一般难以形成 $\delta^{34}S<-10‰$ 的硫化物(祝新友等，2017)，因而这些矿床硫的分馏机制以生物还原作用(BSR)为主。

二、铅的来源

研究区铅锌矿单个矿床内矿石铅同位组成较为均一，但不同矿床的铅同位素组成存在明显的差异(图 4-39)。考虑到这些矿床成矿作用的统一性，这种铅同位素成分的差异性应该是成矿物质来源不同的结果。泗顶矿床的放射性成因铅含量最低，北山略高，江永最高，μ 值也依次增高。其他矿床的平均值相当，黄沙坪的放射性成因铅平均值比长坡-铜坑略高。在铅同位素演化图解中(图 4-39)，样品主要分布上地壳演化曲线的上方及附近区域。

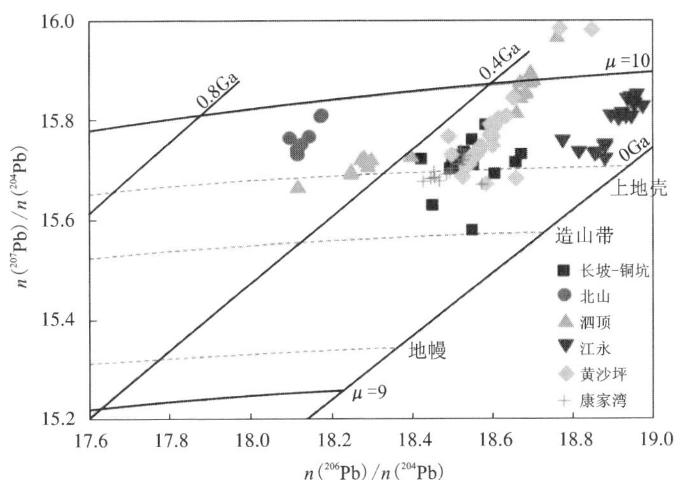

图 4-39　研究区典型铅锌矿床 Pb 同位素演化图解

(底图据 Doe and Zartman，1979)

单纯考虑单个矿床铅同位组成特征，比较容易解释成铅源主要来自上地壳。事实上，不同铅锌矿床之间铅来源及铅的演化存在密切的联系。沉积岩(砂岩及碳酸盐岩)中陆源物质与海相沉积物的含量比例决定了矿石铅的组成。如2.1节所述，从泥盆纪早期开始，华南地区便开始遭受由南东向北西的大面积海侵作用，形成大范围的浅海台地，北西侧为江南古陆，其边缘地区则发育了湘桂海相沉积盆地(杨怀宇，2010)，北山和泗顶康家湾等矿床靠近江南古陆，而长坡-铜坑、江永和黄沙坪等矿床距离古陆较远，随着远离古陆，沉积盆地中央来自古陆的普通铅比例逐渐降低，相比之下，盆地边部陆源碎屑更多，保存了更多古老铅(低μ值)组成。成矿作用发生在中生代，成矿物质应主要来源于含矿沉积建造，矿石铅同位素组成受沉积物原始组成的制约，在空间上靠近古陆，陆源物质相对多，放射性成因铅含量占比低；远离古陆，沉积期普通铅的组成比例相对增高，放射性成因铅含量相对愈高。这种铅同位组成与江南古陆空间位置的亲缘关系能较好的解释区内各矿床放射性成因铅含量组成的差异性，如靠近古陆的北山矿床$n(^{206}Pb)/n(^{204}Pb)$均值为18.136，泗顶矿床$n(^{206}Pb)/n(^{204}Pb)$均值为18.498，距离稍远的长坡-铜坑矿床$n(^{206}Pb)/n(^{204}Pb)$均值为18.539、康家湾矿床$n(^{206}Pb)/n(^{204}Pb)$均值为18.491，最远的江永矿床$n(^{206}Pb)/n(^{204}Pb)$均值为18.912。

三、碳氧的来源

综合研究区域层滑作用有关的标示铅锌矿床的碳氧同位素数据，投影到碳氧关系图解(图4-40)中，无论是中低温的黄沙坪、康家湾、长坡-铜坑矿床，还是低温的北山、泗顶矿床，它们的碳氧同位素数据主要分布在碳酸盐岩溶解、沉积岩混染/高温效应与沉积有机碳脱羟基所围合的“三角地带”，这些矿床均产自晚古生代碳酸盐岩，其碳氧同位素组成具有相似性，但同时由于具体矿床的具体岩性组合存在差异性，如泗顶、北山矿体的岩性组合为泥灰岩-生物灰岩-白云岩，黄沙坪的为灰岩-炭质泥岩，康家湾的为泥岩-硅质岩-角砾岩，导致碳氧同位的演化趋势的不同，总体上成矿热液在成矿过程中溶解了围岩地层，只是在外因——华南构造-岩浆热事件的影响下，研究区中部地区的构造-岩浆响应程度不及其东、西地区，前者几乎没有岩浆活动的痕迹，而后二者地区构造运动激烈，岩浆活动频繁，在此背景下，这些矿床的碳氧同位素演化的路径便发生了变化，一些矿区发生了岩浆热液与围岩交换作用，如长坡-铜坑、黄沙坪矿床。

此外，成矿流体的$\delta^{13}C$数值比容矿围岩碳酸盐岩的明显要低，而矿区泥盆纪、石炭纪、二叠纪地层中含有大量有机质，当成矿流体起源或流经这些富含有机质地层的时候，必将与围岩碳酸盐岩发生水岩反应，同时有机碳(较大负$\delta^{13}C$)

的加入，如流体包裹体中检测出 CH_4 气相成分，引发碳氧同位素交换(郑永飞和陈江峰，20000)，导致流体的 $\delta^{13}C$ 数值的降低。

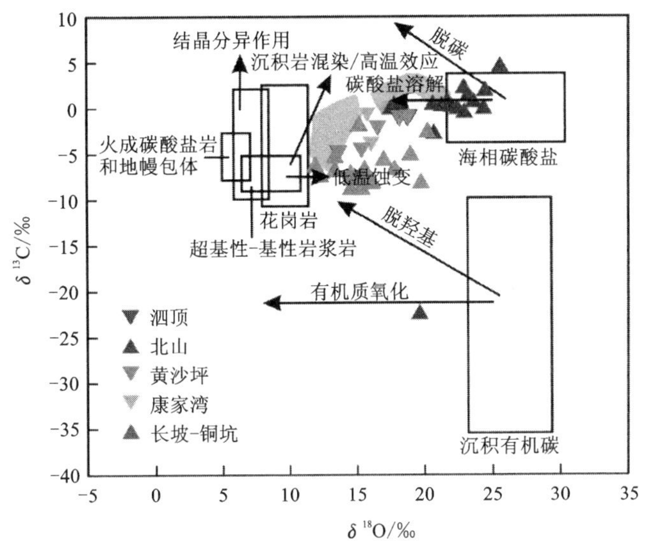

图 4-40　研究区典型铅锌矿床 C-O 同位素图解(底图据 Liu etal, 2011)

四、成矿流体的起源与演化

流体包裹体研究显示，区铅锌矿床均一温度集中分布在 140~250℃(如北山、泗顶、箭猪坡矿床)、250~350℃(如长坡-铜坑、江永、黄沙坪、康家湾矿床)两个温度区间，平均温度集中在 150℃至 250℃之间，盐度变化在 0.20%至 40.60% $NaCl_{eqv}$ 之间，集中介于 7.0%至 17.5% $NaCl_{eqv}$ 之间。成矿流体属于中-低温、中-低盐度流体类型，将其温度-盐度数据投影到流体温度-盐度特征图解中(图 4-41)，发现其落入盆地卤水、变质流体以及岩浆水-大气水混合的交接范围，集中分布于盆地卤水和岩浆水-大气水混合区。

以北山、泗顶、箭猪坡等低温矿床所在的矿区范围内均未见有岩浆活动的痕迹，成矿流体应起源于封存在地层中的深部热卤水，沿断裂上升，沿途萃取地层中的 Fe、Pb、Zn 等成矿物质形成富含金属的氧化性流体，运移到矿区，与有机质或者先存的 H_2S 快速结合沉淀成矿。以长坡-铜坑、江永、黄沙坪、康家湾等中低温矿床矿区附近均存在岩浆侵入活动，并且矿床地球化学特征显示这些矿床的形成与岩浆活动关系密切，因此，其成矿流体应为起源于沉积盆地中的热卤水，沿着断裂、裂隙循环迁移，同时，起源于深部富含金属物质的高温岩浆流体沿基底深大断裂向上运移。在成矿的后期，矿区浅部脆性断裂、裂隙网络发育，不可避免的有大气降水下渗，并混入到流体中参与成矿，如长坡-铜坑矿床 H-O 同位素数据在其图解中表现为向大气降水线漂移的特征也印证了这一点。

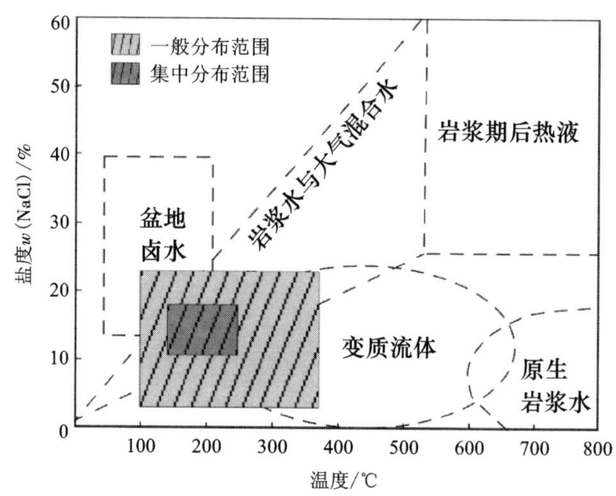

图 4-41 研究区铅锌矿床成矿流体温度-盐度特征(底图据 Beane，1983)

五、主要成矿机制

综合研究区内东、中、西不同矿床聚集区中不同的典型矿床的稀土、微量、硫铅、碳氧、氢氧等元素地球化学特征与成矿流体的特征，认为区内不同矿床的成矿机制总体相似，但也各具特色，总结起来主要有 3 种：①与多源流体混合作用有关的铅锌矿床，代表性矿床为长坡-铜坑、江永、黄沙坪及康家湾铅锌矿床；②与有机质还原作用有关的铅锌矿床，代表性矿床为北山铅锌矿床；③与古岩溶-油气藏破坏有关的铅锌矿床，代表性矿床为泗顶铅锌矿床。

参考文献

[1] 王学求，申伍军，张必敏，等．地球化学块体与大型矿集区的关系——以东天山为例[J]．地学前缘，2007，14(5)：118-125.

[2] 於崇文．南岭地区区域地球化学[M]．北京：地质出版社，1987.

[3] 张长青．中国川滇黔交界地区密西西比型(MVT)铅、锌矿床成矿模型[D]．北京：中国地质科学院，2008.

[4] 陈毓川，黄民智，徐珏，等．大厂锡矿地质[M]．北京：地质出版社，1993.

[5] 魏菊英，王关玉．同位素地球化学[M]. 北京：地质出版社，1988.

[6] 郑永飞，陈江峰．稳定同位素地球化学[M]. 北京：科学出版社，2000，218-247.

[7] 韩发，赵汝松，沈建忠，等．大厂锡多金属矿床地质及成因[M]. 北京：地质出版社，1997.

[8] 秦德先，洪托，田毓龙，等．广西大厂锡矿 92 号矿体矿床地质与技术经济[M]. 北京：地质出版社，2002.

[9] 梁婷，陈毓川，王登红，等．广西大厂锡多金属矿床地质与地球化学[M]. 北京：地质出版社，2008.

[10] 丁悌平．中国某些特大型矿床的同位素地球化学研究[J]. 地球学报-中国地质科学院院报，1997，18(4)：373-381.

[11] 陈好寿．铅锌矿床同位素地球化学[M]. 北京：科学出版社，1997，410-428.

[12] 韩吟文，马振东．地球化学[M]. 北京：地质出版社，2003.

[13] 蔡明海，何龙清，刘国庆，等．广西大厂锡矿田侵入岩 SHRIMP 锆石 U-Pb 年龄及其意义[J]. 地质论评，2006(3)：123-128.

[14] 谭泽模，唐龙飞，黄敦杰，等．广西大厂矿田 C、H、O 同位素及成矿流体来源研究[J]. 矿产勘查，2014，5(5)：738-743.

[15] Fu M, Changkakoti A, Krouse H R, et al. An oxygen, hydrogen, sulfur, and carbon isotope study of carbonate-replacement (skarn) tin deposits of the Dachang tin field, China[J]. Economic Geology, 1991, 86(8): 1683-1703.

[16] 丁悌平，彭子成，黎红，等．南岭地区几个典型矿床的稳定同位素研究[M]. 北京：北京科学技术出版社，1988.

[17] 黄民智，唐绍华．大厂锡矿矿石学概论[M]. 北京：北京科学技术出版社，1988.

[18] 李明琴，税哲夫．广西拉么锌铜多金属矿床稳定同位素的地球化学特征研究[J]. 地质地球化学，1994，24(4)：55-59.

[19] 蔡明海，毛景文，梁婷，等．大厂锡多金属矿田铜坑-长坡矿床流体包裹体研究[J]. 矿床地质，2005，24(3)：228-241.

[20] 何海洲，叶绪孙．广西大厂矿田矿质来源研究[J]. 广西地质，1996，9(4)：33-41.

[21] Barnes H L. Geochemistry of Hydrothermal Ore Deposits 2nd Ed. [M]. Wilev Interscience. 1979, 22-70.

[22] Zartman R E, Doe B R. Plumbotectonics - The model[J]. Tectonophysics, 1981, 75(1-2): 135-162.

[23] 朱炳泉．地球科学中同位素体系理论与应用——兼论中国大陆壳幔演化[M]. 北京：科学出版社，1998.

[24] 唐永永，毕献武，和利平，等．兰坪金顶铅锌矿方解石微量元素、流体包裹体和碳-氧同位素地球化学特征研究[J]. 岩石学报，2011，27(9)：2635-2645.

[25] 刘建明，刘家军，顾雪祥．沉积盆地中的流体活动及其成矿作用[J]. 岩石矿物学杂志，1997(4)：341-352.

[26] Liu Y C, Hou Z Q, Yang Z S, et al. Formation of the Dongmozhazhua Pb-Zn deposit in the

thrust-fold setting of the tibetan plateau, China: Evidence from fluid inclusion and stable isotope data. Resource geology, 2011, 61(4): 384-406.

[27] 张理刚. 莲花山斑岩型钨矿床的氢、氧、硫、碳和铅同位素地球化学[J]. 矿床地质, 1985, 4(1): 54-63.

[28] 祝新友, 甄世民, 程细音, 等. 华南地区泥盆系 MVT 铅锌矿床 S、Pb 同位素特征[J]. 地质学报, 2017, 91(1): 213-231.

[29] 石焕琪, 陈好寿, 王香成. 广西环江县北山层控铅锌、黄铁矿矿床控矿条件、成矿机理及找矿方向的研究[R]. 南宁: 广西第七地质队, 1986: 68-70.

[30] 李荣胜, 许虹, 申俊峰, 等. 结晶学与矿物学[M]. 北京: 地质出版社, 2008: 174-175.

[31] 童潜明. 黄铁矿的钴、镍比值对矿床成因意义的讨论[J]. 矿产与地质, 1986(3): 6-9.

[32] Bajwah Z U, Seccombe P K, Offler R. Trace element distribution, Co: Ni ratios and genesis of the big cadia iron-copper deposit, new south wales, australia[J]. Mineralium Deposita, 1987, 22(4): 292-300.

[33] 李季霖, 章永梅, 顾雪祥, 孟富军, 高海军, 王路. 云南西邑 MVT 型铅锌矿床地质特征与硫化物电子探针分析[J]. 地质与勘探, 2017, 53(1): 23-34.

[34] H L Barnes. Geochemistry of Hydrothermal ore Deposits [M]. New York: Wiley Interscience, 1979.

[35] Astin T R, Scotchman I C. The diagenetic history of some septarian concretions from the Kimmeridge Clay, England[J]. Sedimentology, 1988, 35(2): 349-368.

[36] 王碧青. 黄铁矿标型特征及其应用[J]. 科技资讯, 2015, 13(06): 244.

[37] 徐国风, 邵洁涟. 黄铁矿的标型特征及其实际意义[J]. 地质论评, 1980(6): 541-546.

[38] Kullerud G. The FeS-ZnS system, a geological thermometer[J]. Norsk Geologisk Tidsskrift, 1953, 32: 61-147.

[39] 刘铁庚, 叶霖, 周家喜, 王兴理. 闪锌矿中的 Cd 主要类质同象置换 Fe 而不是 Zn[J]. 矿物学报, 2010, 30(02): 179-184.

[40] Henderson P. Rare Earth Element Geochemistry[M]. Elservier, 1984, 63-114.

[41] 曾允孚, 郑荣才, 徐新煌. 广西泗顶-古丹铅锌矿田的地质特征和矿床成因及成矿预测[J]. 智力开发丛刊, 1986: 1-103.

[42] Rona P A. Criteria for recognition of hydrothermal mineral deposits in oceanic crust[J]. Economic Geology, 1978, 73(2): 135-160.

[43] 杨楚雄, 扶同逸, 覃焕然. 广西泗顶-古丹铅锌矿田中、上泥盆统碳酸盐相的特征与成矿关系的探讨[J]. 沉积学报, 1985, 3(2): 97-107, 157.

[44] Anderson I K, Ashton J H, Boyce A J, et al. Ore depositional process in the Navan Zn-Pb deposit, Ireland[J]. Economic Geology, 1998, 93(5): 535-563.

[45] Cai C, Li K, Zhu Y, et al. TSR origin of sulfur in Permian and Triassic reservoir bitumen, east Sichuan basin, China[J]. Organic Geochemistry, 2010, 41(9): 871-878.

[46] 唐永永, 毕献武, 和利平, 等. 兰坪金顶铅锌矿方解石微量元素、流体包裹体和碳-氧同位素地球化学特征研究[J]. 岩石学报, 2011, 27(9): 2635-2645.

[47] Clark I, Fritz P. Environmental Isotopes in Hydrogeology [M]. New York: Lewis Publishers. 1997.

[48] Hoefs J. Stable Isotope Geochemistry[M]. New York: Springer, 1997.

[49] 丁振举, 刘丛强, 姚书振, 等. 海底热液沉积物稀土元素组成及其意义[J]. 地质科技情报, 2000, (01): 27-30+34.

[50] 张遵遵, 卢友月, 付建明, 等. 湘南江永银铅锌矿床成矿物质来源的S、Pb同位素证据[J]. 桂林理工大学学报, 2017, 37(1): 21-28.

[51] 蔡应雄, 谭娟娟, 杨红梅, 等. 湘南铜山岭铜多金属矿床成矿物质来源的S、Pb、C同位素约束[J]. 地质学报, 2015.

[52] Chi G X, Ni P. Equations for calculation of NaCl/(NaCl + $CaCl_2$) ratios and salinities from hydrohalite-melting and ice-melting temperatures in the H_2O-NaCl-$CaCl_2$ system[J]. Acta Petrologica Sinica, 2007, 23(1): 33-37.

[53] 杨瑞东, 程玛莉, 魏怀瑞. 贵州水城二叠系茅口组含锰岩系地质地球化学特征与锰矿成因分析[J]. 大地构造与成矿学, 2009, (04): 613-619.

[54] Klinkhammer G P, Elderfield H, edmond J M, et al. Geochemical implicatiogs of rare earth element patterns in hydrothermal fluids from mid-ocean ridge[J]. Geochimical et Cosmochimica Acta, 1994, 58(23): 5105-5113.

[55] Ohmoto H. Stable isotope geochemistry of ore deposits [J]. Reviews in Mineralogy and Geochemistry, 1986, 16(1): 491-559.

[56] Ohmoto H, Goldhaber M B. Sulfur and carbon isotopes[J]. Geochemistry of hydrothermal ore deposits, 1997, 3: 517-611.

[57] Taylor B E. Stable isotope geochemistry of ore-forming fluids[J]. Mineralogist Association of Canada: Short Course Handbook, 1987, 13: 337-445.

[58] Claypool G E, Holser W T, Kaplan I R, et al. The age curves of sulfur and oxygen isotopes in marine sulfate and their mutual interpretation[J]. Chemical Geology, 1980, 28: 199-260.

[59] Ding T, Ma D, Lu J, et al. S, Pb, and Sr isotope geochemistry and genesis of Pb-Zn mineralization in the Huangshaping polymetallic ore deposit of southern Hunan Province, China [J]. Ore Geology Reviews, 2016, 77(27): 117-132.

[60] 原垭斌, 袁顺达, 刘晓菲, 等. 湘南黄沙坪矿区花岗岩的硫同位素特征及其地质意义[J]. 地质学报, 2014, 88(12): 2437-2442.

[61] 祝新友, 王京彬, 王艳丽, 等. 湖南黄沙坪W-Mo-Bi-Pb-Zn多金属矿床硫铅同位素地球化学研究[J]. 岩石学报, 2012, 28(12): 3809-3822.

[62] 刘悟辉. 黄沙坪铅锌多金属矿床成矿机理及其预测研究[M]. 长沙: 中南大学, 2007.

[63] 黄诚, 李晓峰, 王立发, 等. 湖南黄沙坪多金属矿床流体包裹体研究[J]. 岩石学报, 2013, 29(12): 4232-4244.

[64] Poulson S R, Kubilius W P, Ohmoto H. Geochimical behavior of sulfur in granitoids during insrusion of the Southe Mountain Batholith, Nova Scotia, Canada [J]. Geochimica et Cosmochimica Acta. 1991, 55(12): 3809-3830.

[65] Ishihara S, Wang P A, Kajiwara Y, Watanabe Y. Origin of sulfur in some magmatirhydrothermal ore deposits of South China[J]. Bulletin of the Geological Survey of Japan, 2003, 54(3-4): 161-169.

[66] 左昌虎，路睿，赵增霞，等．湖南常宁水口山 Pb—Zn 矿区花岗闪长岩元素地球化学，LA-ICP-MS 锆石 U-Pb 年龄和 Hf 同位素特征[J]．地质论评，2014，60(4)：811-823.

[67] 杨怀宇．湘桂地区泥盆纪-中三叠世构造古地理格局及其演化[D]．北京：中国石油大学，2010.

[68] Beane R E. Themagmatic-hydrothermal transition: Geothermal Resources Council Special Report[R]. 1983.

第五章
成矿时代与区域成矿模式

江南古陆西南缘(研究区)处于扬子地块与华夏地块的过渡部位，是东西向南岭成矿带与北东向钦杭成矿带的通过地带，大地构造背景与成矿条件优越，经历了多期构造运动和汇集了大量的铅锌矿床。

晚古生代以前，江南古陆内部及边缘经历了数百万年的古陆剥蚀与海相沉积，形成了江南古隆起和湘桂海相沉积盆地，沉积了上万余米的巨厚岩层与积攒了巨量的流体，为后期成矿作用奠定了良好的物质基础。晚古生代以后，各种构造活动轮番上阵，先后有泥盆纪末的柳江运动、三叠纪的印支与欧亚板块的碰撞、侏罗纪的库拉-太平洋板块向欧亚板块的俯冲以及白垩纪的岩石圈伸展拉张，为该区的成岩、成矿、成藏和岩浆活动提供了充足的源动力和良好的构造条件。

大规模铅、锌成矿作用主要发生在以晚古生界碳酸盐岩为容矿围岩的构造-流体活动区，受区域多阶段层滑、褶皱及相应配套的断裂构造的联合控制，具有明显的时-空分布专属性。在第四章中，根据区内层滑控-成矿的特点提出了 4 种层滑构造组合样式，但部分矿床具体的形成时代还需要通过更为详细的、定量化研究，以期为构建区域成矿模式提供年代约束。

第一节　成矿时代

矿床是地质演化的产物，从孕育到成矿，经历了漫长的过程。矿床的形成年龄，即成矿时代具有重大的地质意义。矿床的准确定年对深入研究成矿机制、建立成矿模式等方面有着举足轻重的作用。

现阶段 Rb-Sr 同位素定年的方法已广泛应用于铅锌矿床成矿时代的研究中，并取得了良好的效果。有鉴于此，本项目也同时尝试开展这两种同位素定年的测试分析工作。用于 Rb-Sr 同位素定年的年代学研究样品来自与岩浆作用无直接联系的低温矿床，采自研究区中部泗顶铅锌矿床块状矿石，在武汉地质调查中心完成测试分析。

尽管现代铅锌矿床同位素测年手段相比过去有了很大的精进，但并不代表这样就可以“一测永逸”，成矿时代的确定仍然离不开“地质基础”，即需要依靠在详细研究成矿条件、控矿构造、矿床地质、成矿构造及矿体形貌等地质要素的基础上，辅以同位素测年资料来厘定。因此，通过构造解析定年的地质方法仍不失为一种有用的定年方法。

因此，通过构造解析定年和 Rb-Sr 同位素定年相结合的方法开展区内铅锌矿床成矿时代的研究。

一、构造解析定年

构造解析定年法是指一种通过分析与解释区域构造演化、控矿构造、矿床成矿构造、矿体形貌等要素之间的时空关系来确定成矿时代的地质方法。鉴于研究区内中低温热液型矿床中代表性的矿床——长坡-铜坑锡铅锌多金属矿床规模最大、成因最复杂、也最具典型，对其进行详细的构造解析定年，能最大程度获取与层滑作用关的成矿时代的信息，同时还能与其已有的高精度年代学数据形成相互印证的证据链。

1. 区域构造演化及成矿

大厂长坡-铜坑矿床位于研究区西部，产于丹池成矿带中部，受控于北西向丹池拗陷褶断带([图 3-1(a)]。

丹池(广西南丹-河池)地区晚古生代地处江南古陆西南缘、右江盆地北部。早泥盆世开始，在紫云-河池一带发育丹池裂陷槽，到中-晚泥盆世演化成断陷盆地，属于江南古陆边缘的次级断陷盆地，盆内断槽、断隆与同生断裂发育(陈洪德等，1989)。中泥盆世早期纳标期，盆地沉积了生物礁灰岩、泥岩夹泥灰岩；晚泥盆世榴江期-五指山期，丹池盆地沉积分异显著，地层厚度中厚边薄，盆内发育高峰龙头山生物礁和五圩下河台地两个隆起，以及北西向同生断层控制的三级断陷盆地，其内发育硅质岩、条带状灰岩。晚泥盆世在大厂三级断陷盆地内发育喷流沉积与成矿，形成了长坡-铜坑矿床中著名的 91 号和 92 号层状锡铅锌多金属矿床(韩发等，1997)。

丹池断陷带受印支运动褶皱隆起，形成印支期褶皱-层滑系统，由北西向褶皱和层滑断层组成，表现在长坡-铜坑、龙头山至五圩一带，上泥盆统底部泥岩与灰岩及硅质岩软弱相间，当印支褶皱时，泥岩层充当滑动面，其上地层形成不对称隔槽式盖层滑脱褶皱(杨坤光等，2012)，如大厂背斜、五圩背斜，同时在滑脱褶皱的翼部(尤其是倒转翼)，发育层滑逆断层及脉状矿体，如在五圩背斜倒转翼发育于纳标组“三明治”泥质岩系中的控制五圩箭猪坡铅锌锑多金属脉状矿床的层内逆冲脆-韧性剪切带。

燕山期长坡-铜坑矿所在的大厂矿田受到区域南北向非共轴力偶作用，在北西向构造与基底断裂的调节与影响下，产生构造分解，先后形成了Ⅲ期断裂/岩浆构造体系，表现在燕山早期形成以北东为主、北西为辅的、具逆-平移动力学特征的剪节理破裂群，在剖面上呈逆断层组成的背冲构造，即偏正花状构造——Ⅰ期剪破裂构造体系（图 5-3），控制了矿田内的切层细脉带矿体群；北东向为主的、具正-平移动力学特征的张破裂群，在剖面上呈正断层组成的似地堑式构造，即偏负花状构造——Ⅱ期张破裂构造体系（图 5-3），控制了矿田内切层大脉带矿体群，二者平面上成平行雁列排布，集中分布在大厂背斜的缓翼，在五圩矿田则不甚发育。燕山晚期南北向力偶的持续作用，启动了丹池断褶带内深部基底断裂活动，并导致深部岩浆沿基底断裂被动上侵，一部分沿丹池带内近南北向张剪裂群活动，形成芒场矿田东侧的岩墙群（东岩墙）与大厂矿田西侧的岩墙群（西岩墙）（蔡明海等，2006）；另一部分通过基底断裂向上拱托，引起上覆地层隆起层滑，在大厂矿田中形成似"蘑菇状"的龙箱盖隐伏花岗岩岩盘及上部灰岩层间的层滑断裂构造，控制了 94、95、96 号等层状锌铜矿体，即Ⅲ期层滑-岩浆构造体系。

2. 矿床成矿构造解析

以长坡-铜坑矿中最大的 92 号矿体（同时也是矿床规模）为例，进行构造解析：

1）海西期共轴变形分解及其构造表现

92 号矿体是海西期喷流-沉积成矿阶段形成的层状矿体（韩发等，1997），矿体中存在一系列海西期对称排布的小型变形构造形迹，如钙质结核构造透镜体、压溶硅质条带、小张裂脉、梯状脉、域式组构等（图 5-1、照片 5-1），其特征如下：

（1）钙质结核构造透镜体［照片 5-1（b）］：由钙质结核组成，长轴一般 5～50 cm，顺层理方向展布，呈眼球状，两端有变形尾迹，其内可见充填的粗晶黄铁矿、闪锌矿、石英、方解石等矿物，它们是在垂向共轴压缩变形分解下，从强变形带中渗入而快速结晶。从其顺层、变形及内部结构，认为其形成于海西期共轴变形分解阶段；

（2）压溶硅质条带［照片 5-1（c）］：由硅质细条带组成，分布在矿体边部的硅质岩中，顺层发育，边界清楚，长 10～60 cm，厚 5～10 mm，呈带状展布，与层状硅质岩层同步褶曲。此种硅质条带分布不匀、短小不续、排布无序，内部也无韵律结构，既有别于破裂充填型细脉带，又迥异于沉积型韵律条带。从其外部形态、内部结构及分布特征，认为其是形成于海西期近水平岩层低温构造压溶的产物；

（3）小张裂脉：垂直层理，宽 3～10 mm，长 10～50 mm，脉内充填硅质或石英-硫化物（图 5-1），有两种类型，其一发育于厚层均质硅质岩层中，呈透镜状，排列无序，其二发育于与含钙泥质岩或石英硫化物层呈互层的薄层硅质岩中，呈透镜状，排列有序；

（4）梯状脉：呈长条柱形，宽 2～5 mm，长 5～100 mm，垂直条带状矿脉，似梯

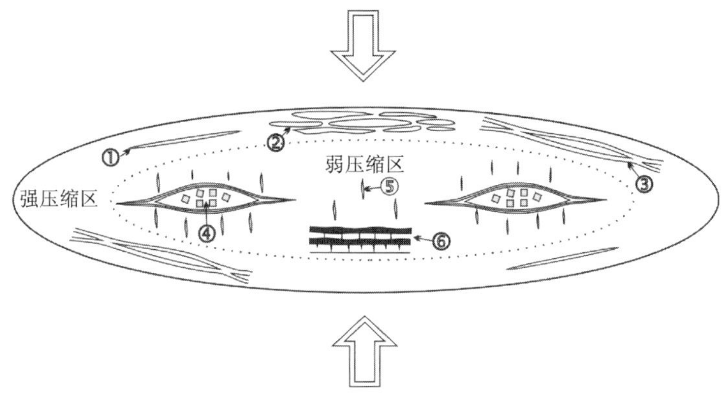

图 5-1　海西期 92 号矿体共轴变形分解形成的分解变形组构示意图

图中箭头代表主压应力 σ_1 方向；①压溶硅质条带；②石香肠构造；③域式组构；④钙质结核构造透镜体；⑤小张裂脉；⑥小梯状脉

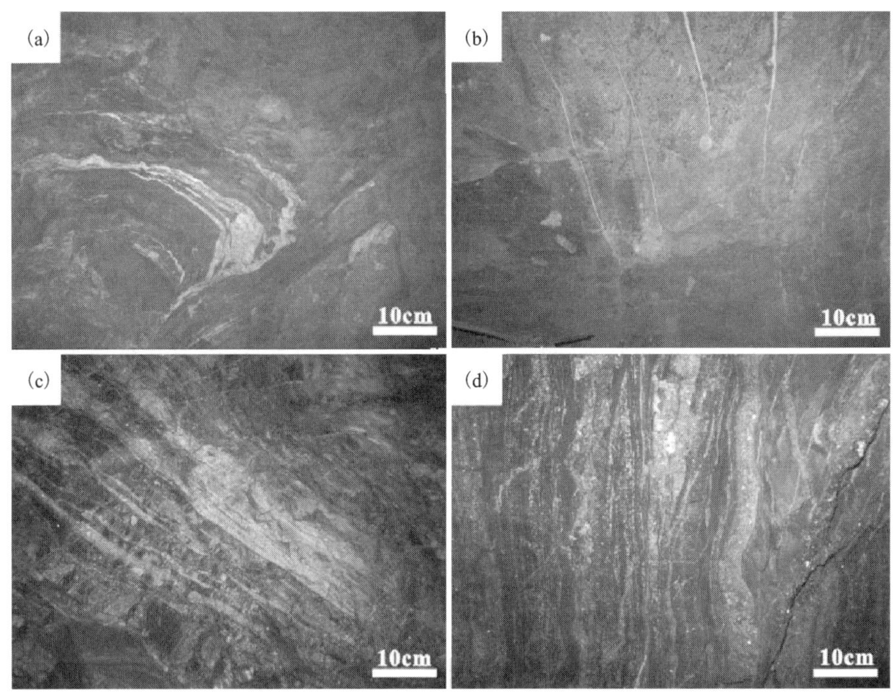

照片 5-1　92 号矿体中海西期小型构造形迹(455 中段)

(a)矿体顶部脆-韧性剪切带中同构造石英-锡石-硫化物脉体及其倒转褶曲；(b)钙质结核构造透镜体；(c)硅质岩层中的顺层灰白色压溶硅质条带；(d)条带状矿石中由变形分解形成的域式组构

状(图 5-1)，与小张裂脉成因相同，是岩石在有流体参与的静岩压实作用下，相对能干性岩层中形成的一种同构造脉体，为石香肠化的产物；

(5)域式组构[照片 5-1(d)]：产自层状条带状矿与泥质岩的互层中，为矿石因在静岩压力下，能干性相对强的矿石层出现肿缩，局部拉断呈楔形尖灭，与围岩构成交织状(图 5-1)，它是成岩过程中，能干性差异组合岩层在垂向压实作用下变形分解的产物。

以上小构造虽然表现形式迥异，但是它们却是在统一的构造环境及条件形成的，即皆是岩层与矿层处于近于水平状态、垂向共轴构造压缩作用下，通过变形分解或流体动力致裂作用形成的有机统一的构造体系，说明在印支期褶皱-层滑之前，岩层-矿层中就发育大量的变形构造，也同时支持了 92 号矿体中层状-条带状锡石硫化物矿脉属于海西期喷流沉积成因，因而海西期成矿构造类型为喷流-沉积型。

2)印支期共轴变形分解及其构造表现

92 号矿体经历了海西期喷流沉积-成矿阶段后，到印支期层滑-褶皱阶段，又经历了非共轴脆-韧性变形分解，形成一个巨型的构造透镜体及其内部的“三明治层带”变形分解构造(图 5-2)，“三明治层带”即是由构造透镜体外绕的上部脆-韧性强剪切变形带、中部脆性弱应变域及底部强剪切变形带组成的、剖面上呈强、弱、强的变形分带，上部强变形带平均厚约 25 m，底部强变形带因受滑脱断层的挫失，平均厚约 10 米。92 号矿体表现出边部富、中间贫的分带与“三明治层带”构造和矿化叠加有关。

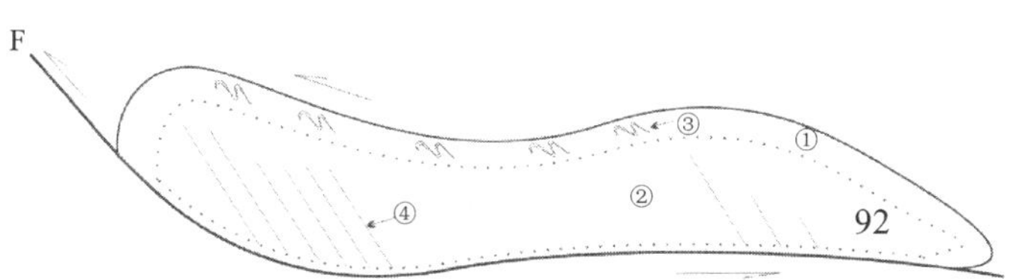

图 5-2 印支期层滑-褶皱阶段 92 号矿体非共轴脆-韧性变形分解形成“三明治层带”示意图

①—脆-韧性剪切带；②—弱应变域；③—脆-韧性剪切带中同构造期顺层石英-锡石-硫化物脉体递进变形而成的倒转褶曲；④—未切过矿体边界的节理矿脉；F—层滑逆冲断层

在“三明治层带”的脆-韧性强变形带中，顺层发育大量石英-锡石-硫化物韵律层状高品位脉体(图 5-2)，长 20~10 m，厚 5~10 cm，为强变形带中的同构造脉，并递进转入了层内寄生褶皱，愈往边部，同构造脉愈发育。在脆性弱应变域中，发育大量剪节理矿脉，长 5~20 m，厚 0.5~5 cm，成群分布，密度为 5~30 条/m，走向北东，倾向南东，倾角大于60°，仅限于弱变形带内，不切过92号母矿体，矿脉工业品位相对较低。此种节理矿脉是印支期褶皱层滑引起的层内非共轴力偶的左行剪切致成的，不同于燕山期穿切不同地层或矿层的节理矿脉群。因此，印支期成矿构造类型归为构造-流体型。

3. 燕山期构造分解及其构造表现

前已述及，燕山期丹池成矿带内由于构造分解，形成了Ⅳ期断裂构造体系，燕山Ⅰ期偏正花状构造体系控制了切层细脉带矿体群，燕山Ⅱ期偏负花状构造体系控制了切层大脉带矿体群，燕山Ⅲ期张剪破裂构造体系控制了东西岩墙群，燕山Ⅳ期层滑断裂构造体系，控制了层状锌铜矿体。92号矿体主要受到燕山Ⅰ、Ⅱ期节理破裂构造不同程度的构造叠加与矿化叠加，并未受到构造改造。而深部隐伏花岗岩沿基底断裂被动侵位产生的层滑在上覆地层影响的范围有限，尚不足以形成远离岩体接触带规模宏大的层间破裂及其层状矿体，这恰好印证了长坡-铜坑矿床上泥盆统中的层状矿体与燕山期构造无成因联系。

二、矿体形貌解析

长坡-铜坑矿床中矿体类型复杂，有层状、细脉带状、大脉带状等，其矿体形貌特征如下：

1. 91、92号矿体形貌

91、92号矿体是长坡-铜坑矿床，也是大厂矿田中成因争论最激烈的矿体。91、92号矿体中发育大量由硅质条带、炭泥质条带或大理岩条带与锡石-硫化物条带互层或夹层组合，但是它们不是构造作用形成的韵律条带，而是海西喷流沉积-成矿作用形成的同生韵律状条带(韩发等，1997；秦德先等，2002)，矿体形貌与容矿地层一致。

91、92号矿体形成之后又卷入了强烈的印支期层滑剪切体系，两个矿体先顺层受非共轴层滑剪切，产生变形分解形成透镜体构造系统，其边部脆-韧性剪切带、内部节理矿脉与层滑剪切作用有关，形成了囿于层内的顺层同构造矿脉与切层的同构造矿脉，呈现构造型矿体形貌；随着层滑剪切递进作用，矿体-地层形成层间褶皱，并与印支期大厂主滑脱褶皱同步褶曲。

91、92号矿体进入燕山期受构造作用的影响不及印支期，燕山期切层节理矿脉对二矿体有矿化叠加作用。因此，基于矿体内部构造、矿化结构和变形特征，认为91、92号矿体是集海西-印支-燕山三期叠加成矿于一体的多因复成矿体，矿体几何形貌为二维层状脉状，成因形貌为(喷流)沉积-构造复合型。

2. 细脉带矿体形貌

细脉带有两种类型：①发育于91、92号层状矿体内的层内细脉带矿体(图5-2)，受印支期层滑剪裂脉控制，成矿构造类型为构造细脉型；②燕山Ⅰ期发育在切层高角度细脉带矿体(图 5-3)，分为北东向和北西向两个细脉组群，单条脉厚 0.5~5 cm，延伸 2~30 m，密度为 5~40 条/m，单个矿体形貌呈二维板式，矿体群形貌呈火炬状或倒水滴状(图 5-3)，受正花状剪节理系控制，成矿构造类型为构造细脉型。

3. 大脉带矿体形貌

大脉带矿体发育于燕山Ⅱ期，成群分布，走向北东，倾向南东，倾角 60°~80°，往东往西，产状变缓，往深部收敛渐趋尖灭，单条脉厚 2~15 cm，延长 100~300 m，延深 100~250 m，中间宽，二端窄，单个矿体形貌呈二维板式，矿体群形貌呈凹型(图 5-3)，受大型负花状构造控制，成矿构造类型为构造大脉型。

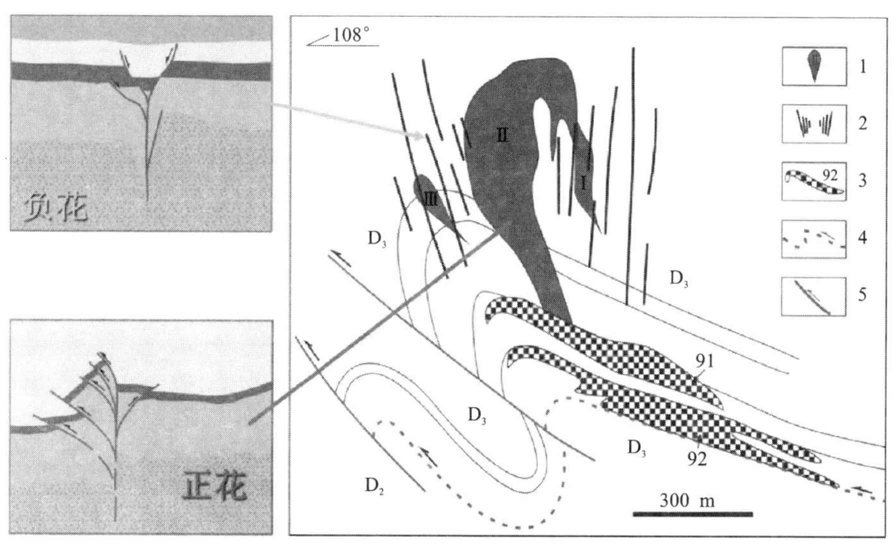

图 5-3　大厂矿田长坡-铜坑矿床构造剖面图(据矿山资料修改)

1—燕山期Ⅰ期正花状剪破裂系控制的细脉带矿体；2—燕山期Ⅱ期负花状张破裂系高角度大脉带矿体；3—层状锡多金属矿体，递进卷入了印支期滑脱褶皱；4—印支期主层滑断层；5—印支期逆冲断层；D_3—上泥盆统条带状灰岩、硅质岩；D_2—中泥盆统泥灰岩夹页岩

4. 75、77、79、80 号矿体形貌

75、77、79、80 号矿体，在剖面上呈层状、似层状、透镜状(图 5-4)，在平面上呈左行雁行分布，指示左旋非共轴剪切，与印支期大厂主滑脱褶皱的动力学特征一致，并递进转入了层间褶皱和主滑脱褶皱。矿体受层滑断裂控制，矿体形貌为二维板式，成矿构造类型为层滑构造型。

5. 94、95、96 号矿体形貌

94、95、96 号层状锌铜矿体，是长坡-铜坑金属矿床中深部分布的、有别于锡石-硫化物矿体的另外一种重要矿体，受控于燕山Ⅲ期层滑-岩浆构造体系。这 3

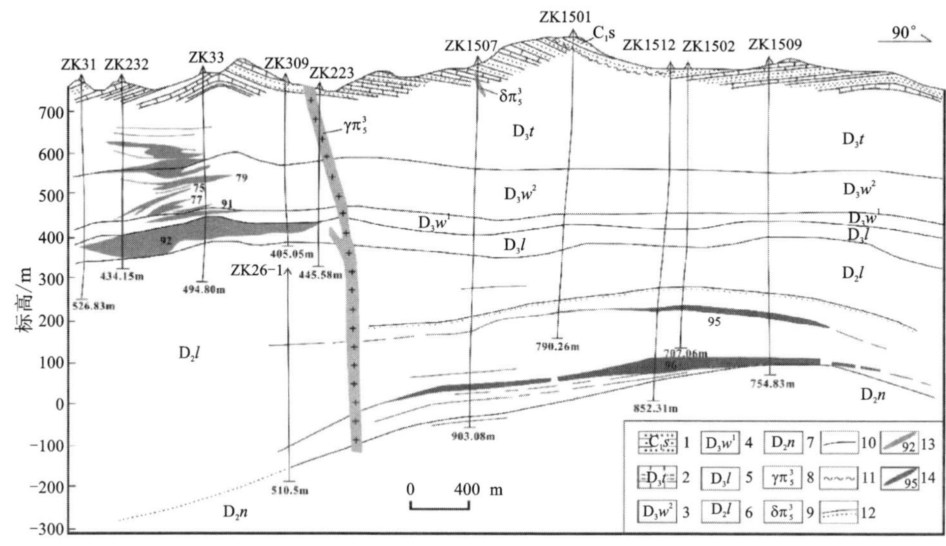

图 5-4 大厂长坡-铜坑矿床地质剖面图(据矿山资料)

1—下石炭统寺门组砂岩；2—上泥盆统同车江泥灰岩；3—上泥盆统五指山组大、小扁豆灰岩；4—上泥盆统五指山组宽、细条带灰岩；5—上泥盆统榴江组硅质岩；6—中泥盆统罗富组泥灰岩夹页岩；7—中泥盆统纳标组含钙质页岩夹薄层泥灰岩、砂岩；8—花岗斑岩；9—闪长玢岩；10—地质界线；11—不整合界线；12—矽卡岩范围；13—锡多金属矿体；14—锌铜矿体

个矿体与岩体接触带的铜锌矿化属于统一的岩浆成矿系统，与隐伏岩体关系密切，并且它们位于主滑脱面之下，受大厂主滑脱褶皱影响不大，而主要受控于燕山期隐伏岩体上侵引起的弱被动层滑断裂，矿体规模由下到上减小，与层滑破裂强度从下到上减弱的变化趋势一致。层状矿体形貌为二维板式，成矿构造类型为构造型，接触带矿体形貌为三维囊状，成矿构造类型为构造-流体型。

三、时空对应关系

基于矿床地球化学的研究，前人将大厂矿田长坡-铜坑矿床的成矿系列划分成海西喷流沉积型成矿系列(韩发等，1997)和燕山期花岗岩型成矿系列(陈毓川等，1993)，前者形成于古亚洲成矿域，后者形成于滨太平洋成矿域。

本次通过长坡-铜坑矿床详细的构造解析定年，不仅鉴定出海西期喷流沉积的构造体系和燕山期两期破裂构造体系和一期层滑-岩浆构造体系，还鉴别出了属特提斯成矿域的印支期层滑成矿系列及其层滑-褶皱构造体系，补充和完善了长坡-铜坑矿床的成矿系列与构造体系。因此，基于构造解析定年的矿床成矿构造、矿体形貌等要素之间的时空对应关系见表 5-1。

表 5-1 大厂长坡-铜坑矿床构造与成矿的时空对应关系

成矿域	成矿时间	成矿系列	构造体系	成矿构造	矿体几何形貌	矿体成因形貌	矿体实例	成矿空间	矿体规模
古亚洲成矿域	海西期	喷流沉积成矿系列	同生断裂-裂陷构造体系	沉积型	二维板式	沉积型	91 号、92 号	D_3	超大型
特提斯成矿域	印支期	层滑成矿系列	层滑-褶皱构造体系	层滑构造型、构造脉型	二维板式	构造-流体型(脆-韧性域)，构造型(脆性域)	75 号、77 号、79 号、80 号	D_3	大型
滨太平洋成矿域	燕山Ⅰ期	花岗岩型成矿系列	正花状构造体系	挤压构造脉型	单条二维板式；整体凸式花状	构造型	高角度细脉型矿体	D_3	大型
	燕山Ⅱ期		负花状构造体系	拉张构造脉型	单条二维板式；整体凹式花状	构造型	高角度大脉型矿体	D_3	大型
	燕山Ⅲ期		层滑-岩浆构造体系	层滑构造型、构造-流体型	二维板式(层状)，三维囊状(接触带)	构造型(层状)，构造-流体型(接触带)	94 号、95 号、96 号，接触带矿体	D_2	大型

第二节 Rb-Sr 同位素定年

关于硫化物 Rb-Sr 同位素定年方法，国内外许多矿床学家和同位素地球化学家进行了诸多有益的探索研究，并取得了丰硕的地质年代学成果（Shepherd and Darbyshire，1981；Nakai etal，1990，1993；Brannon etal，1993；Christensen etal，1995；杜国民等，2012；郑伟等，2013；黄华等，2014；李铁刚等，2014；杨红梅等，2015；沈战武等，2016；Yang，etal，2017；Guo，etal，2018；Tang，etal，2019；Yu，etal，2020）。

铅锌矿床的主要金属矿物为铅、锌、铁的硫化物，采用 Rb-Sr 同位素定年方法，优势明显。本研究基于区内目标铅锌矿床已有的年代学研究现状，选取矿区范围无岩浆活动的泗顶矿床为研究对象，开展闪锌矿 Rb-Sr 同位素测年工作。

一、样品特征、分析方法及结果

1. 样品特征

用于年代学研究的样品均采自泗顶矿区 1 号坑道 300 中段的 4 号顺层脉状矿体，8 件样品均为品位富、矿石易分选的块状铅锌矿新鲜样品，属于泗顶矿床金属硫化物成矿期的产物。样品成分主要由铅锌金属硫化物等矿石矿物和脉石矿物组成，矿石矿物闪锌矿、闪锌矿含量高，黄铁矿少量（照片 5-2），脉石矿物主要为方解石（照片 5-2），其中闪锌矿呈粒状、细粒状产出，颜色为棕色、棕褐色，晶体轮廓明显，呈半自形、自形粒状结构［照片 5-2（c）］、环带结构［照片 5-2（d）］，大小一般为 0.05～0.50 mm；方解石呈团包状、细脉状产出［照片 5-4（a）］。矿物穿插、交代现象少见，其流体包裹体均一温度为 140～240℃，为典型的低温热液矿物。

2. 分析方法简述

泗顶矿床及其所在的矿田范围既无岩浆热事件也无区域变质作用，因而闪锌矿形成后所含 Rb-Sr 同位素会保持相对稳定状态，具备利用其单矿物开展 Rb-Sr 同位素年代学研究的基本条件。

人工分选好的高纯度闪锌矿单矿物质量为 10.3～12.0 g/件，送武汉地调中心同位素重点实验室分析测试。闪锌矿 Rb-Sr 同位素测定的方法步骤业已在近年发表的相关文献中被反复论述，本研究摘取此次 Rb-Sr 同位素分析结果报告中的内容简述为：①样品处理与清洗：高温下爆裂 2 小时→稀盐酸中浸泡 12 小时→超声波机纯水清洗 3～5 遍→烘干备用；②样品分离与提纯：适量样品入封闭溶样器→加入适量混合稀释剂、氢氟酸及高氯酸混合酸分解样品→用阳离子树脂交换技术分离和纯化 Rb、Sr；③样品上机分析：用热电离质谱仪 TRITON 分析 Rb、Sr 同

照片 5-2 泗顶矿床铅锌矿石构造与闪锌矿显微照片

(a)(b)致密块状构造，矿石矿物为闪锌矿和方铅矿，脉石矿物为方解石；(c)细粒状闪锌矿集合体(透射光)；(d)闪锌矿的环带结构(透射光)；Sp—闪锌矿；Gn—方铅矿；Cal—方解石

位素。

待测样品制备的全过程均在超净化实验室内完成，全流程采用 NBS987、NBS607 和 GBW04411 标准物质进行监控，Rb、Sr 空白分别为 4×10^{-10} 和 8×10^{-10}，测试数据结果出来之后，为保证其可信度，按照同样的方法步骤进行复测复查，虽然整个测试周期耗时较长，但最终分析数据可信可靠。

3. 分析结果

测定结果列于表 5-2，由分析结果可知，Rb 含量介于 0.07011×10^{-6} 至 0.9297×10^{-6} 之间，Sr 含量介于 0.1387×10^{-6} 至 0.5638×10^{-6} 之间，二者含量低；$n(^{87}Rb)/n(^{86}Sr)$ 比值为 0.3587 ~ 14.0900，$n(^{87}Sr)/n(^{86}Sr)$ 比值为 0.71335 ~0.78419。

表 5-2 泗顶矿床闪锌矿 Rb-Sr 同位素组成

序号	样号	测试矿物	$w(Rb)/10^{-6}$	$w(Sr)/10^{-6}$	$n(^{87}Rb)/n(^{86}Sr)$	$n(^{87}Sr)/n(^{86}Sr)$	$(^{87}Sr/^{86}Sr)_i$
1	S3001-1	闪锌矿	0. 1554	0. 1387	3. 2390	0. 73034±5	0. 713740
2	S3001-3	闪锌矿	0. 07011	0. 5638	0. 3587	0. 71335±4	0. 711512
3	S3001-4	闪锌矿	0. 1051	0. 3762	0. 8059	0. 71549±8	0. 711360
4	S3002-1	闪锌矿	0. 2225	0. 2160	2. 9750	0. 72717±4	0. 711923
5	S3004-1	闪锌矿	0. 5406	0. 1590	9. 8560	0. 76196±5	0. 711447
6	S3004-2	闪锌矿	0. 2657	0. 1832	4. 1920	0. 73229±8	0. 710806
7	S3005-1	闪锌矿	0. 2844	0. 1629	5. 0490	0. 73828±2	0. 712403
8	S3005-2	闪锌矿	0. 9297	0. 1916	14. 090	0. 78419±6	0. 711978

根据 Rb、Sr 同位素组成数据作闪锌矿 Rb-Sr 等时线图解(图 5-5)，显示所有 8 个样点分布合理，构筑成等时线年龄 $T=360\pm5$ Ma(1σ)，$(^{87}Sr/^{86}Sr)_i=0.71189\pm0.00052$，MSWD=2. 5。

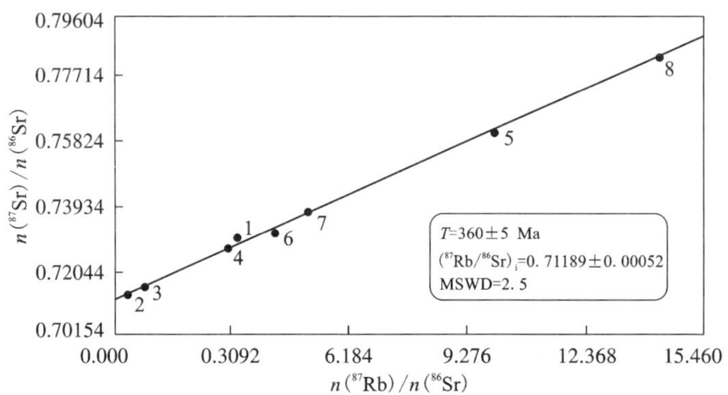

图 5-5 泗顶矿床单矿物闪锌矿 Rb-Sr 等时线图解

二、讨论

1. 成矿年龄的可靠性

热液硫化物 Rb-Sr 同位素等时线测年要求苛刻，必须满足几个基本条件：同源、同时、封闭性、不同的 $n(Rb)/n(Sr)$ 以及一致的 Sr 原始值(李文博等，2002；杜国民等，2012；郑伟等，2013；黄华等，2014；杨红梅等 2015；沈战武等，2016；Yang，etal，2017；Guo，etal，2018；Tang，etal，2019；Yu，etal，2020)。本次待测样品采自同一矿体(4 号矿体)同一中段(300 中段)，矿石结晶好，闪锌矿纯度高，保证了同源和同时；矿体与围岩界线清晰，矿区无岩浆-热事件干扰，说明封闭性良好；样品点位不同，确保了不同的 Rb/Sr 比值，此外，在图 5-6 中，1/Rb 与 $n(^{87}Rb)/n(^{86}Sr)$ 和 1/Sr 与 $n(^{87}Sr)/n(^{86}Sr)$ 之间不存在明显的线性关系，且分布相对稳定，说明闪锌矿生长期间 Sr 同位素原始值——$(^{87}Sr/^{86}Sr)i$ 值基本上保持不变，从样品产出的地质特征到分析的过程来看，达到了 Rb-Sr 同位素测年的基本条件。因此，图 5-5 所绘制的等时线直线是具有地质意义的，可代表矿床的形成年龄。

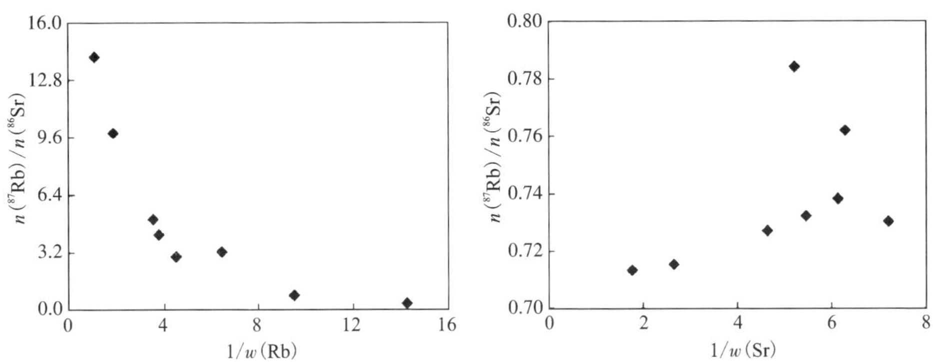

图 5-6 泗顶矿床单矿物闪锌矿 $1/w(Rb-^{87}Rb)/w(^{86}Sr)$ 和 $1/w(Sr)-w(^{87}Sr)/w(^{86}Sr)$ 关系

2. 成矿物质来源

Sr 同位素初始值$(^{87}Sr/^{86}Sr)_i$ 在地幔和地壳中具有一定的演化规律，因而可作为示踪成矿物质来源的判别方法之一(Bell etal，1989)。金属硫化物中的 Sr 同位素在演化过程中会受到放射性 Rb 衰变的影响，需要利用地球化学数据处理软件 Geokit(路远发，2004)将闪锌矿各测点的 $n(^{87}Sr)/n(^{86}Sr)$ 比值换算到 360 Ma 前的初始 Sr 同位素比值$(^{87}Sr/^{86}Sr)_i$，换算结果见表 5-2，统计 Sr 同位素初始比值$(^{87}Sr/^{86}Sr)_i$ 为 0.710806~0.713740，平均值为 0.711896，与 Rb-Sr 等时线给出的 Sr 初始值 0.71189 基本一致，显示泗顶矿床闪锌矿的 Sr 初始比值变化较小，在 Sr 同位素地幔和地壳的演化图(图 5-7)中，泗顶矿床的$(^{87}Sr/^{86}Sr)_i$数据落在大陆壳随时间演化线附近，反映出矿床的成矿物质为地壳来源，这也与第四章矿床地球化学 S、Pb 同位素示踪的来源相一致。

3. 地质意义

泗顶矿床闪锌矿 Rb-Sr 同位素测年数据的成功获取对于整个研究区的铅锌成矿时代无疑具有重要的约束意义。它代表了海西晚期一次层滑-成矿事件，说明层滑成矿作用不仅仅发生在印支期和燕山期，在海西期也是广泛存在的。

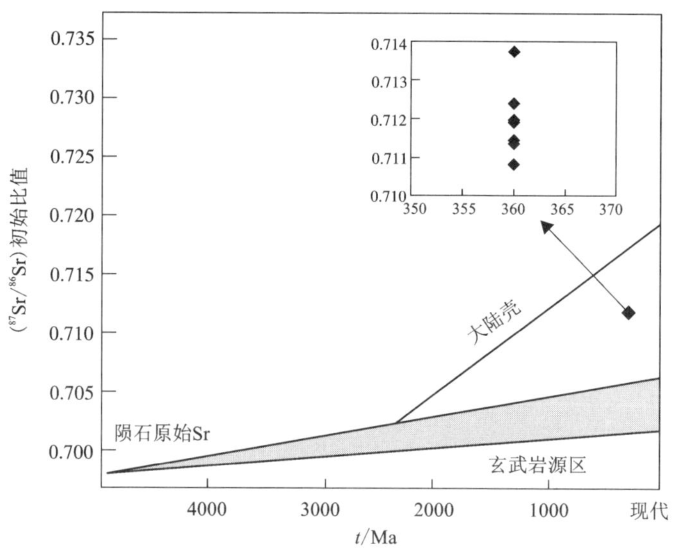

图 5-7　泗顶矿床闪锌矿的 Sr 初始比值在地幔和地壳中的演化图

（底图据 Faure，1986）

海西早期由于剪切作用引起桂西北右江盆地拉伸变薄，造成地幔热流上涌，形成沿北西向丹池断裂带分布的基性岩浆喷溢活动和锡铅锌多金属成矿作用，形成了 91、92 号喷流-沉积型锡铅锌多金属矿体，晚期以收缩、沉积作用为主（韩发，1997），形成对右江盆地北东端的泗顶地区的拉张环境。海西晚期桂北地区发生了一次重要的振荡性运动——柳江运动，不仅造成了泥盆系与石炭系之间的平行不整合，还引起基底寒武系局部隆起及其上覆晚古生代地层中的层滑作用，至此，泗顶矿床受区域拉张与自身层滑的双重作用，形成缓倾斜的顺层层滑空间和陡倾斜的切层断裂裂隙构造，此时封存在泥盆纪地层中的大量盆地热卤水沿泗顶-古丹同沉积断裂迁移，分别进入层滑与断裂构造充填成矿，形成构造脉型铅锌矿体。

因此，泗顶矿床成矿时代的厘定不仅有利于自身层滑-拉张型成矿模式的完善，还对构建区域层滑成矿模式发挥关键作用。

第三节　成矿动力学背景探讨

江南古陆西南缘同位素年代学研究主要集中在矿区有岩浆活动的矿床，如透长石激光 ^{40}Ar/^{39}Ar 同位素和石英 Rb-Sr 同位素测年结果显示大厂长坡-铜坑锡铅锌多金属矿床的成矿作用集中于 94～99 Ma（王登红等，2004；李华芹等，2008）；

辉钼矿 Re-Os 法定年结果揭示铜山岭矿床成矿作用集中在 162～160 Ma（Huang and Lu, 2014），和水口山矿田的成矿作用集中于 160～156 Ma（Huang etal, 2015）；钾长石 $^{40}Ar/^{39}Ar$ 法与辉钼矿 Re-Os 法定年数据显示黄沙坪矿床的成矿时代为 152～155 Ma（Yao etal, 2007；马丽艳等, 2007；Li etal, 2017）。

此次通过闪锌矿单矿物 Rb-Sr 法测年获得泗顶矿床的成矿年龄为 360±5 Ma。与此同时，通过构造解析定年所获得的认识，提出长坡-铜坑矿床属于集海西期喷流成矿、印支期层滑成矿、燕山期热液叠加成矿于一体的多因复成的矿床，代表了区内从海西期到燕山期成矿的完整序列，成就了世界级的矿床。

尽管研究区还缺少印支期成矿的直接年代学数据，但是往西临近的川滇黔地区铅锌矿床的成矿时代集中在 210～195 Ma（吴越, 2013），以及滇东北地区铅锌矿床的成矿时代集中在 235～205 Ma（郭欣, 2012），表明扬子地块西南缘地区存在印支期铅锌成矿事件。将这些高精度成矿数据进行对比（图 5-8）发现，扬子地块西南缘地区的铅锌矿床在海西期、印支期和燕山期均有分布，代表了 3 次重要的铅锌成矿事件，分别对应被动陆缘演化、古特提斯洋闭合、太平洋板块俯冲的大陆动力学背景。经构造解析厘定的大厂长坡-铜坑矿床的三期构造成矿系列即是对于这三大动力学背景的构造-成矿响应。

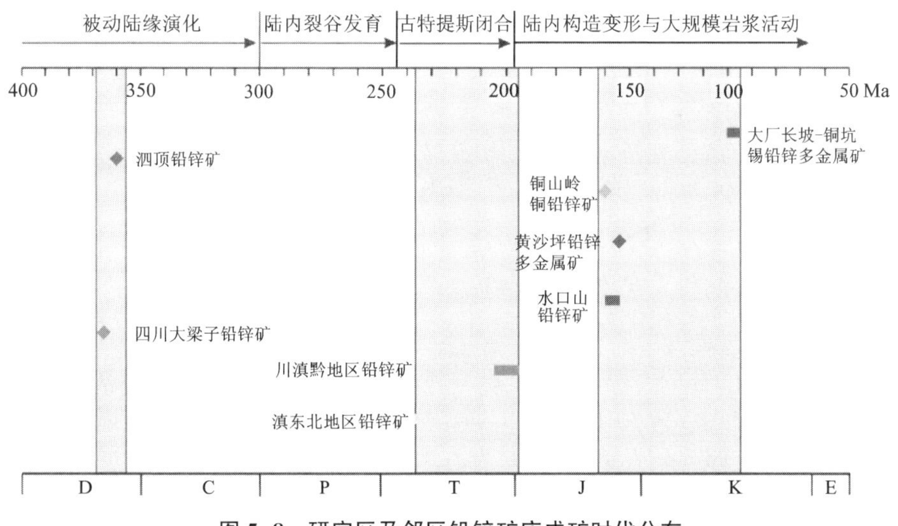

图 5-8　研究区及邻区铅锌矿床成矿时代分布

大厂长坡-铜坑矿年代数据引自王登红等, 2004；李华芹等, 2008；铜山岭矿床年代数据引自 Huang and Lu, 2014；黄沙坪矿床年代数据引自 Huang etal, 2015；Yao etal, 2007；马丽艳等, 2007；Li etal, 2017；四川大梁子矿床及川滇黔地区铅锌矿床年代数据引自吴越, 2013；滇东北地区铅锌矿床年代数据引自郭欣, 2012；泗顶矿床年代数据引自本项目研究区所在的华南地区以中生代成矿大爆发著称于世，与中国东部发生的多期多幕次强烈构造活动及其伴随发生的大规模岩浆活动有关(毛景文等，2004)，库拉-太平洋板块在燕山期以北西方向向欧亚板块俯冲、菲律宾海板块向北运动，造成华南地区的岩石圈发生 180~155 Ma、145~125 Ma 和 110~75 Ma 3 个阶段的伸展减薄(毛景文等，2004)，形成了以伸展作用为主的隆起与盆地相间的变形系统(图 5-9)。此外，华北与华南地块在印支期(240~220 Ma)期间碰撞拼合，造成古特提斯洋关闭和盖层中前泥盆纪地层强烈的褶皱与层滑作用，如丹池成矿带中的大厂滑脱褶皱和五圩滑脱褶皱及其层滑-剪切作用分别形成的构造透镜体强变形带中顺层同构造脉状矿体和层滑-剪切带型矿体。

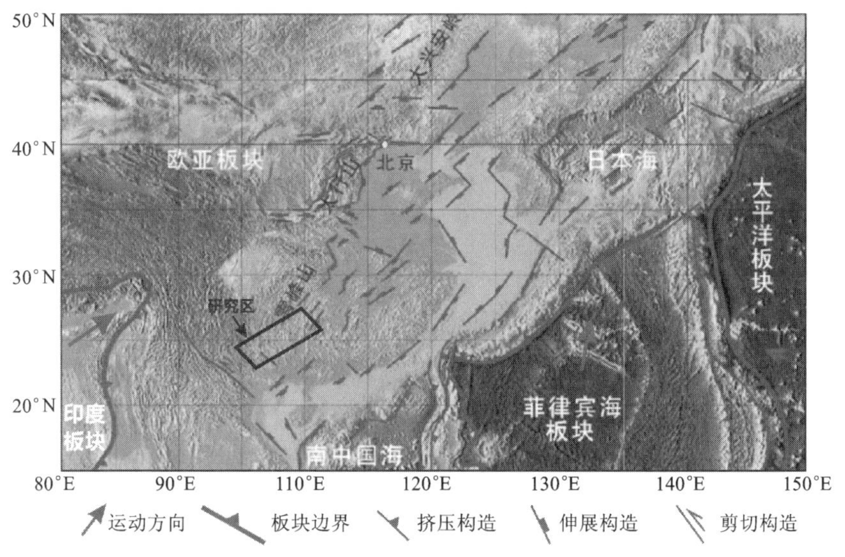

图 5-9　中国南方地区大陆变形系统(据李锦轶等，2014)

研究区西部的长坡-铜坑矿床深部与燕山期隐伏岩体有关的锌铜矿体[(94~99 Ma)]、中部的铜山岭矿床与燕山期花岗闪长岩有关的接触带型铜铅锌矿体(162~160 Ma)、西部黄沙坪矿床与燕山期花岗斑岩有关的矽卡岩型铅锌矿体(152~155 Ma)和水口山铅锌矿矽卡岩型铅锌矿体(160~156 Ma)，均是在华南中生代燕山期岩石圈多阶段伸展减薄动力学背景下形成的。岩石圈的伸展减薄作用还会引起软流圈物质大量涌入上地壳和出现大面积的壳源花岗岩类，如大厂龙箱盖、铜山岭、骑田岭及老鸦巢等岩体，以及盖层地层中的大规模层滑作用，形成层间伸展滑脱带、层间破碎带、层间角砾岩带、层滑溶洞等有利的成矿构造空间和相应的铅锌成矿作用。

第四节 区域成矿模式

江南古陆自加里东期以来长期隆起，遭受风化剥蚀，为其周边缘提供了丰富的沉积物质和大量的成矿物质。构造运动为层滑作用提供了构造动力(驱动力)。

江南古陆西南缘桂北地区在泥盆纪末期发生了柳江运动，造成泥盆系与石炭系之间的平行不整合，同时使基底地层隆起，触发了寒武系与泥盆系不整合界面之上的碳酸盐岩中灰岩与泥灰岩间的层滑作用，形成了层间虚脱圈闭空间，并进一步形成古油气藏，随着层滑拉张持续作用，古油气藏遭到破坏，此时来自上地壳携带金属的$\sum SO_4^{2-}$的中低温盆地流体(流体 a)向江南古陆边缘迁移，萃取古陆剥蚀物中的铅锌金属元素，演变成含矿流体，流经古油气藏部位，与封存其中由BSR 作用产生的H_2S和沥青硫发生还原作用，沉淀形成以块状矿为主的大型铅锌矿床，如泗顶铅锌矿床(360±5 Ma)。

到中三叠世时，区内进入了印支期造山强烈挤压阶段，古特提斯洋闭合，导致沉积盆地流体向江南古陆方向运移，以及强烈的挤压变形作用开始向陆内传递。中三叠时晚期，最靠近右江盆地边缘的丹池地区盖层地层中形成了大厂、五圩等北西向盖层滑脱褶皱和层滑剪切作用。发育于纳标组“三明治”泥质岩系中的五圩箭猪坡铅锌脉状矿床受控于印支期左旋层内脆-韧性剪切带中平行于剪切带边界的“D”破裂，并在五圩滑脱褶皱的递进演化中，分别转入层间褶皱与主滑脱褶皱；大厂矿田长坡-铜坑矿床由于印支期层滑-褶皱作于而受控于构造透镜体中“三明治层带”的脆-韧性强变形域内的顺层脉状矿体，递进转入了层内寄生褶皱及大厂主滑脱褶皱，同时在上部的脆性域中产生的层间脆性断裂，控制了75、77、79、80号等层状矿体。区内印支期层滑作用强度表现为从西往东——由强减弱的趋势，对应于印支板块向欧亚板块斜向碰撞的远程构造效应。

到侏罗世早期，太平洋-库拉板块以低角度向欧亚板块俯冲以及菲律宾海板块向北运动，引起岩石圈多阶段伸展减薄和盖层地层大规模层滑，一方面在中厚层石凳子组灰岩中形成层滑-古裂隙构造，另一方面启动花岗岩类岩浆高位上侵，带来富含铅锌等金属物质的成矿流体(流体 b)。在湘中盆地南缘铜山岭地区和水口山地区受到燕山期强烈的挤压作用形成倒转背斜，加之岩性的差异在褶皱时发生了层间滑动，形成了层间破碎带和虚脱空间，这些构造要素组合成了褶皱-层滑系统。与此同时，盖层中的盆地卤水(流体 a)则受挤压作用发生大规模迁移。

侏罗世晚期，湘南地区构造应力发生黄金转折——由挤压转为伸展拉张，伴随大规模岩浆活动，使得来自深部的岩浆热液(流体 b)在构造应力和热力驱动下沿区内断裂(如F_{22}断层)上涌，并受到白垩系及侏罗系砂泥岩盖层的屏蔽，使先前形成的层间角砾岩得到充分交代和强烈改造，进一步形成层间硅化角砾岩。在构造条件发育完成的条件下，成矿流体(流体 a 和 b)经过长距离、大规模运移到层滑构造空间混合，金属硫化物迅速沉淀形成大型铅锌矿床，如江永和康家湾铅锌矿床。

因此，江南古陆西南缘区域上存在海西期(~360 Ma)、印支期(240~200 Ma)和燕山期(165~95 Ma)三期层滑成矿事件，且层滑作用强度时空上与区域动力学背景相一致，表现在时间上由老至新，逐渐增大，在空间上由东、西部往中部逐渐减弱。区域层滑成矿模式见图 5-10。

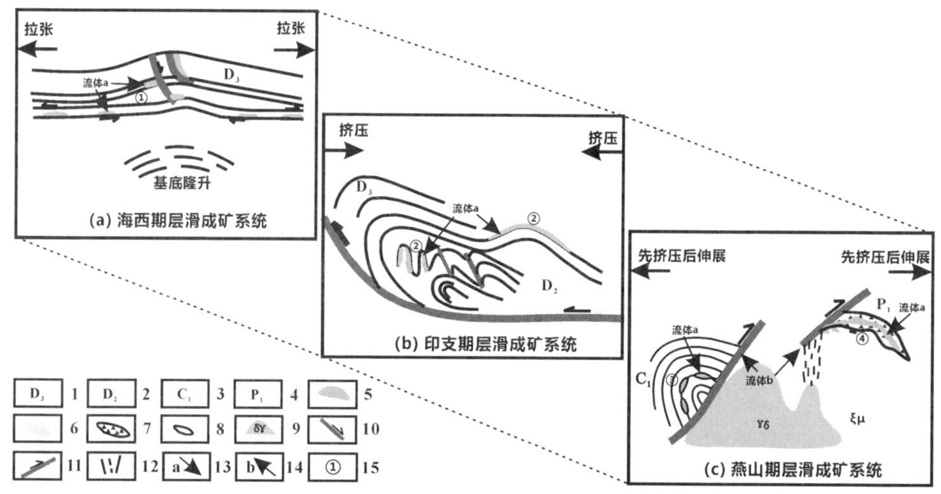

图 5-10　江南古陆西南缘区域海西-印支-燕山三期层滑成矿模式

1—上泥盆统灰岩；2—中泥盆统灰岩夹泥灰岩；3—下石炭统灰岩；4—下二叠统灰岩；5—铅锌矿体；6—黄铁矿体；7—层间硅化角砾岩带；8—岩溶溶洞；9—花岗闪长岩；10—张性正断层；11—压性逆(冲)断层；12—裂隙或节理；13—盆地热卤水流体 a 及方向；14—岩浆热液流体 b 及方向；15—典型矿床(体)；①—泗顶、北山式；②—长坡—铜坑(层滑)、箭猪坡式；③—江永式；④—康家湾式

参考文献

[1] 陈洪德，曾允孚，李孝全．丹池晚古生代盆地的沉积和构造演化[J]．沉积学报，1989(4)：85-96.

[2] 韩发，赵汝松，沈建忠，等．大厂锡多金属矿床地质及成因[M]．北京：地质出版社，1997.

[3] 杨坤光，李学刚，戴传固，等．黔东南隔槽式褶皱成因分析[J]．地学前缘，2012，19(5)：53-60.

[4] 蔡明海，何龙清，刘国庆，等．广西大厂锡矿田侵入岩 SHRIMP 锆石 U-Pb 年龄及其意义

[J]. 地质论评, 2006(3): 123-128.

[5] 秦德先, 洪托, 田毓龙, 等. 广西大厂锡矿92号矿体矿床地质与技术经济[M]. 北京: 地质出版社, 2002.

[6] 陈毓川, 黄民智, 徐珏, 等. 大厂锡矿地质[M]. 北京: 地质出版社, 1993.

[7] Shepherd T J, Darbyshire D P F. Fluid inclusion Rb-Sr isochrons for dating mineral deposits[J]. Nature, 1981, 290(5807): 578-579.

[8] Nakai S, Halliday A N, Kesler S E, et al. Rb-Sr dating of sphalerites from Tenessee and the genesis of Mississippi Valley-Type(MVT) ore deposits[J]. Nature, 1990, 346: 354-357.

[9] Brannon J C, Cole S C, Podosek F A, et al. Th-Pb and U-Pb dating of ore-stage calcite and Paleozoic fluid flow[J]. Science-AAAS-Weekly Paper Edition, 1996, 271(5248): 491-492.

[10] Christensen J N, Halliday A N, Leigh K E, et al. Direct dating of sulfides by Rb-Sr: A critical test using the Polaris Mississippi Valley-type Zn-Pb deposit[J]. Geochimica Et Cosmochimica Acta, 1995, 59(24): 5191-5197.

[11] 杜国民, 蔡红, 梅玉萍. 硫化物矿床中闪锌矿Rb-Sr等时线定年方法研究——以湘西新晃打狗洞铅锌矿床为例[J]. 华南地质与矿产, 2012, 28(2): 175-180.

[12] 郑伟, 陈懋弘, 徐林刚, 等. 广东天堂铜铅锌多金属矿床Rb-Sr等时线年龄及其地质意义[J]. 矿床地质, 2013, 32(2): 259-272.

[13] 黄华, 张长青, 周云满, 等. 云南保山金厂河铁铜铅锌多金属矿床Rb-Sr等时线测年及其地质意义[J]. 矿床地质, 2014, 33(1): 123-136.

[14] 李铁刚, 武广, 刘军, 等. 大兴安岭北部甲乌拉铅锌银矿床Rb-Sr同位素测年及其地质意义[J]. 岩石学报, 2014, 30(1): 257-270.

[15] 杨红梅, 刘重芃, 段瑞春, 等. 贵州铜仁卜口场铅锌矿床Rb-Sr与Sm-Nd同位素年龄及其地质意义[J]. 大地构造与成矿学, 2015, 39(5): 855-865.

[16] 沈战武, 金灿海, 代堰锫, 等. 滇东北毛坪铅锌矿床的成矿时代: 闪锌矿Rb-Sr定年[J]. 高校地质学报, 2016, 22(2): 213-218.

[17] Yang F. Timing of formation of the Hongdonggou Pb-Zn polymetallic ore deposit, Henan Province, China: Evidence from Rb-Sr isotopic dating of sphalerites[J]. Geoscience Frorrtiers, 2017(3).

[18] Guo W K, Zeng Q D, Guo Y P, et al. Rb-Sr dating of sphalerite and S-Pb isotopic studies of the Xinxing crypto-explosive breccia Pb-Zn-(Ag) deposit in the southeastern segment of the Lesser Xing'an-Zhangguangcai metallogenic belt, NE China[J]. Ore Geology Reviews, 2018(99): 75-85.

[19] Tang Y Y, Bi X W, Zhou J X, et al. Rb-Sr isotopic age, S-Pb-Sr isotopic compositions and genesis of the ca. 200 Ma Yunluheba Pb-Zn deposit in NW Guizhou Province, SW China[J]. Journal of Asian Earth Sciences, 2019, 185: 104054.

[20] Yu H, Tang J, Li H, et al. Metallogenesis of the Siding Pb-Zn deposit in Guangxi, South China: Rb-Sr dating and C-O-S-Pb isotopic constraints[J]. Ore Geology Reviews, 2020: 103499.

[21] 李文博，黄智龙，许德如，等．铅锌矿床 Rb-Sr 定年研究综述[J]．大地构造与成矿学，2002，26(4)：436-441.

[22] Bell K，Anglin C D，Franklin J M. Sm－Nd and Rb－Sr isotope systematics of scheelites：Possible implications for the age and genesis of vein-hosted gold deposits[J]．Geology，1989，17(6)：500-504.

[23] 路远发．GeoKit：一个用 VBA 构建的地球化学工具软件包[J]．地球化学，2004，33(5)：459-464.

[24] Faure G. Principles of Isotope Geology[M]．(2nd edition) New York：John Wiley & Sons. 1986：183-199.

[25] 王登红，陈毓川，陈文，等．广西南丹大厂超大型锡多金属矿床的成矿时代[J]．地质学报，2004，78(1)：132-139.

[26] 李华芹，王登红，梅玉萍，等．广西大厂拉么锌铜多金属矿床成岩成矿作用年代学研究[J]．地质学报，2008，82(7)：912-2008.

[27] Huang X，Jianjun Lu. Geological characteristics and Re－Os geochronology of Tongshanling polymetallic ore field，South Hunan，China[J]．Acta Geologica Sinica，2014，88(s2)：1626-1629.

[28] Huang J C，Peng J T，Yang J H，et al. Precise zircon U-Pb and molybdenite Re-Os dating of the Shuikoushan granodiorite-related Pb-Zn mineralization，southern Hunan，south China[J]．Ore Geology Reviews，2015，71：305-317.

[29] Yao J M，Hua R M，Qu W J，et al. Re-Os isotope dating of molybdenites in the Huangshaping Pb－Zn－W－Mo polymetallic deposit，Hunan Province，South China and its geological significance[J]．Science in China Series D：Earth Sciences，2007，50(4)：519-526.

[30] 马丽艳，路远发，屈文俊，等．湖南黄沙坪铅锌多金属矿床的 Re-Os 同位素等时线年龄及地质意义[J]．矿床地质，2007，26(4)：425-431.

[31] Li H，Yonezu K，Watanabe K，et al. Fluid origin and migration of the Huangshaping W－Mo polymetallic deposit，South China：Geochemistry and 40 Ar/39 Ar geochronology of hydrothermal K-feldspars[J]．Ore Geology Reviews，2017，86：117-129.

[32] 吴越．川滇黔地区 MVT 铅锌矿床大规模成矿作用的时代与机制[D]．北京：中国地质大学(北京)，2013.

[33] 郭欣．滇东北地区铅锌矿床成矿作用与成矿规律[D]．北京：中国地质大学(北京)，2012.

[34] 毛景文，谢桂青，李晓峰，等．华南地区中生代大规模成矿作用与岩石圈多阶段伸展[J]．地学前缘，2004，11(1)：45-55.

[35] 李锦轶，张进，刘建峰，等．中国大陆主要变形系统[J]．地学前缘，2014，21(3)：226-245.

结语与展望

通过区域成矿地质背景与条件、典型矿床地质特征与构造解析以及矿床地球化学特征、成矿机制与成矿时代等方面的研究，本项目研究初步取得了以下主要成果：

(1)岩石圈不均一的圈层结构、岩性差异组成是层滑发生的物质基础，层滑作用具有普遍性和广泛性，聚焦并探索层滑作用与铅锌成矿作用之间的耦合关系，认为江南古陆西南缘地区与层滑作用有关的铅锌矿床形成的差异性受控于层滑构造的差异性，提出了四种主要的层滑构造组合样式，分别是：①层滑-剪切带型(以五圩矿田箭猪坡铅锌多金属矿床为代表)；②层滑-拉张型(以泗顶铅锌矿床为代表)；③层滑-溶洞型(以江永铅锌矿床为代表)；④层滑-角砾岩型(以康家湾铅锌矿床为代表)。探讨了层滑控矿与成矿的机制，并初步构建起了相对应的层滑成矿模式。

(2)通过矿床地球化学的系统研究，提出并进一步论证了区内与层滑作用有关的铅锌矿床成矿的3种主要机制，分别是：①与多源流体混合作用有关的铅锌矿床，代表性矿床为长坡-铜坑、江永、黄沙坪及康家湾铅锌矿床；②与有机质还原作用有关的铅锌矿床，代表性矿床为北山铅锌矿床；③与古油气藏破坏有关的铅锌矿床，代表性矿床为泗顶铅锌矿床。

(3)通过构造解析定年，认为大厂长坡-铜坑矿床是集海西期、印支期、燕山期于一体的多因复成矿床，并发现了印支期层滑作用对铅锌成矿的重要贡献。对泗顶矿床闪锌矿 Rb-Sr 同位素定年，结果揭示了区内海西期(360±5 Ma)层滑成矿作用的存在。这对于建立华南研究相对滞后的印支期成矿系统具有重要的指示意义。

(4)结合区内成矿年代学数据与构造解析定年，认为层滑成矿作用具有区域性和普遍性，指出区内存在约360 Ma、240~200 Ma、165~95 Ma三期层滑成矿事件，它们与区域拉张、古特提斯洋闭合和太平洋板块向欧亚板块俯冲引起的岩石圈伸展减薄的动力学背景相一致。

(5)基于“构造地质-地球化学-同位素年代学”三位一体的研究，探索建立了江南古陆西南缘与层滑作用有关的铅锌矿床的区域成矿模式——三期层滑成矿模式，补充了区域成矿学内容，为区域找矿提供了新的思路。

尽管本项目研究取得了上述初步认识和成果，但由于受项目研究经费、工作周期和研究水平所限，尚存在不少问题有待今后继续研究和探讨：

(1)铅锌矿床放射性同位素定年问题。尽管闪锌矿 Rb-Sr 同位素测年取得了很多成果，但是铅锌矿床的定年工作仍是一个探索性很强的研究方向，区内其他铅锌矿床仍然缺乏闪锌矿 Rb-Sr 同位素定年的精确数据。同时，区内与层滑作用有关的铅锌矿床矿区存在大量有机质，如果能开展沥青 Re-Os 同位素定年工作将为区域成矿时代提供有效的约束。

(2)大型、超大型矿床深部成矿动力学问题。江南古陆西南缘地区铅锌矿床(点)星罗棋布，从矿床类型与矿种组合特性来看，其深部成矿的原因尚有待进一步深化研究，由于受研究经费限制，没有开展这方面研究工作。深部成矿作用研究，从空间几何形态上来研究深部构造与矿床分布的关系、矿床形成的深部动力学过程，有利于揭示 500 m 以下第二成矿空间或深部成矿空间的成矿背景。

(3)成矿流体来源问题。对成矿流体 H-O 同位素的系统研究不够，今后可根据不同层滑控矿的矿床与矿区出露的岩体进行系统的采样，开展 H-O 同位素的对比研究，进一步探讨成矿流体中水的来源问题。